U0163539

Library science

Information science

图书情报档案学术丛书

国家社科基金青年项目“基于形式概念分析的社会化标注系统语义发现与语义映射研究”
（项目号:16CTQ023）结项成果

社会化标注系统语义发现与语义映射研究

Research on Sematic Discovery and Sematic Mapping in Social Tagging System

张云中　著

图书在版编目(CIP)数据

社会化标注系统语义发现与语义映射研究/张云中著.—武汉：武汉大学出版社,2021.6
图书情报档案学术丛书
ISBN 978-7-307-22365-3

Ⅰ.社…　Ⅱ.张…　Ⅲ.计算机算法—研究　Ⅳ.TP301.6

中国版本图书馆 CIP 数据核字(2021)第 099056 号

责任编辑:詹　蜜　　　责任校对:汪欣怡　　　版式设计:马　佳

出版发行：**武汉大学出版社**　(430072　武昌　珞珈山)
(电子邮箱：cbs22@ whu.edu.cn　网址：www.wdp. com.cn)
印刷:武汉中远印务有限公司
开本:720×1000　1/16　印张:19.25　字数:284 千字　插页:2
版次:2021 年 6 月第 1 版　2021 年 6 月第 1 次印刷
ISBN 978-7-307-22365-3　定价:60.00 元

目　录

1 绪 论

1.1 研究背景

语义化是信息组织与知识组织的重要发展方向，无论是语义网的提出，还是关联数据、知识图谱的蓬勃发展，信息组织与知识组织都正在朝着语义化的方向迈进。社会化标注系统作为 Web2.0 下的资源组织平台，其从产生的一刻起便伴生着对自身的革新，而这种自我革新最核心的内容便是语义优化。社会化标注系统的语义优化问题，本质上是社会化标注系统的语义发现与语义映射问题。社会化标注系统语义发现是指运用聚类、统计、关联规则等知识发现的相关理论、方法和技术，挖掘出社会化标注系统中最核心资源组织方法 Folksonomy(一般译为“大众分类法”)的标签之间隐含语义关系的过程；社会化标注系统语义映射是指为实现社会化标注系统语义体系互通与互操作，利用映射规则将语义发现后的标签语义与其他语义工具之间建立映射的过程。社会化标注系统语义发现与社会化标注系统语义映射两者一脉相承，前者是后者的前提与基础，后者是前者的延伸与深化。可以说，解决好社会化标注系统语义发现与社会化标注系统语义映射问题，即是解决好社会化标注系统推广利用的难题，这正是本研究赖以开展的背景。进一步讲，开展本研究的背景，涵盖宏观背景、中观背景、微观背景和技术背景四个方面：

(1)宏观背景：大数据时代网络信息资源共建共享与开发利用的号角再响

大数据时代来临后，随着数据开放运动的兴起，网络信息资源愈发丰富，呈现指数级增长态势。信息资源的高速增长，被形象地称为“数据摩尔定律”，即数据在未来18个月内，数据量将增加一倍。除却海量的特征之外，异构、动态变化也是大数据时代信息资源的新常态，由此伴生出屡见不鲜的网络信息资源“信息孤岛”与“信息割据”现象。一面是海量的信息供给，一面是亟须的信息需求，但连接供需之间的途径并不平坦，有时甚至仍是天堑！在这样的背景下，网络信息资源共建共享与开发利用的号角再度吹响。

无论是信息资源的共建共享，还是其开发利用，信息组织都是基础和前提。海量、异构、动态变化的数据使得信息组织的任务变得更为复杂，大数据时代网络信息资源如何做好资源的分类、记录与描述、浓缩与约减、定位、选择、评估与管理、交换与共享，给信息资源的组织带来了新的难题与挑战；同时，数据膨胀的速度对信息组织的效率提出了更高的要求。因此，积极探索新的信息组织理论体系、工具与方法，尽快适应大数据组织的任务，成为本研究的宏观背景。

(2)中观背景：不断变革的网络环境促生社会化标注理论兴起、发展与更新

自Web2.0发展迄今，网络环境已经迈入后Web2.0时代。后Web2.0时代是网络发展中一个重要的阶段，它连接着下一代互联网Web3.0。这一历史时期促生出的代表性信息资源组织理论是社会化标注理论。社会化标注理论依托社会化标注系统(Social Tagging System，简称STS)平台得以实现，该平台允许用户根据自身对网络资源的认知，自由地随社会情境来给网络资源添加标签，进而对网络资源进行分类，这种集大众化、动态性、灵活性和自由式的新信息组织方法在分类学上也被称为Folksonomy，即大众分类法。尽管Folksonomy产生后，其存在合理性一度被质疑，但历经从“质疑”到“接纳”再到“优化”的数次激烈的学界大争辩后，学术

界和实践界基本形成了“保持 Folksonomy 的自由灵活动态的优势，尽可能削弱其在语义稀疏和结构扁平方面的缺陷，不断优化 Folksonomy 并推广利用”的共识。那么，如何针对社会化标注系统的现存问题扬长避短，成为促生本研究的中观背景。

(3)微观背景：社会化标注系统中网络资源组织、检索、导航、展示等高阶需求亟待解决

随着 Web 2.0 的不断推进，社会化标注系统越来越普及，应用范围愈发广泛。社会化标注系统中单纯依托标签进行资源组织、检索、导航、展示等信息资源利用的传统模式已不能满足用户的需求，社会化标注系统呼唤更加高阶的网络资源组织、检索、导航及展示的新模式。

现阶段，用户对社会化标注系统资源的获取和利用提出了多样化、专业化、个性化、人性化和知识化的需求，这就要求社会化标注系统的资源组织不仅要打破以标签为组织核心的单一模式，还应积极吸纳其他网络资源组织、检索、导航及展示方面的优越性，探索多元的社会化标注系统资源再组织模式，拓宽社会化标注系统中网络资源组织、检索、导航、展示的高阶需求，诸如：从简单检索拓宽为高级检索；从标签“键词”匹配拓宽为同义词扩展匹配；从标签云图导航拓宽为分类导航或主题图导航；从一般检索拓宽为本体驱动的语义检索；从自然语言为主的非形式化组织拓展为机器语言驱动的形式化组织；从非结构化数据组织拓展为高度结构化的关联数据组织；从非可视化展示拓展为可视化展示，等等。用户在社会化标注系统中日趋表现出的上述高阶需求也亟须得到解决，而社会化标注系统语义发现与语义映射即是解决的方案之一，此便是促成本研究的微观背景。

(4)技术背景：知识组织系统理论的关联化演进和相关分析工具的不断涌现

知识组织系统(knowledge organization system，简称 KOS)是各种对人类知识结构进行表达和有组织的阐述的语义工具的统称，其功能和类型随着信息资源环境的变化也在一直变化、丰富和完善。肯特州立大学知识组织领域专家曾蕾教授曾将知识组织系统划分为

三大类：词汇列表、分类与归类、关系列表，这种划分实质上也反映出知识组织系统不断从低维向高维、扁平思维向网络思维演进的过程。在演进中，知识组织系统所涵盖的方法不断丰富和完善，大众分类法、关联数据、知识图谱正被学者们积极填充到知识组织系统中；同时，知识组织系统之间的互通与互操作也成为迫切需要，建立知识组织系统之间的语义关联，实现知识组织系统的语义映射成为提升知识组织质量和效率的重要途径。所幸的是，一大批的相关理论和工具为建立知识组织系统语义关联提供了契机，这其中就有本研究着重使用的形式概念分析方法、社会网络分析方法、文献计量方法等。这些方法可以分别对信息资源内容特征之间的语义关联和信息资源外部特征之间的语义关联展开针对性分析，进而作为枢纽和桥梁建立不同知识组织方法之间的语义关系，实现知识组织系统中的语义映射，这正是本研究得以开展的技术背景。

1.2 研究目标和价值

1.2.1 研究目标

本研究的主要目标是提出一套利用形式概念分析解决社会化标注系统语义发现与语义映射问题的理论框架和操作流程，理论框架指的是形式概念分析视角下社会化标注系统语义发现与语义映射的架构模型，操作流程指的是基于概念格的语义发现和基于概念格的语义映射两个环节的具体操作方法，最终结合实证研究，验证这套理论框架和操作流程较之当前研究的主要优势和不足。

1.2.2 研究价值

本研究的学术价值和应用价值体现在：

(1)学术价值

本研究成果丰富和完善了社会化标注系统语义体系，在有机统一的框架下，使用形式概念分析一脉相承地解决社会化标注系统语义发现与语义映射的新架构，并演化出基于概念格的社会化标注系统语义发现和语义映射流程，开创性地探讨了社会化标注系统的语义发现模式及其与五种典型知识组织方法间的语义映射理论难点，具有重要的理论探索意义。

(2)应用价值

本研究成果可用于指导社会化标注系统语义检索实践工作，有助于实现社会化标注系统语义互通互操作，通过构建多种形式的检索及导航，提高新网络环境下社会化标注系统平台中网络信息资源查找的精确度和效率，为网络信息资源深度开发、利用、共享奠定坚实基础，为社会化标注系统运营商带来经济效益，为普通民众利用网络信息资源带来便利。

1.3 技术路线与研究方法

1.3.1 技术路线

研究遵循“是什么→为什么→做什么→怎么做→结果如何”的路线，第一，通过综述国内外研究现状，探寻阻碍社会化标注系统语义发现与语义映射的瓶颈；第二，剖析利用形式概念分析解决社会化标注系统语义发现与语义映射问题的动因、优势和机理；第三，从宏观角度构建形式概念分析视角下的社会化标注系统语义发现与语义映射架构；第四，从微观角度提出具体方案，实现基于概念格的社会化标注系统语义发现模型，并以语义发现为基础实现基于概念格的社会化标注系统语义映射；第五，通过实证研究探析本研究解决方案的优越性与局限性，最终形成全面解决方案，达到预期的研究目标。

具体研究思路和研究方法见图 1-1。

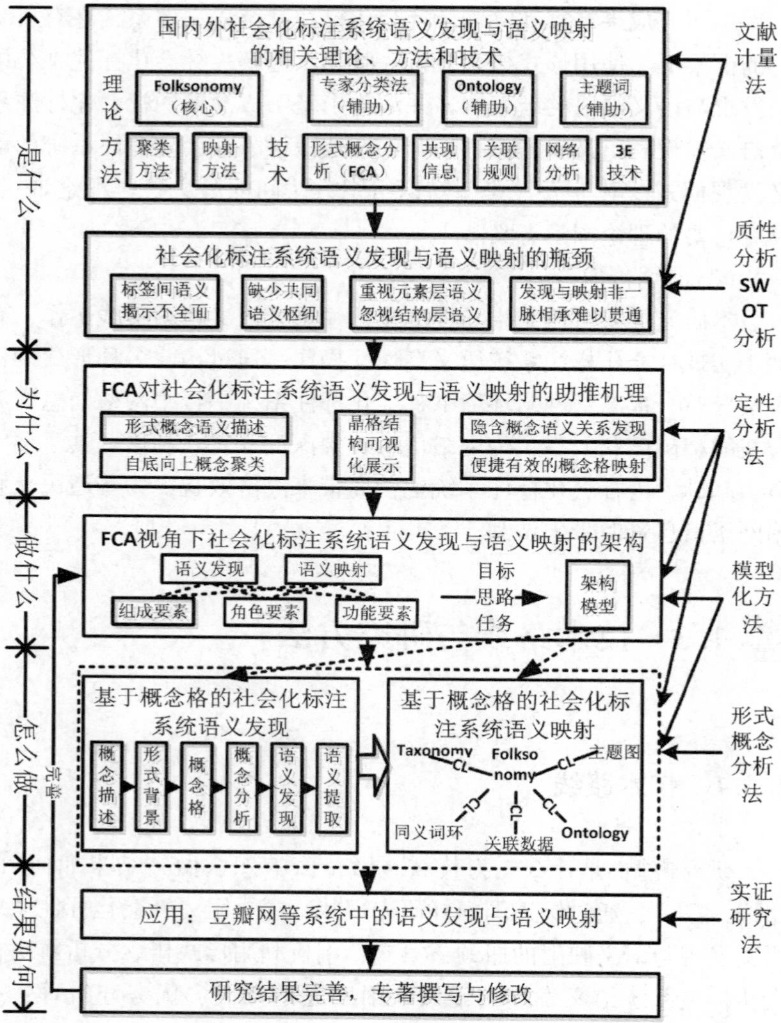

是什么
为什么
做什么
怎么做
结果如何

国内外社会化标注系统语义发现与语义映射的相关理论、方法和技术
理论 Folksonomy（核心） 专家分类法（辅助） Ontology（辅助） 主题词（辅助）
方法 聚类方法 映射方法 技术 形式概念分析（FCA） 共现信息 关联规则 网络分析 3E技术
文献计量法

社会化标注系统语义发现与语义映射的瓶颈
标签间语义揭示不全面 缺少共同语义枢纽 重视元素层语义忽视结构层语义 发现与映射非一脉相承难以贯通
质性分析 SWOT分析

FCA对社会化标注系统语义发现与语义映射的助推机理
形式概念语义描述 自底向上概念聚类 晶格结构可视化展示 隐含概念语义关系发现 便捷有效的概念格映射
定性分析法

FCA视角下社会化标注系统语义发现与语义映射的架构
语义发现 语义映射 组成要素 角色要素 功能要素 目标 思路 任务 架构模型
模型化方法

基于概念格的社会化标注系统语义发现
概念描述 形式背景 概念格 概念分析 语义发现 语义提取
基于概念格的社会化标注系统语义映射
Taxonomy Folksonomy 主题图 同义词环 关联数据 Ontology CL
形式概念分析法
完善

应用：豆瓣网等系统中的语义发现与语义映射
实证研究法

研究结果完善，专著撰写与修改

图 1-1 研究思路和研究方法

1.3.2 主要研究方法

(1)文献计量法

利用共词分析、引文分析等理论和文献计量工具，结合文献阅

读和内容分析，把握当前研究的主要学派、学者、学术机构及主流观点。本研究着重使用 CiteSpace、VOSviewer 等知识图谱构建工具，对社会化标注系统语义发现与语义映射相关领域的国内外文献展开梳理，通过图谱解读对当前研究的学术流派和学术观点展开剖析，进而凝练出目前待解决的关键问题。

(2)质性研究方法

以深度访谈、观察法等基础性社会调查手段为方法，借助扎根理论，对当前社会化标注系统中用户的检索、导航需求展开调查，并借助工具建构社会化标注系统中用户的网络资源检索需求模型，为本研究的现实价值和现实需求奠定基础。

(3)定性分析法

运用分析、归纳、推理、演绎、综合、抽象等定性方法剖析形式概念分析对社会化标注系统语义发现与语义映射的助推作用，构建形式概念分析视角下的社会化标注系统语义发现与语义映射体系。

(4)SWOT 分析框架

在语义映射的各个研究点上，以社会化标注系统的大众分类法为分析视角，用该法探寻大众分类法较之同义词环、专家分类法、本体、主题图、关联数据等知识组织方法揭示社会化标注系统语义中的优势、劣势、机会和威胁，寻找大众分类法与其他知识组织系统融合的互补性及契合点。

(5)模型化方法

在实现基于概念格的社会化标注系统语义发现和语义映射过程中，采用该法对实现过程进行建模，以抓住整个操作过程的本质。模型化方法是本研究所用到的最核心方法，在第四章至第十一章中均有采用，用于建构社会化标注系统语义发现模型及社会化标注系统语义映射系列模型。

(6)形式概念分析法

形式概念分析法是应用数学中“格”相关理论的重要分支，是对哲学概念数学化表达的典型方法，也是本研究所采用的最核心的方法，用于解决社会化标注系统语义发现与语义映射的关键问题。

本研究着重运用形式概念分析构建社会化标签概念体系来挖掘标签语义关系，运用概念格映射实现大众分类法概念体系与其他 KOS 概念体系之间的语义映射。因而，本研究中，形式概念分析是用于呈现各类 KOS 概念体系的核心方法和核心数据结构。

(7)实证研究法

从豆瓣网、NARA、CiteUlike、Delicious 等社会化标注系统中选取数据集对本研究提出的社会化标注系统语义发现模型及各个社会化标注系统语义映射模型进行实证分析。

1.4　研究的主要内容

本研究的研究对象是社会化标注系统，资源集、标签集和用户集是其最核心的三个基本元素。从信息系统的角度可以将社会化标注系统简单阐释成具有社会化标注功能的分布式分类资源管理系统；从分类学角度看其又被近似地称为 Folksonomy，可简单阐述为用于网络资源分类的平面型非层级结构式分类结构。实质上，除了最典型的大众分类法作为知识组织工具外，部分社会化标注系统中还需要元数据、主题词、分类词、本体等语义工具用以辅助社会化标注系统的资源组织和语义描述，这些知识组织工具也是本课题的研究对象。

本研究的主要内容如下：

第二章旨在理顺知识组织系统、知识结构与语义关系的内在关联，以作为整个研究的理论基石。该章从知识组织系统的发展嬗变角度，明确知识组织、语义及语义关系的内在关联，分析知识结构中语义关系的主要呈现形态，最终指出，知识组织体系中，无论是何种知识组织方法，无论其呈现何种语义关系，维系语义的基本枢纽是概念关系，概念始终是语义关系的基本单元。

第三章关注社会化标注系统的语义困境。该章一方面依据现有理论成果绘制了社会化标注系统的语义问题的知识图谱，另一方面通过问卷调查、访谈等方式对接了解决社会化标注系统的语义问题的现实需求，通过历史观与现实观的碰撞，勾勒了本研究的学术坐标，引出社会化标注系统语义问题如何破局的疑问。

第四章打破社会化标注系统中语义分析的枷锁，引入形式概念分析作为开锁的新钥匙，剖析了形式概念分析理论五大优势“形式概念语义描述、自底向上概念聚类、隐含概念语义关系发现、便捷有效的概念格映射和晶格结构的可视化展示”对解决社会化标注系统语义问题、完成语义发现与语义映射的助推作用与机理。

第五章搭建形式概念分析视角下社会化标注系统语义发现与语义映射的架构。在分析语义发现与语义映射过程所涉及的组成要素、角色要素、功能要素和要素间关系的基础上，总结出利用形式概念分析实现社会化标注系统语义发现与语义映射的架构并构建相应模型，形成社会化标注系统语义发现与映射一脉相承的理论体系。

第六章着力解决基于概念格的社会化标注系统语义发现问题。在探析社会化标注系统标签语义析出机制的基础上，指明从“语义零落的标签”到“语义关联的标签”是社会化标注系统语义发现的根本任务。依托一般概念体系与 Folksonomy 概念体系的对照关系，构建了基于概念格的社会化标注系统语义发现模型，给出了基于概念格的社会化标注系统语义发现过程。同时，指明标签语义发现的产物缺少规范化、形式化表达，亟须与其他概念体系映射对接。

第七章至第十一章分别从一维、二维、多维的知识组织系统中选取代表性方法并建立其与社会化标注系统的语义映射，并从映射动因、映射原理、辅助工具、映射模型和过程等几个方面展开讨论。第六章以同义词环为代表探讨了社会化标注系统与词单之间的语义映射；第七章以《中图法》为例探讨了社会化标注系统与专家分类法间的语义映射；第八章以电影资源本体为例探讨了社会化标注系统与形式化本体之间的语义映射；第九章以 NARA 数字档案标注系统为例探讨了社会化标注系统与主题图之间的语义映射；第十章以电子音乐标注系统为例探讨了社会化标注系统与关联数据之间的语义映射。

第十二章对社会化标注系统语义发现与语义映射做出反思，指出孤军奋战不是社会化标注系统发展的出路，而应以概念为枢纽，建立概念驱动的社会化标注系统语义映射体系，实现其与知识组织体系之间的语义互通互操作，并结合专家分类法、主题词表、大众分类法与本体之间语义互通互操作展开探索，期望能进一步促进社会化标注系统广泛应用，将理想之光照进现实。

1.5 研究的创新点

本研究在理论体系和求解方法两方面均有创新：

(1)理论体系的新突破

提出了社会化标注系统语义发现和语义映射同气连枝、一脉相承的学术观点，通过系统梳理社会化标注系统中语义发现与语义映射的目标、思路、任务、要素及要素关系，结合形式概念分析的枢纽作用，推演出形式概念分析视角下的社会化标注系统语义发现与语义映射架构，较之当前理论体系中语义发现与语义映射相对割裂之状态有所突破。

(2)求解问题的新方法

通过形式概念分析法，以标签集和资源集构建形式背景并生成 Folksonomy 概念格，通过可视化的概念格获取隐藏于其中的标签关系从而实现社会化标注系统语义发现，并以概念格为枢纽，利用概念格映射分别建立 Folksonomy 概念体系与其他语义工具的概念体系之间的映射规则，最终实现了整个社会化标注系统语义体系的互通与互操作，较之当前主流方法更具优越性。

2 知识组织系统、知识结构与语义关系：研究的认识前提

本书将研究视角放置于整个知识组织体系的框架下，因而在开展研究之前，需要对研究的认知前提做出界定。厘清知识组织系统、知识结构、语义的基本概念，特别是界定清楚三者的关系，对开展和深入理解本研究都尤为重要。

2.1 知识组织系统的定义、发展、分类与功能

2.1.1 知识组织系统的定义

知识组织系统是“knowledge organization systems/ services/ structures”等英文术语的汉译术语，其英文缩写均为 KOS，泛指任何用来定义并组织和表述真实世界事物的术语及符号的系统。知识组织系统的具体定义并不确切，随着学界认知的逐渐加深，屡有发展与变化。

最终提出知识组织系统这个术语的是“网络知识组织系统/服务研究小组”（Networked Knowledge Organization Systems/ Services, NKOS），其于 1998 年在美国计算机学会的数字图书馆会议上首次指出知识组织系统是“试图涵盖用于组织信息和促进知识管理的各

种类型的方案和体系”①；2000 年，Hodge 指出知识组织系统是“各种用来组织信息和增进知识管理水平的方案的总和”②；2008 年，Wright 在 NKOS 会议上进一步指出，知识组织系统是“一组概念的集合，有时也包含概念之间语义关系的描述”③，与此之后奠定了知识组织系统关乎符号系统与语义关系的认知基调。其后，美国肯特州立大学曾蕾教授指出 KOS 是任何用来定义并组织和表述真实世界物体的术语和符号的系统，包括检索语言，但是涵盖面更大④。同期，Stock、Hill 等在知识组织系统领域颇有研究建树的学者也提出了相近或相似的定义，都将 KOS 聚焦在对知识进行组织的各类语义工具的观点上，在此不再一一罗列赘述。

国内的学者中，对知识组织系统的定义以武汉大学司莉教授为代表，认为 KOS 是对人类知识结构进行表达和有组织地阐述的各种语义工具的统称，包括分类法、叙词表、语义网络、概念本体以及其他情报检索语言与标引语言⑤。此后，国内学者普遍将知识组织系统的认知聚焦在各类知识组织方法及其语义工具上，也形成了诸多大同小异的相关定义，诸如简约知识组织系统⑥、简单知识组织系统⑦以及在网络化环境的变革下出现的网络

---

① Networked Knowledge Organization Systems/Services/Structures (NKOS) [EB/OL]. [2018-08-15]. http://nkos.slis.kent.edu/.

② Hodge G. Systems of Knowledge Organization for Digital Libraries: Beyond Traditional Authority Files[M]. Digital Library Federation, Council on Library and Information Resources, 1755 Massachusetts Ave, NW, Suite 500, Washington, DC 20036, 2000.

③ Wright S E. Typology for KRRs[C/OL]. Power, 2008[2019-04-18] http://nkos.slis.kent.edu/2008workshop/SueEllenWright.pdf.

④ Zeng, Marcia Lei. Knowledge organization systems [J]. Knowledge Organization, 2008, 35(2-3): 160-182.

⑤ 司莉. 知识组织系统的互操作及其实现[J]. 现代图书情报技术，2007(3): 29-34.

⑥ 段荣婷. 基于简约知识组织系统的主题词表语义网络化研究——以《中国档案主题词表》为例[J]. 中国图书馆学报，2011，37(3): 54-65.

⑦ 刘磊，郭诗云，何琳. 简单知识组织系统(SKOS)模型及其应用研究进展[J]. 图书情报工作，2015，59(4): 137-145.

知识组织系统①。

至于知识组织系统的确切定义，学界仍然未能给出定论。在本研究框架下，倾向于将知识组织系统界定为曾蕾教授所指的“各种对人类知识结构进行表达和有组织的阐述的语义工具的统称，包括分类法、叙词表、语义网络，以及更泛指的情报检索语言、标引语言”②，将其视为知识组织方法及其语义工具的集合。

2.1.2 知识组织系统的产生与发展

波普尔曾利用“三个世界”的区分来清晰地界定知识世界的地位，尽管这有悖于马克思辩证唯物主义一元论的哲学观点，但从明确知识世界的来源和地位的角度看，仍具有一定借鉴意义。知识是人类对自然世界和精神世界文明的结晶，传统意义上，知识的产生外现为文献的积累。人类文明快速发展，必然会带来知识及文献的急速增长，进而促生学科分化，同时伴生出不同形态的文献保存、管理机构，古代的藏书楼、近代的图书馆、数字时代的数据库及知识时代的知识库……除却生产知识外，人类对知识利用与知识服务的渴求也与日俱增，这就要求知识工作者从浩瀚如烟的文献资料中能快速精准地找到特定的知识，以满足用户的知识需求。由此，对人类世界的各种知识建立门类清晰的组织体系便成为一种客观需求和必备工作，从而衍生出各种各样的知识组织方法与工具，这便是知识组织系统产生的源头。

关于知识组织体系的发展，滕广青曾在文献③④展开过颇有思

① 王军，张丽. 网络知识组织系统的研究现状和发展趋势[J]. 中国图书馆学报，2008(1)：65-69.

② 曾蕾. 超越时空的思想智慧和理念——有感于张琪玉教授创建情报语言学学科领域之巨大意义[J]. 图书馆杂志，2014，33(9)：8-13.

③ 滕广青，田依林，董立丽，张凡. 知识组织体系的解构与重构[J]. 情报理论与实践，2011，34(9)：15-18.

④ 滕广青，毕强，牟冬梅. 知识组织体系的柔性化趋势[J]. 情报理论与实践，2014，37(1)：22-26.

辨性的思考，指出知识组织体系经历了线形、树形、盒状、链式、网状的不断解构与重构，正在迈向晶格化，本研究对此观点亦颇为认同。本研究认为，知识组织系统的发展，大致历经了四个阶段，并形成了对应的学派：

第一阶段是等级体系阶段及其学派。等级体系以分类思想为哲学基础，强调对客观世界形成类别认知，进而逐步形成传统知识组织体系的基础与经典流派。等级体系通常呈现出树状结构，强调将客观知识按照学科门类按照“根—干—枝—叶”的层级逐级归类，这就是知识之树之“树喻”。这种经典的以树为喻的知识组织架构中，知识被分门别类地归置于特定“枝杈”上，其缺陷显而易见，一旦某个知识“树叶”被归类在某一“枝杈”上，往往也就不会再同时属于另一个“枝杈”，如此，等级体系带来的迷失与冲突难免会给知识的检索和组织造成很大的困惑。

第二阶段是分面体系阶段及其学派。等级体系着眼于还原知识树状结构，特别是学科门类本身，并非侧重于给用户提供丰富的解释或分类系统。从这个意义上看，等级体系并非全然以用户保证为准则；知识组织除去是构建知识体系的工具外，还应被视为给知识用户提供服务的工具，因而，知识组织还应是面向用户的，针对特定用户才是有效的知识组织。基于用户保证的优先原则建构起来的知识组织系统，最具代表性的当属印度图书馆学著名学者阮冈纳赞所创立的分面分类法。其一方面关注知识领域整体的逻辑结构，也可以通过分类的方式对学科框架展开分析，另一方面其又引入了“面”的知识组织形态，使得知识组织变得更具有柔性，分面分类法通过分面组配形成复合类目，直观地反映出知识领域涵盖的各个“分面”细节，既保留了原有知识体系的组织架构，又为各种需求类型的用户提供了因地制宜的知识组织模式。

第三阶段是计算机检索阶段及其学派。计算机检索阶段源于IT与互联网的兴起，带动了联机检索、搜索引擎、数据库等自动化文献管理工具的快速推广应用，在此将其统称为信息检索系统。知识组织系统历经从人工系统到机器系统的蜕变后，带来的是极大

的效率效益提升。信息检索系统进化到机器系统后，致力于文本表征的算法一夜之间替代了人工标引以及构建于人工描述基础上的算法，这仿佛从效率效益的视角上解决了人们关于管理和服务的矛盾。但现实绝非如此，机器标引往往并不显得十分智能，例如术语与概念往往难于一一映射，这导致关键词的概念容易发生歧义，检索的语义模糊性使得用户常常淹没于大量关键词的歧义所导致的海量的文献之中，并不得不重新进行人工检索。

第四阶段是语义关联阶段及学派。语义关联阶段是语义网络发展后的产物，其最大的不同在于建立事物(things)的关联，而不是字符串(strings)的链接。从语义网络诞生到本体技术成熟，再至关联数据落地开花，这一阶段旨在将知识资源形成网络(of the Web)，而不仅仅是被放在网上(on the Web)。语义关联阶段是当前知识组织系统发展的主流趋势。语义关联阶段大大改善了概念歧义的问题，并且使得资源之间形成数据或知识的语义网络，而非其载体之间的网络。从这个意义上讲，语义关联阶段及学派是具有划时代进步特征的。

最后，需要一提的是，知识组织系统发展中，除去上面的四个典型阶段及学派外，其间还夹杂着出现过面向认知阶段及学派、文献计量阶段及学派、领域分析阶段及学派等，但代表性和影响力较之四个典型阶段较弱，在此不做深入讨论。

2.1.3　知识组织系统的分类

关于知识组织系统的分类，不同组织机构及有影响力的学者先后给出过多种不同的看法，在文献①的基础上，本研究将代表性的观点整理如表 2-1 所示。

① 王知津，赵梦菊. 论知识组织系统中的语义关系[J]. 图书馆工作与研究，2014(9)：67-71.

表 2-1 知识组织系统分类

作者	KOS 主要类型	特点
NKOS	三种类型：词汇列表（规范文档、术语表、地名辞典等）、分类与归类（体系分类表、归类表和知识分类表）、关系模式（叙词表、语义网、知识本体）	最为经典的划分方式，具有代表性的三分法，具有重要启示意义和参考价值
Hodge	三种类型：词汇列表（规范文档、术语表、字典、地名辞典）、分类表（标题表、分类表）以及概念一览表（叙词表、语义网络、本体）	着重考察 KOS 的复杂度、结构、用语关联性以及功能
Stock	五种类型：术语表、分类体系、叙词表、本体，以及边缘的大众分类法	将大众分类法视为特殊的边缘的 KOS
Hill	三种类型：词单类（可选词单、词汇/字典、同义词环）、分类与归类类（图书分类法、知识分类表）和关联组织类（知识本体/实用分类法、叙词表等）	着重考虑概念关系结构的强弱和对自然语言控制的程度
马文峰	两种类型：概念类聚系统和概念关联系统	根据概念和关系的揭示程度划分
曾蕾	三种类型：词单、分类与大致归类和关联组织	以结构和功能为要素，国内最具影响力的划分方式

当然，在国内具有深远影响力的是美国肯特州立大学曾蕾教授提出的知识体系划分模式，她以结构和功能为要素，将知识组织体系划分为三类①，平面的 KOS、二维的 KOS 和多维的 KOS，如图 2-1 所示。本研究中的知识组织系统也秉持这种具有深远影响力的

① 曾蕾. 网络世界与知识组织系统/结构（KOS）［EB/OL］.［2019-04-18］. http://ir.las.ac.cn/handle/12502/6190.

观点。

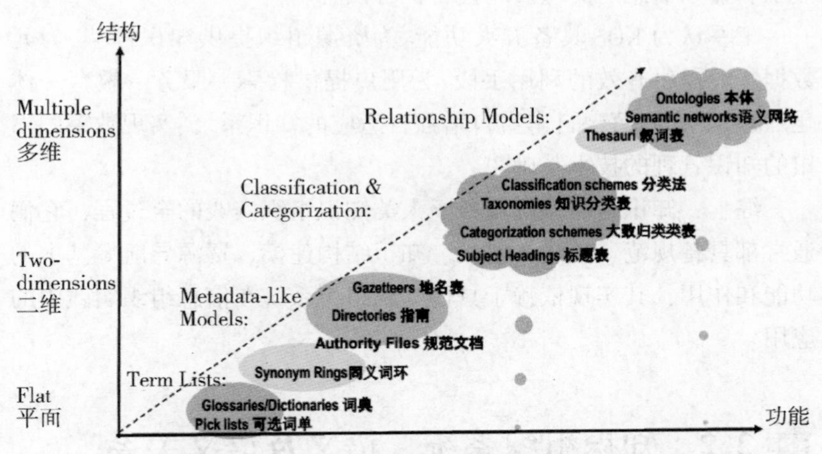

图 2-1　本研究中秉持的曾蕾教授的 KOS 观点

2.1.4　知识组织系统的功能

透过知识组织系统的分类可以看出，不同类型的知识组织系统在复杂性、结构、描述语言、规则上存在很大差异，服务于不同的知识组织目的。但就其在知识组织中发挥的具体功能而言，均大同小异：

Hill 等认为 KOS 所支持的功能包括用以描述事物、定义标识、等价表达形式之间的翻译匹配以及资源导航等四种①。

Shiri 认为 KOS 的主要作用是数字资源的跨库浏览与检索、创建数字图书馆的本体模型、提供了通用的知识表达工具、描述数字资源的不同层面等四种②。

---

① Linda Hill，Olha Buchel MLS，Greg Janée MS，曾蕾. 在数字图书馆结构中融入知识组织系统[J]. 现代图书情报技术，2004(1)：4-8.

② Shiri A. Digital library research：Current developments and trends[J]. Library Review，2003，52(5)：198-202.

曾蕾认为KOS的功能在于语义消歧、同义词控制、概念关系显示和显示概念的类型及属性特征等四种①。

王军认为KOS具备五大功能：为资源组织提供知识框架、为元数据资源提供有效的利用手段、为用户提供检索—服务—教育一体化的知识空间、营建自丰富自增强自适应的知识系统、实现数字图书馆的知识管理的技术基础②。

综上，知识组织系统服务于人类知识组织实践的全过程，它们通常都具备规范、描述、定义、知识结构建模、资源导航等基本的功能和作用，其实现依赖于具体知识组织系统在信息组织实践中的应用。

2.2 知识组织系统、语义及语义关系

2.2.1 语义及语义关系

概念是词语、术语等符号所表示的意义，而语义是对意义的研究。简言之，语义即是概念背后的意义。语义具有显著的领域特征，不属于任何领域的语义是不存在的；同时，语义又与思想（在此指的是 thought）相关，因而又脱离不了主观特征，是主观的产物。

在语义学中，语义关系代表的是概念、意义之间的关系。例如概念"家"应区别于词语"家"。家是一种基本的社会单位，概念"家"可能表示词"居所""住宅"或表达"家人的住处"等意义。"居所"和"住宅"之间的关系是两个词之间的同义关系，但"居所"和

① 曾蕾. 网络世界与知识组织系统/结构（KOS）［EB/OL］.［2019-04-18］. http://ir.las.ac.cn/handle/12502/6190.

② 王军. 基于分类法和主题词表的数字图书馆知识组织［J］.中国图书馆学报，2004，30（3）：41-44.

“家人的住处”的关系是一个词和一个表达之间的关系。所以，在概念表达中，往往存在同音同形异义的关系，即几种理解使用同一个词或表达——“家”。同义词和同音同形异义词不是概念之间的关系，尽管语义学家不断强调，不应把概念、感觉或意义之间的关系混淆于用来表达概念的术语、词、表达或符号之间的关系。但是，需要承认的是“语义关系”标题下这两类关系的混合比较普遍。

理论上，语义关系的数量应该是无限的，任何有穷的关系列表都不能穷尽语义关系的数目。随着知识爆炸及文献的不断产生，新的语义关系不断建立，找出语义关系的上限几乎很难达成。然而，对于特定学科而言，其中的语义关系是有上限的，语义关系数量的无限只体现为全部知识内容的无限更新，新的语义关系的不断涌现。如果以学科为边界，当新的语义关系产生时，会发生学科交叉和分割，从而产生新的学科，就传统学科而言，仍然只适用旧的语义关系。

从知识组织及检索的视角看，语义关系的基本功能在于提升查全率和查准率。一方面，学科针对性限制了文献的数量从而保证了查全率，另一方面，特定学科有限而特定的语义关系则保证了知识组织的查准率。例如，同义词的内涵和查询中的上位词可能有助于增加查全率，而同音同形异义词的区分和术语的规范可提高查准率。

2.2.2 语义理论建构的哲学基础

景璟对语义理论建构的哲学基础曾作出分析①，本研究将其归纳整理如下：

(1)实用主义

实用主义强调人的认识活动的能动性和创造性，主张一切科学和认识的对象均出于作为主体的人的创造。概念、范畴不过是人按

① 景璟. 语义学视角下的知识组织[J]. 情报理论与实践，2013，36(6)：5-9，20.

照自己的意向所提出的假设，是人的行为的工具。实用主义者着重于观察文献中的语义关系对人类的认知的影响，其认为知识是认识的一种，是客观世界在人脑中的反映。作为客观世界的总结式表达，语义映像应当尽量客观、生动，以满足实用主义者所要达到的语义效果。

(2)理性主义/逻辑实证主义

理性主义强调人类知识来源的主观性，认为人类先天具有逻辑能力，后天的客观世界印象是建立在逻辑推理基础之上的，即知识即为逻辑。理性主义者一是认可了人类获取知识的主观能动性，二是承认知识内在的有机联系，特别是逻辑联系。理性主义者认为正确的概念必须是纯净的、唯一的，其通常会用逻辑的思维进行语义关系搭建，对语义歧义甚至矛盾的概念通过推理去伪存真，最后整合出符合理性主义者逻辑的语义关系的知识组织架构。

(3)结构主义

结构主义关注基本的语义关系，如词汇的同义、反义、因果关系等。结构主义认为词汇构成语义、表达清晰的概念、形成文献和主题等宏观语义的基础，都离不开上述基本的语义关系的搭建。结构主义者认为思维的结构是主客体相互作用的结果，是主体不断地自行建构而成的。

(4)历史主义

历史主义视角下的语义学探究概念的历时性沿革，意在阐明概念在不同历史时期的差异及其起源和成因。历史主义追究语义形成过程中概念产生的条件，研究各学科表达文化概念的方式及其变化过程。历史的语义学不仅需要研究同时代的学科知识组织，还需要关注学科的纵向发展以及在其发展过程中伴随的语义表达的演进。

2.2.3 知识组织系统的本质：语义工具

知识组织系统在本质上都是用以描述概念和语义关系的，这些系统都可能被视为某种提供了概念的语义关系选择的语义工具。从这个意义上讲，知识组织系统的本质就是语义工具。

知识组织系统的本质是语义工具，那么，不同的工具反映的是不同的语义学说吗？传统分类法引入文献保证原则，这将语义关系定位在了科学和学术文献上；分面分类趋向于将知识组织建立在先验语义的关系上；用户和体验学派趋向于使用用户保证原则上认知语义而非科学文献；文献计量学派也以文献保证原则为基础，认为如果文献间相互引用、耦合则具备语义关系；领域分析学派则将语义关系视为由领域理论和认识论决定，这多多少少影响着领域的知识。

由此可见，尽管知识组织系统的本质是语义工具，但不同的知识组织系统往往反映略有差异的语义学说，进而呈现出形态各异的语义关系。

2.3　知识结构中的语义关系呈现

知识因子(通常体现为节点)和知识关联(通常体现为节点间的语义关系)是知识的两个要素，两者的组合共同形成了知识结构体系，通常外现为概念体系①。能够表示知识结构体系的语义关系是知识组织系统需要具备的要素之一。本研究结合曾蕾教授对 KOS 的划分框架，尝试分别从一维(平面)、二维(分类)和多维(关联)的 KOS 中各找出几种典型的语义关系及语义工具，进而对知识结构中的语义关系进行归纳总结。

2.3.1　一维知识组织系统中的典型语义关系

在一维的知识组织系统中，具有代表性的语义工具是字词典、可选词单、指南、同义词环等，典型的语义关系是同义关系、近义关系和反义关系。同义关系就是两个不同的词汇用不同的表达方式

① 王知津，赵梦菊. 论知识组织系统中的语义关系(上)[J]. 图书馆工作与研究，2014(9)：67-71.

表达了同样的一个意义；近义关系就是表达方式相似，但是意义会区分为不完全相同和完全相同的两个不同的概念；反义关系顾名思义就是意义相反的概念之间的语义关系。

字典通常是揭示同义关系的典型语义工具，既包含 WordNet 这样具有深远影响力的通用在线词典，亦包括《档案术语词典》之类的专业术语词典。WordNet 是以同义词集合作为基本建构单位展开资源组织的，用户可根据已知概念在同义词集合中寻找其他相近词来表达同一概念；当然，除却同义词关系，WordNet 还涉及上下位关系、整体部分关系、继承关系等非一维语义关系。再如，《档案术语词典》包括了档案词汇相关概念的溯源、演变和发展，特别是在语义上确立了档案学术语体系的基本词汇与非基本词汇，档案学术语词汇的顺序关系和层次关系。

根据同义关系和近义关系，可以建构同义词环。同义词环类似于传统分类法中的同义词表，其是一组语义同义的数据元素的集合，在它们所在的上下文中可以相互替代。同义关系的确立难点在于语义辨识和控制，其关键在判断上下文环境中两个语义概念所对应的语义属性范畴及其交集，进而度量其他语义相似度的多少。相对而言，反义关系是比较难给出详细的解释和定义的一种语义关系，因为词语之间往往有着中性词语，即不能说不是 A 就一定是 B，因为有可能是 C，反义关系并没有很强的逻辑对应关系，界定因而困难。

另外，指南、权威文档、地名表也是呈现一维知识组织系统的常用工具，其中均会涉及和定义一些相对比较基础的同义、近义、反义语义关系。

2.3.2 二维知识组织系统中的典型语义关系

在二维的知识组织系统中，具有代表性的语义工具是分类法、专家分类法、大致归类类表及标题表等，典型的语义关系是等级关系和并列关系，当然涵盖一维 KOS 所能表达的所有关系。

分类法是一种典型的等级列举式语义工具，其主要借助等级关

系来清晰明确地揭示语义。等级关系又称作上下位类关系，包括属种关系、整体与部分关系、全面与局部的关系等。分类法通过设置上下位类实现了对知识结构的等级式组织，在具有等级关系的类目中，被划分的类称为上位类，即父类；区分出来的类被称为下位类，即子类。父类必定包含子之外延，子类必定含有父之属性。当然，父类和子类都是相对而言的，除却顶级类目和末端类目外，其他类目既可以是父类又可以是子类。另外，分类法同级类目之间呈现并列关系。分类法中比较著名的是《杜威十进制分类法》《国际十进分类法》《美国国会图书馆分类法》以及《中国图书馆分类法》等系统。

2.3.3　多维知识组织系统中的典型语义关系

在二维的知识组织系统中，具有代表性的语义工具是叙词表、语义网络、语义本体等，典型的语义关系是各类型的相关关系甚至是自定义关系，当然其也能表达所有二维知识组织系统的语义关系。

多维知识组织强调建构知识之间的复杂语义关联，所能描述的语义关系更为细致、丰富、深入和全面。例如，叙词表采用“用(Y)、代(D)、属(S)、分(F)、族(Z)、参(C)”来表达其全部的语义关系，其中，等同关系以用、代指引，等级关系用属、分、族来指引，相关关系用参来指引。再如，以语义本体所呈现的语义关系为例，OWL本体用subclass of来标记等级关系，用same as及equivalent class来标记等同关系，用intersection of标记相关关系，用one of、union of、disjoint with等标记并列关系，形成多维的易被计算机理解和处理的语义关系。同理，语义网络采用“is-a”链揭示概念间的等级语义关系，并定义了“物理上相关”“空间上相关”“功能上相关”“时间上相关”“概念上相关”五种非等级关系，将知识因子和知识关联组织成网络，超越了等级、等同、相关等一般关系，揭示了更加专指、深入的时空、因果等错综复杂的关系，并以图的形式直观展示知识因子和知识关联，且具有推理性能和机器可处理能力。

2.4 概念：语义关系的基本单元

2.4.1 概念、符号和所指物：从语义三角说起

语义研究对概念、符号和所指物三者之间的关系关注颇多，三者构成了语义三角，本研究也将从著名的语义三角说起。语义三角是一种关于意义的理论，由英国学者奥格登(Ogden)和理查兹(Richards)在1923年出版的语义学重要著作《意义的意义》(The Meaning of Meaning)中提出，代表了传统语义学的典型观点①。语义三角形包含以下几点含义②，如图2-2所示。

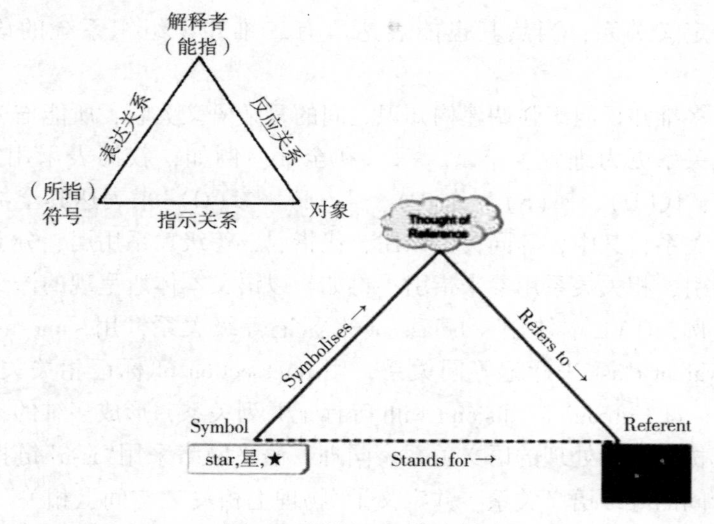

图2-2 语义三角形示意图

① 百度百科. 语义三角[EB/OL]. [2018-04-29]. https://baike.baidu.com.

② 互动百科. 语义三角的含义[EB/OL]. [2018-04-29]. http://www.360doc.com.

(1)概念和指称物之间是直接的联系。概念是在客观事物的基础上概括而成的，是客观事物在头脑中的反映。二者用直线连接，表示概念反映客观事物。

(2)概念与符号/词之间也有直接联系。概念是通过符号表达出来的，二者用实线连接，即词表示概念。

(3)符号/词与指称物之间没有直接的、必然的联系，二者之间具有任意性，是约定俗成的。虚线表示“词代表指称物”。符号与指代物之间没有内在的必然联系，真正的联系存在于人的头脑之中。

2.4.2 知识组织系统的概念、符号和所指物

在知识组织系统中，所指物涵盖任何世界上存在的客观事物(thing)，包括人、物件、概念、地方、时间、事件、还没有被命名的事物等；相应地用符号指代事物的名、称、表达，不管是代号、正式名称、别名、公式、图像，只要是指代某一个 thing 的都可视为符号。可见，符号和所指物之间的关系，正是多对多关系，一个所指物可以有多个符号来表述，一个符号也可指代多个所指物。

因而，各种知识组织系统中符号的表达有不同方式：同义词环/可选词等用词单表达、主题词表用正式词或受控词表达、分类法用分类号及分类词表达、本体用本体类或代号表达……在此不再多述。一言蔽之，符号多以术语或词语形式体现，用于表征概念体系和概念模型，进而通过概念模型反映于所指物。

2.4.3 概念是语义关系的基本单元

在这里还要强调的是，术语或词语与概念之间存在着巨大的差别：前者是符号，后者是思想；前者是一词多义或一义多词，而后者是一词一义。因而，概念，只有概念，而非术语，才是语义关系的基本单元。符号要精准表达概念，就必须借助于概念空间，也就

是说，将符号置身于概念体系，符号才有真正的意义可言，才具备概念一词一义的基本要求。确保符号能够准确代表所指物的重任，就必然落在概念体系所呈现的语义关系上。从这个意义上讲，概念体系是建立符号与所指物之间一一对应关系的概念空间。实现不同知识组织系统之间的语义互通，就是要将双方置于相近的概念体系和映射空间之下，借助概念模型辨识概念之间的关联性及概念相似程度，而非简单地以符号匹配。

因而，在此可以归纳：概念是表达元素层语义的基本单元，概念关系是表达结构层语义的基本单元，概念分析是语义发现的基本手段，概念体系是语义映射的基础平台，概念映射是语义互通的有效途径。以概念和概念关系为抓手来解决各种知识组织系统的语义问题，才具可行性和有效性。

3　社会化标注系统的语义困境：现状与瓶颈

3.1　社会化标注系统语义问题的知识图谱

社会化标注系统具有简单、自由、灵活、大众化等独特优势，但同时也存在其特有的难题。首先，Folksonomy 的标签是一种原生态的自然语言，受多种语言、文化背景、风俗的影响，它的语义模糊性和语义标注的标准化难度较大，而且标签之间平面的类目显示方式会减弱标签之间的语义关联①，并且随着网络用户的增多以及标签数量的增加，其作为一种自底向上、用户可自由参与的分类方法，由于没有采用严格统一的标准，因而使得这种知识组织结构呈现出"扁平化"的结构特点。不同的用户会因自身知识结构的差异性以及对资源认知程度的不同，在选择标签对资源进行标注时产生标签的同义性和模糊性，不能准确定位到相应的网络信息资源，也无法对网络中的信息资源进行共享与管理，造成这种缺陷的根本原因就是用户对于标签词义的理解程度具有差异性。

语义指的是语言所蕴含的意义，在社会化标注系统中，标签就

① 王雯霞，魏来. 语义 Folksonomy 实现方法研究[J]. 图书馆学研究，2013(11)：53-57，12.

是被赋予语义意义的符号。社会化标注标签蕴含着丰富的语义信息，因而国内外许多学者都从标签语义方面着手，对社会化标注系统进行语义优化，将蕴含在标签中的隐形语义信息进行显性表达，并与其他标签建立关联，从而提高社会化标注系统在网络信息资源组织方面的应用性。因此本章聚焦于从 CNKI 和 WOS 中检索得到的文献，以知识图谱的形式对社会化标注系统语义优化方面的文献进行可视化分析，旨在从研究起源、研究主体、研究热点三个方面对国内外相关研究成果进行梳理，以总结过去、掌握现状，为相关研究人员的学习与研究提供可借鉴的指导方向。

3.1.1 数据来源及其预处理

本研究选取中国知网为中文文献的数据来源。由于在实际操作中，社会化标注系统语义优化这一研究范畴中的概念有多种不同的提法，故为提高检索率，采用“SU =（'社会化标注系统' +'社会化标注' +'协同标注' +'社会化标签' +'标签' +'大众分类法' +'分众分类法' +'自由分类法' +'Folksonomy'）AND SU =（'语义' +'语义网' +'语义相似度' +'本体' +'主题词表' +'叙词表' + '受控词表' +'专家分类法' +'传统分类法'）”的检索表达式，在专业检索窗口下，将学科范围限定在“社会科学Ⅱ辑、信息科技、经济与管理科学”内进行检索，检索时间截至 2018 年 12 月 20 日，共检出文献 1861 篇。随后通过人工清洗对数据进行处理，剔除无相关度及相关度极低的论文，并进行数据去重，最终形成本研究数据主体的一部分，共 969 篇文献。

同时，选取 Web of Science 核心集合为外文文献的数据来源，在高级检索条件下，以“TS =（social tagging system OR social tagging OR social tags OR folksonomy OR collaborative annotation ）AND TS =（semantic OR ontology OR thesaurus OR taxonomy OR classification schemes OR subject headings OR topic map OR Synonym rings OR semantic web OR semantic similarity）”为检索式，检索所有年份的相关文献，共检出 1239 篇，作为本研究数据主体的另一部分。

根据文献计量学的理论，对某一学科、研究领域论文的发表年代进行统计分析，可从时间概念上了解该研究的发展脉络。据此，本研究采用 BICOMB 软件(书目共现分析系统)对国内外文献的发表年代进行统计，将得到的统计数据进一步绘制成如图 3-1 所示的曲线图，以便更加直观地让读者从时间上把握社会标注系统语义优化这一领域的发展脉络与研究历程。

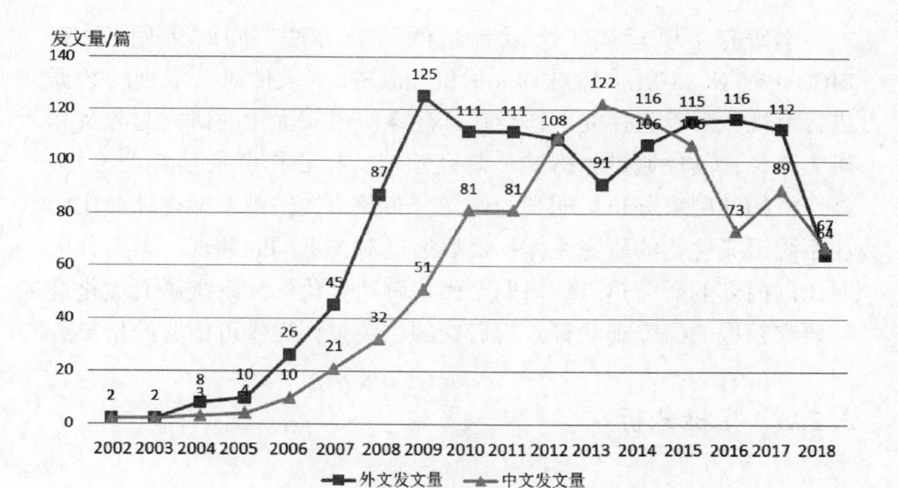

图 3-1　国内外文献发表年度分布图

基于图 3-1 中发文量这一指标来说，国内外对于社会化标注系统语义优化的研究大致从 2002 年开始起步，在此后的 10 年间，国内外的研究成果都呈现一个持续上升的状况，可以认为，2002—2011 年的十年处于这一研究领域的上升期。然而，虽然国内外的起步时间大致相同，研究成果的总量也都呈现出上升的态势，但仍不难看出，这一期间我国研究成果的增长速度相对于国外而言仍然较慢；随后于 2012 年，我国研究成果的数量首次赶上国外，并且在 2013 年和 2014 年两年都超过了国外，但在 2016 年却又迎来了一定幅度的下降，可以看出 2012—2017 年，我国研究成果的数量处于一个波动期，反观国外，其研究明显相对稳定，就此来看，我国的研究现状仍然不容乐观；对于 2018 年，国内外的发文量都极具下降的现象，笔者认为，由于本研究的数据收集范围仅截至 2018 年 12 月 20 日，所以导致数据量并不完全，因此不能科学的解释 2018 年的研究现状，可不做探讨。

3.1.2 研究方法与工具

本研究主要运用了文献计量的研究方法，同时采用 SATI、BICOMB、Node XL、VOS viewer 和 Cite Space 软件对获取到的数据进行可视化。首先探究了社会化标注系统语义优化的研究起源及其研究路径；其次通过分析这一研究领域的核心作者及其合著关系、高产机构的国家分布、期刊的论文分布及引文轨迹来探查社会化标注系统语义优化的研究主体；最后通过对关键词的共现、聚类分析对比国内外的研究热点。以期全面了解社会化标注系统语义优化这一研究领域的研究现状等，为后期的相关工作提供可借鉴的指导。

3.1.3 指标分析

选取合适的研究指标在计量类文献中是重要的关键环节，本研究基于社会标注化系统语义优化的研究现状，选取作者、机构、期刊、关键词等作为本研究的主要研究指标，具体的研究过程及结果如下文所述。

3.1.3.1 研究起源

本研究借助关键词时区图谱(见图 3-2)所呈现的文章更新和相互影响情况，来揭示社会化标注系统与语义优化研究的演变过程，此图仅为明晰节点的含义，详细情况见下文各年份分图。

图中关键词所处的时间区间表示该研究首次出现的时间；字体大小代表其出现的频次；研究领域的繁荣程度则由该时间段的节点表示；节点与节点之间连线的多少代表着节点间传承关系的强弱。由图 3-2 可以直观地看出研究热点的迁移过程，同时也可发现对社

会化标注系统与语义优化的研究呈现出从集中聚焦到多样关注的演变特点，并且研究的时间断面和依据发文量划分的阶段基本吻合。

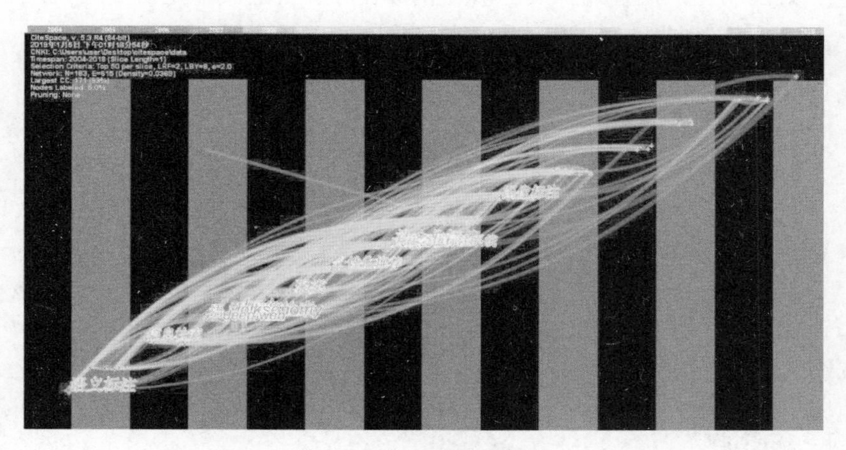

图 3-2　研究路径演化图

起步探索期(2006—2009 年)：热点关键词主要集中在信息检索、语义 Web、语义检索、主题图、deep Web 等，重点关注社会化标注系统的语义、检索、查询等特征(见图 3-3)。

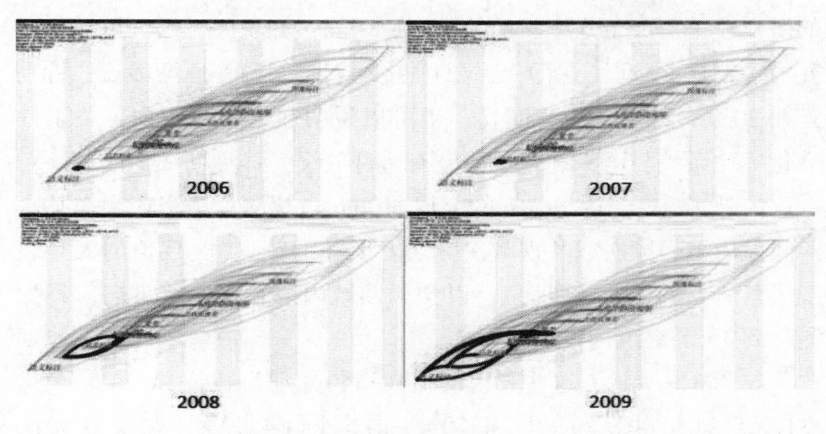

图 3-3　起步探索期的热点关键词

快速增长期(2010—2014 年)：文献数量以及热点关键词快速增加，突现了本体、个性化、大众分类等一批社会化标注系统的热点关键词，以及查询扩展、信息相似度等一批语义优化的热点关键词，不再停留在单纯的语义研究探索上，而是将科学研究与用户匹配相结合，重视产品功能的发掘，详见图 3-4。

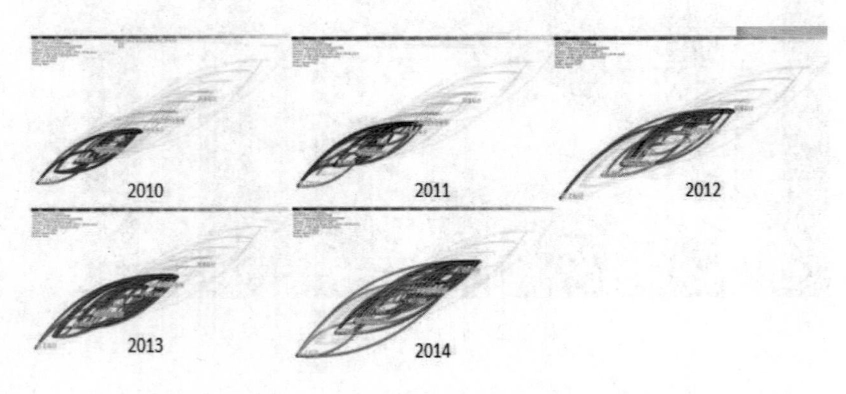

图 3-4　快速增长期的热点关键词

平稳发展期(2015—2018 年)：此阶段社会化标注系统与语义优化的研究逐渐冷却，但随着大数据的热潮来临，社会化标注系统的研究还是形成了众多新的关键词，例如：知识库、语义可视化研究等。在这一阶段，新关键词的密度随着时间进程逐渐稀疏，特别是在 2017—2018 年更为明显，也可以说明在这段时间内，关于社会化标注系统与语义优化的研究有些许放缓，详见图 3-5。

另外，基于 Cite Space 的突现词(burst)探测算法来探测在某一时间段内被引频次或共现频次突现度增加的节点(突现值的大小表现了其研究方向的重要性)，以预测领域内的新兴研究方向。经探测得到 14 个突现词，见图 3-6。

如图 3-6 所示，这些突现词由强到弱分别为 deep Web(5.74)、本体(5.51)、图像标注(4.30)、语义网(4.09)、大众分类法(4.06)、社会化标签(3.98)、协同过滤(3.83)、微博(3.12)、数

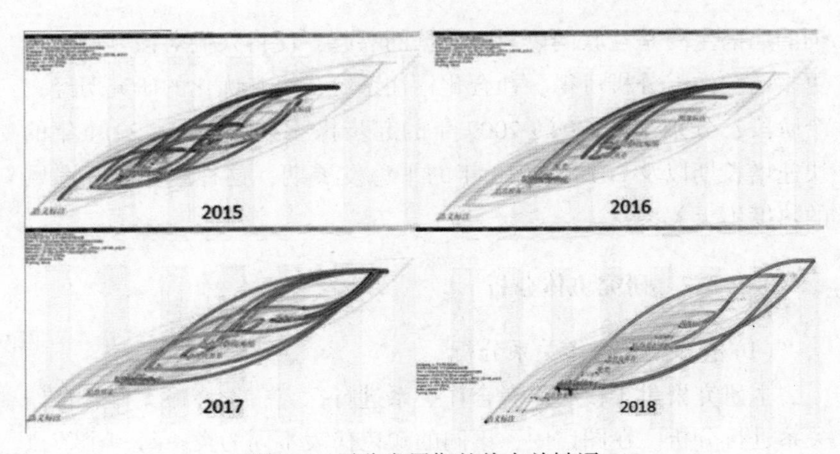

图 3-5　平稳发展期的热点关键词

Keywords	Strength	Begin	End	2004–2018
语义网	4.0879	2006	2010	
语义检索	3.0072	2007	2011	
deep Web	5.7425	2008	2011	
本体	5.5109	2008	2010	
数据抽取	3.073	2008	2011	
社会化标注系统	2.8213	2013	2015	
主题模型	2.8635	2013	2018	
图像标注	4.2958	2014	2018	
微博	3.1214	2014	2015	
大众分类法	4.0638	2015	2018	
标签传播	2.9128	2015	2018	
社交网络	2.9128	2015	2018	
社会化标签	3.9764	2016	2018	
协同过滤	3.8273	2016	2018	

图 3-6　突现词一览表

据抽取(3.07)、语义检索(3.01)、标签传播(2.91)、社交网络(2.91)、主题模型(2.86)、社会化标注系统(2.82)。其成为突现词的原因主要是互联网以及大数据的兴起，使得人们对该领域有了更多的关注。分析可得，社会化标注系统与语义优化的研究历经三个阶段，分别是：2004—2009 年的起步探索期、2010—2014 年的快速增长期以及 2015—2018 年的平稳发展期，这种趋势与互联网的热度不无关系。

3.1.3.2　研究主体分析

(1)核心作者合作关系分析

本研究聚焦于核心作者合作关系进行探究，选择最大作者合作关系进行分析。在图谱中，不同的颜色代表不同的类，每一个节点代表一位作者，各节点之间连线的粗细代表合作的强弱。对 CNKI 和 Web of Science 中的数据进行可视化分析，将两位以上的作者称为一个研究团体，研究领域相似的作者被聚为一类，具体结果如图 3-7、图 3-8 所示。

图 3-7　国内作者合作关系知识图谱

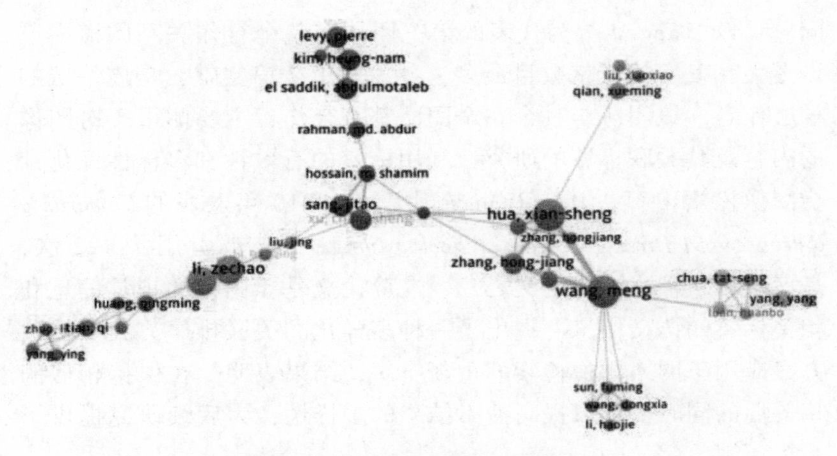

图 3-8　国外作者合作关系知识图谱

从图 3-8 中可看出，国外学者的合作联系较为密切，各研究团体之间均有合作关系。39 位核心作者被聚为 7 类。以 Kim HN① 为核心的第一团体主要侧重于基于语义对社会推荐系统进行优化的相关研究，提出通过社会标签偏好指标，建立基于标签的个性化搜索模型，以帮助用户检索到有用的社交媒体内容，并验证了该方法在社会化媒体服务中进行个性化搜索的可行性。以 Huang QM 和 Li ZC 为代表的两个团体，主要侧重于对用户提供的标签构造语义感知哈希方法，以实现对社会图像近似相似检索。另外，第二团体代表 Ti an Q② 在 2012 年发表的 *Exploring Context and Content Links in Social Media：A Latent Space Method*，被引 53 次，该文提出了一种挖掘社交媒体网络上下文和内容链接的新算法，通过挖掘多媒体对象之间内容链接的几何结构，有效地解决了稀疏上下文链接的

① Kim H N，Rawashdedh M，Alghamdi A，etal. Folksonomy-based personalized search and ranking in social media services[J]. Information Systems，2012，37(1)：61-76.

② Aggarwal C，Tian Q，etal. Exploring context and content links in social media：A latent space method[J]. IEEE Transactions on Pattern Analysis and Machine Intelligence，2012，34(5)：850-862.

问题。以 Wang M 等为代表的第三团体在整个合作关系图谱中节点最大，发布的文献数目最多，各发表了 7 篇文献，是该领域的核心作者。该团队与其余三个团队都有合作，主要侧重于对图像的内容及其关联标签的研究，利用标签的有效性和多样性优化社会图像检索内容。其中 Wang M① 等在 2010 年发表的 *Towards a Relevant and Diverse Search of Social Images*，共被引用了 122 次，是该领域 4 篇高被引论文之一，这篇论文基于图像的视觉信息和相关标签的语义信息，提出了一种多样化的关联排序方案。将该方案应用于网络图像检索的重新排序，结果表明，在保持相似的相关性的同时，可以提高搜索结果的多样性，为后续研究提供了一个新视角。

从图 3-7 中可以看出，国内主要形成了 9 个合作团体，分别包括一个 9 人团体、1 个 6 人团体、2 个 5 人团体，2 个 4 人团体，2 个 3 个人团体和 2 个 2 人团体。通过该知识图谱可看出国内学者的研究团体分散，彼此之间合作程度较低，团体之间并没有形成核心合作网络群。相较于国外学者，国内学者多侧重于对社会化标注系统进行资源聚合以及基于标签语义的挖掘及检索，例如杨萌、张云中、徐宝祥②在 2013 年发表的《社会化标注系统资源多维度聚合机理研究》，被引 12 次，该论文针对社会化标注系统资源聚合问题，运用形式概念分析、社会网络分析等新技术，融合元数据、标签、受控词表、本体等新理论，从深度和广度两个层面构建社会化标注系统资源语义体系，为同类研究提供了有价值的参考。另外还有其他核心作者，如熊回香③讨论了标签概念空间与领域本体间的映射机制，实现了对标签的语义组织，为用户提供了更好的标签导航和

① Wang M, Yang KY, Hua XS, etal. Towards a relevant and diverse search of social images[J]. IEEE Transactions on Multimedia, 2010, 12(8): 829-842.

② 杨萌，张云中，徐宝祥. 社会化标注系统资源多维度聚合机理研究[J]. 图书情报工作，2013，57(15)：126-131.

③ 熊回香，王学东. 大众分类体系中标签与本体的映射研究[J]. 情报科学，2014，32(3)：121-126.

搜索机制；贾君枝①等侧重于利用受控词表或在线词表对标签语义进行控制，从而解决资源的深层语义及资源之间语义关系的问题；白华②侧重于利用语义关联技术为标签添加语义，构建兼有大众分类和概念本体特征的新本体。以上学者均从不同角度对社会化标注系统进行语义优化，为该领域的研究提供了新思路。

(2)国家合作及研究机构分析

论文发表数量已经成为衡量国家对科学研究所作贡献的一个重要指标，故本研究对国家发文数量与合作关系进行可视化分析，如图3-9所示。

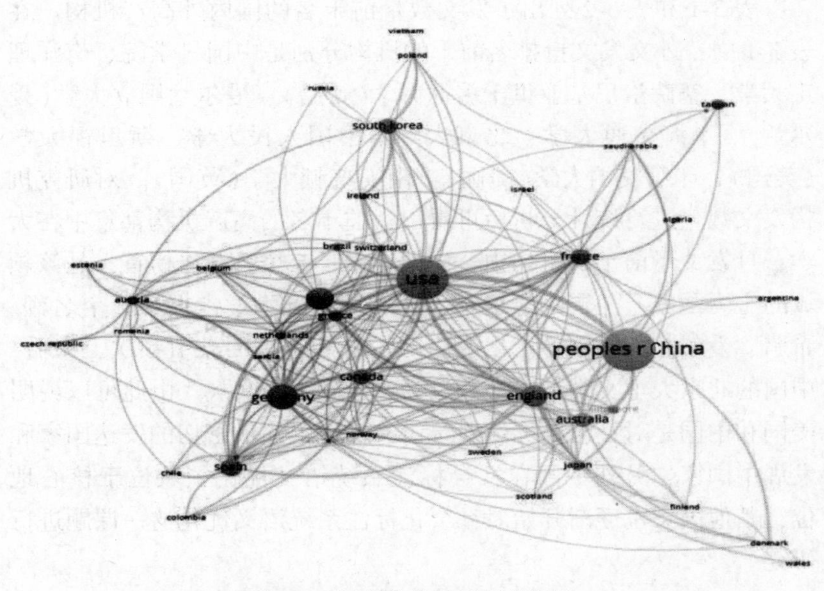

图3-9 国家合作关系标签视图

其中，中国以248篇的发文数量排在第一位，分别与美国、英

① 郜杨芳，贾君枝，贺培风. 基于受控词表的Folksonomy优化系统分析与设计[J]. 情报科学，2014，32(2)：112-117.

② 白华. 利用标签-概念映射方法构建多元集成知识本体研究[J]. 图书情报工作，2015，59(17)：127-133.

国、澳大利亚等17个国家有合作关系。美国仅次于中国排在第二位，共发表了236篇文献，与西班牙、韩国等34个国家有合作关系。排在第三位的德国共发表了114篇文献，与澳大利亚、希腊等26个国家有合作关系，意大利、英国紧随其后，发文数量差距不大，与其他国家的合作强度均高于中国。这说明我国学者在社会化标注系统语义优化领域虽然占有一席之地，但缺乏与国外研究者的交流沟通，应主动寻求优秀的研究机构进行合作，增加国内学者出国访问、深造的机会。

(3)核心研究机构分析

表3-1和表3-2列出了发文数量前十名的国内外高产机构。在表3-1中，外文发文量排名前十的机构分别是中国科学院、南洋理工大学、塞萨洛尼基亚里士多德大学(希腊)、爱尔兰国立大学(爱尔兰)、上海交通大学、北京大学、中国人民大学、斯坦福大学(美国)、印第安纳大学(美国)、南安普顿大学(英国)。对研究机构发文数量进行统计分析后可看出，前十名的高产机构都集中在大学，且发文量前十的机构中，中国占据了5个，跃居榜首，是该领域的主力国家。美国的斯坦福大学和印第安大学占据了2个名额。希腊、爱尔兰和英国各占了一个。另外从文献的被引频次上来看，中国的北京大学文献被引次数最高，达到了329次。由此可以说明美国和中国是对社会化标注系统语义优化关注最密切的发达国家和发展中国家，另外中国在社会标注系统语义优化领域位于核心地位，其他国家也逐渐开始对社会化标注系统语义优化这一课题进行研究。

在表3-2中，国内发文量排名前十名的机构分别是吉林大学、北京邮电大学、浙江大学、哈尔滨工业大学、武汉大学、大连理工大学、北京交通大学、西安电子科技大学、东北大学、电子科技大学，这些高校都是社会化标注语义优化研究的主力军。例如核心作者毕强、徐宝祥等均所属于吉林大学，因而吉林大学发文数量最多，是该领域的主力机构。但是从表3-2中可以看出，文献被引次数最多的是武汉大学，达到了416次，其次是浙江大学，被引次数为290次，影响力很大，是该领域的核心研究机构。通过表3-1和

表 3-2 的对比可看出，在社会化标注系统语义优化这一领域，国内研究机构对该领域的研究并不逊色于国外，但研究机构的合作关系不如国外密切，各国和各研究机构应增强合作机会，相互学习，才能促进社会化标注系统语义优化的发展。

表 3-1　国外机构发文量及被引统计表

研究机构	发文数量	被引次数	国家
Chinese Acad Sci	23	144	中国
Nan Yang Technol Univ	15	195	中国
Aristotle Univ Thessaloniki	15	152	希腊
Natl UnivIreland	13	84	爱尔兰
Shanghai Jao Tong Univ	12	36	中国
Peking Univ	11	329	中国
RenMin Univ China	11	232	中国
Stanford Univ	11	88	美国
Indiana Univ	11	73	美国
Univ Southampton	11	56	英国

表 3-2　国内机构发文量及被引统计

研究机构	发文数量	被引次数
吉林大学	79	283
北京邮电大学	69	184
浙江大学	58	290
哈尔滨工业大学	58	217
武汉大学	48	416
大连理工大学	47	157
北京交通大学	46	159
西安电子科技大学	45	156
东北大学	50	169
电子科技大学	37	82

(4)期刊分布

一般情况下，由于期刊的时效性较强，因此学术研究成果往往最先发表在期刊上，从而使学术期刊成了学术交流的重要载体。鉴于学术期刊的重要性，本研究主要运用 VOS viewer 软件对其主要期刊的共被引情况加以分析(见图 3-10)，以期帮助了解社会化标注系统语义优化这一研究领域的空间分布特点，并指导国内该领域学者收集、整理和研究本领域的外文资料。

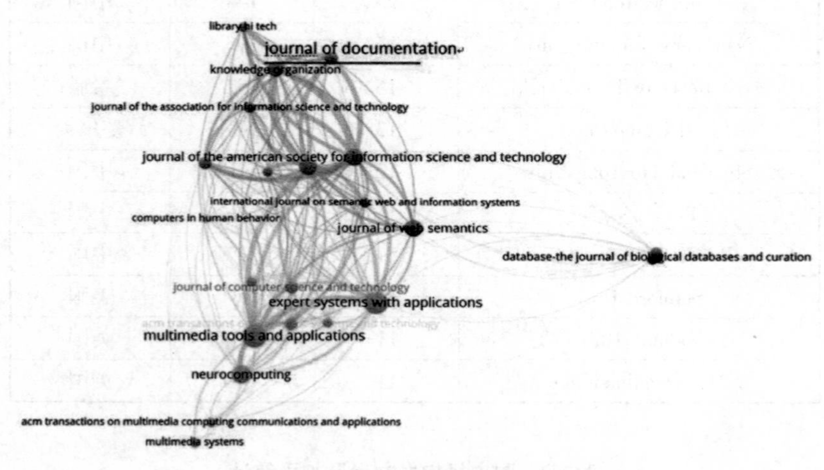

图 3-10　外文期刊共被引分析图

就图 3-10 显示的内容我们可以看出，较大节点代表的期刊发文数量较多，为该研究领域下的重要期刊，例如 Knowledge Organization，Journal of Documentation，Journal of Web Semantics 和 Expert Systems with Applications 等。其中 Knowledge Organization 是知识组织的专业期刊，主要刊载与知识组织的理论基础(包括历史及其教育培训)和实际操作相关的文献，且该期刊的内容被社会科学引文索引，图书馆与信息科学文摘(LISA)，信息科学与技术文摘(EBSCO)，图书馆文献与信息科学等编入索引和摘要；Journal of Documentation 作为信息科学与图书馆学这一学科下的 SSCI 期刊是另一值得我们重视的期刊，其文献范围包括图书馆管理相关学科、知识组织、信息检索、数字人文等信息学科；另外也有跨学科的学术期刊，如 Journal of Web Semantics，该期刊的重点工作是基于知识发现、本体、数据库、语义网格等信息科学以及人机交互、机器学习等计算机学科的理论研究和方法实验，从而提供创新有助开发知识密集型和智能服务型网站，以服务数字图书馆、电子商务等领域；又如 Expert Systems with Applications，其发文重点是设计、开发、测试、实施和管理专家智能系统，一些数据挖掘、知识发现的文献也在该期刊发表。上述该领域的关键期刊，尤其是信息科学与图书馆学这一学科下的期刊在我们的学习、研究中有着重要的指导作用，值得国内相关学者予以重视。

除关注重要期刊，我们也可以看到节点与节点之间距离反映出的合作关系，据其合作关系形成了若干期刊群。其中 Journal of Documentation、Knowledge Organization、Library Hi Tech 均作为信息科学与图书馆学这一学科下的 SSCI 期刊，不仅分布着与本研究相关的大量文献，同时也有着较强的共被引关系，是应该引起图情领域学者重视的一个关键性的期刊群。另偏重计算机科学(人机交互方向)的期刊 Journal of Web Semantics 也有为数不少的文献分布，它与同类型期刊 Computer in Human Behavior、Journal of the American Society for Information Science and Technology、Expert Systems with Applications、Neurocomputing 等存在着较强的共被引关系。这可以反映出，在社会化标注系统语义优化的研究领域下，对于计算机科学的借鉴、结合较为重要，在计算机学科领域之下是又一重要期刊群。并且从图中节点之间的连线密集程度可以看出，这两类期刊之间有着较强的互引关系，这从一定程度上说明，在本研究领域下图情学科与计算机学科已经出现了学科交叉的现象。尤其以中介中心性较大的期刊——Journal of Web Semantics 作为图情学科类期刊和计算机学科类期刊的重要媒介，值得关注。基于以上对于外文期刊的发文量、共被引关系的分析，以指导国内相关学者可以在研究过程中的进一步学习、借鉴、探寻，从而推进本土化的研究进程。

3.1.3.3 研究热点

研究社会化标注系统语义优化这一学科领域文献的关键词，并对其进行共现与聚类分析，有助于揭示其当前的热门方向。因此，本研究运用SATI软件对中外文的关键词进行提取、统计并形成矩阵，由于在外文文献中其关键词存在单复数、大小写以及同义词等的现象，故在对外文关键词进行共现分析之前，笔者首先对关键词进行了合并，部分合并示例如表3-3所示。

表3-3 外文关键词合并示例

关键词(含单复数、大小写及同义词)	关键词(合并统一)
Folksonomy、Folksonomies	Folksonomy
Ontology、ontology、ontologies	Ontology
semantic、semantics、semantic search、Semantic Analysis	semantic
Social network、Social networks、Social networking、Social Web、Social	Social network
social tags、Social Tag、tags、tag、social bookmarking	social tag
Annotation、annotations、social annotation、tagging、social tagging	tagging
Collaborative tagging、collaborative annotation、Collaboration、Collaborative	Collaboration
tag recommendation、Recommender System、Recommendation	tag recommendation

随后运用Node XL软件分别对统计、合并所得的中外文文献的关键词矩阵进行聚类分析，结果如图3-11和图3-12所示。并将图3-11与图3-12进行对比，以揭示这一研究领域的研究热点在中外的相似性与差异性。

从中文关键词聚类分析图(见图3-11)的不同颜色区域中，直观来看我国学者对于社会化标注系统语义优化的研究热点主要分为六类，其中红色标签的聚类和黄色标签的聚类规模较小，且可以看作同一类目下的两个分属，深绿及浅绿区域密切相关，聚焦在组织检索领域，故经过分析合并，笔者认为我国学者在该研究课题的热点集中于以下四大类：

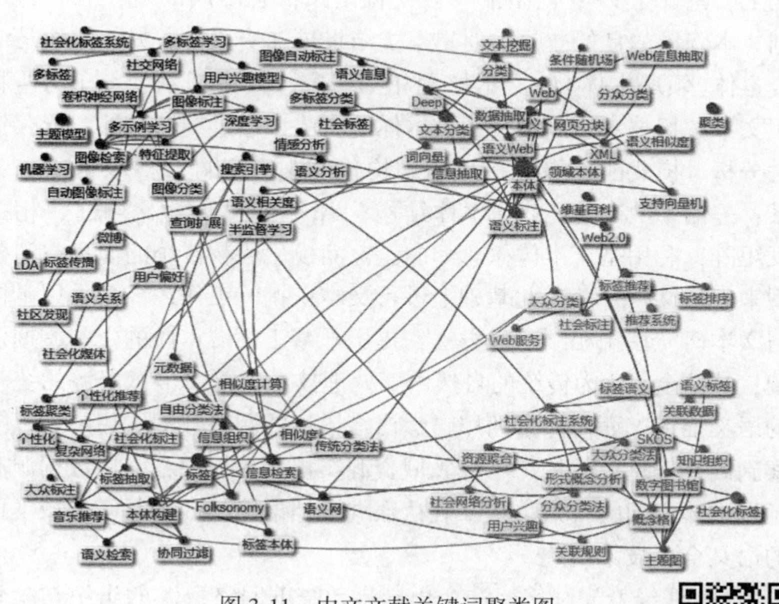

图 3-11　中文文献关键词聚类图

(1)浅蓝区域：依托社会化标签、领域本体等实现文本资源间语义文本挖掘。在该研究方向下又包含着不同的侧重点：一方面是语义文本挖掘的算法优化相关研究，如蔡丽宏①针对 SOM 算法的缺点进行改进，并将改进后的算法应用于 Web 文本挖掘领域；刘磊②基于 k-means 提出了自适应的聚类算法来进行文本挖掘及主题

① 蔡丽宏. SOM 聚类算法的改进及其在文本挖掘中的应用研究[D]. 南京：南京航空航天大学，2011.

② 刘磊. 基于 k-means 的自适应聚类算法研究[D]. 北京：北京邮电大学，2009.

发现的相关工作；陈姗姗①认为基于 VSM 的向量空间模型不能根据文本语义挖掘文本内部潜在的联系，并且在文本聚类过程中存在严重的高稀疏问题，因此把研究焦点置于 LDA 主题模型的聚类方法上，论证了 LAD 模型能有效挖掘语义信息之间的潜在联系，达到文本降维的良好效果，使得聚类结果更加实用化。另一方面是结合本体(领域本体)的文本挖掘相关研究，其中翟羽佳、王芳②利用文本挖掘技术构建中文领域本体的方法，通过词性标注、依存句法分析、模式匹配等方法从非结构化的文本中自动抽取术语和关系；姜丽华③等做了创建本体结构，引入本体的“概念-概念”相关度矩阵，利用基于本体概念的向量空间模型代替传统的向量空间模型来表示文档，并在此基础上进行文本挖掘的工作，成功采用本体与文本研究挖掘相结合的方法，提出了基于领域本体的文本挖掘模型；林培金④认为传统的自然语言处理技术缺乏对信息资源的统一的语义描述，面对海量的用自然语言描述的网络数据，用户难以搜索到满意信息，故提出了以领域资源文档为数据源，引用数据源和领域本体之间的映射关系来表达数据文档语义的一种基于领域本体的语义合成技术研究。

(2)浅绿及深绿区：社会化标注系统下网络资源的组织与检索研究。一方面聚焦于大众分类法与主流知识组织系统的融合研究。在这一研究方向下，以形式概念分析法、社会网络分析法、概念格、主题图居多，并且其中重要的研究热点聚焦对资源整合的研究，以陈婷⑤等将主题图技术应用与标签的研究为例，该团队以超

---

① 陈珊珊. 基于 LDA 模型的文本聚类研究[D]. 苏州：苏州大学，2017.

② 翟羽佳，王芳. 基于文本挖掘的中文领域本体构建方法研究[J]. 情报科学，2015，33(6)：3-10.

③ 姜丽华，张宏斌，杨晓蓉. 基于领域本体的文本挖掘研究[J]. 情报科学，2014，32(12)：129-132，137.

④ 林培金. 基于领域本体的语义合成研究及应用[D]. 南京：南京邮电大学，2013.

⑤ 陈婷，胡改丽，陈福集，等. 社会标注环境下的数字图书馆知识组织模型研究——基于标签主题图视角[J]. 情报理论与实践，2015，38(3)：63-70.

星数字图书馆中的“我的图书馆”社会化标注系统中的标签样本为例，阐明了标签主题图的构建过程，并利用 OKS 中的可视化工具对标签主题图进行了可视化，以此为基于社会化标签的知识导航提供思路；另张云中、杨萌①采用形式概念分析方法，构建出包含数据准备、概念格构建、概念格分析、tax-folk 映射、tax-folk 混合导航树和输出与评价六个模块的 tax-folk 混合导航模型，该团队在这一研究方向下做了一系列相关研究，一方面完善了社会化标注系统资源聚合的理论体系，另一方面，也有助于提高社会化标注系统的资源利用效率。并且，通过上述关键词的聚类分析以及阅读文献可以发现，在 Folksonomy 及标签基础上的信息检索这一研究方向下，我国学者对基于标签的信息检索以语义标签检索为主，并将其运用到现实需求中，以音乐检索为例，如周利娟②认为目前流行的基于音乐属性关键字匹配的音乐检索算法不能满足用户的需求，故提出用情感语义分析方式解决音乐检索系统中非描述性查询的处理问题，并在情感语义空间中计算查询和音乐之间的情感语义相似度，给出相似度排序；此外，也有学者主要关注本体在信息检索中的作用，如何继媛③利用本体增强系统中标签间的语义关系，提出大众标注系统中基于本体的语义检索模型；周诗源④等提出了一种基于抽取规则和本体映射的语义搜索算法，有效提高了搜索效率。

(3)红区及黄区：社会化媒体环境中的标签推荐及个性化服务研究。在该研究领域下又可细分为侧重不同的具体类目：首先是基于社会化标注的用户兴趣挖掘进行个性化推荐，在此研究中也多用

---

① 张云中，杨萌. Tax-folk 混合导航：社会化标注系统资源聚合的新模型[J]. 中国图书馆学报，2014，40(3)：78-89.

② 周利娟. 基于情感语义相似度的音乐检索模型研究[D]. 大连：大连理工大学，2011.

③ 何继媛. 大众标注系统中基于本体的语义检索模型研究[D]. 西安：西安电子科技大学，2012.

④ 周诗源，王英林. 基于抽取规则和本体映射的语义搜索算法[J]. 吉林大学学报(理学版)，2018，56(2)：329-334.

到推荐系统的构建、算法的改进，如熊回香①等对社会化标签用户特征进行了关联分析，并构建了基于社会化标签的单用户兴趣模型和群用户兴趣模型，在此基础上，借鉴协同过滤算法的思想，架构了基于标签的单用户和群用户个性化信息服务流程框架，从而进行推荐；除此之外，该团队还从资源-标签-用户三个维度分别建立推荐组件，进而重组推荐资源集合实现对用户的个性化兴趣预测算法；在协同过滤这一算法下，邰杨芳②等也基于此技术结合逆词频及标签间余弦相似度的计算，提出了一种新的标签推荐算法。其次，一些学者选择了微博作为社会化媒体的具体示例进行标签推荐的研究，例如高明等③基于 LDA 主题模型去推断微博的主题分布和用户的兴趣取向，并提出了微博系统上用户感兴趣微博的实时推荐方法；陈渊④等对国内微博平台的信息进行了综合分析，并选取新浪微博平台作为研究对象，利用新浪微博 API 设计了爬虫程序抽取用户信息对其进行定量分析，针对不同特征的用户群体提出了相应的标签推荐方法。最后，在标签推荐这一研究范畴下，不少学者将本体融合其中，以唐晓波⑤为代表的学者提出一种基于本体和标签的个性化推荐模型，认为该模式可以有效解决标签的非等级结构、多样性、模糊性所导致的标签间语义缺乏的问题，从而提高基于社会化标签的个性化推荐效果；以及潘淑如⑥同样认为已有的研究大多忽略了标签的多样性和模糊性，因此将本体引入社会化标签

---

① 熊回香，杨雪萍，高连花. 基于用户兴趣主题模型的个性化推荐研究[J]. 情报学报，2017，36(9)：916-929.

② 向菲，彭昱欣，邰杨芳. 一种基于协同过滤的图书资源标签推荐方法研究[J]. 图书馆学研究，2018(15)：46-52.

③ 高明，金澈清，钱卫宁，等. 面向微博系统的实时个性化推荐[J]. 计算机学报，2014，37(4)：963-975.

④ 陈渊，林磊，孙承杰，等. 一种面向微博用户的标签推荐方法[J]. 智能计算机与应用，2011，1(5)：21-26.

⑤ 唐晓波，钟林霞，王中勤. 基于本体和标签的个性化推荐[J]. 情报理论与实践，2016，39(12)：114-119.

⑥ 潘淑如. 社会化标签系统中基于本体的个性化信息推荐模型探究[J]. 图书馆学研究，2014(21)：77-80，37.

系统内，构建了基于本体的个性化信息推荐模型，从而利用本体提供的标签语义信息优化了个性化信息推荐的效果。

(4)深蓝区：基于标签语义的图像标注与检索研究。该研究领域较为聚焦，多书集中在对图像检索的改进上，并且社会化标签和语义关系更为突出，如张震宇①通过对比不同语义距离与图像多样化思想融合后的算法效果，研究出了更优的图像检索多样化算法——基于 Word Net 语义距离的 Div Score 算法，改善了以检索词为查询和基于图像标签的上下文检索的局限性；并且范能能②针对图像社会化标签现存的问题，提出了结合本体与标签共现的标签学习，证明了该方法要优于只利用标签共现或本体的学习效果；此外，葛美玲③结合机器学习和模式识别等方法对社交媒体下的图像标签优化问题展开了研究与探索，她在图像标签优化的研究上与以上两者不同的地方在于，该研究除结合了语义分析外，还加入了机器学习，并且将领域聚焦到了社会化媒体上。

当然，在上述四大类研究方向下，也有众多学者进行了不同类目间的融合研究，主要以信息检索、图像标注及检索、文本挖掘三者和个性化推荐的融合研究为主，由此我们可以看出，国内对社会化标注系统语义优化的相关研究，除了对其算法和理论的探究、论证外，多数最终落脚到了具体的应用之上，推荐系统就是一类的典型案例。

对比图 3-11，分析外文关键词聚类分析图(见图 3-12)可以看出，与国内该领域内的研究相类似，国外在该领域的研究热点主要集中于四类热点：

(1)浅蓝色区：基于社会化标签及语义分析的数据挖掘研究。在此类研究下，国外学者的关注点较为聚焦、新颖，例如 Nethravathi

① 张震宇. 基于语义距离的图像检索多样化研究[D]. 武汉：武汉大学，2017.

② 范能能. 图像社会化标签预处理与聚类方法研究[D]. 武汉：华中科技大学，2012.

③ 葛美玲. 社交媒体下的图像标签优化研究[D]. 合肥：安徽大学，2017.

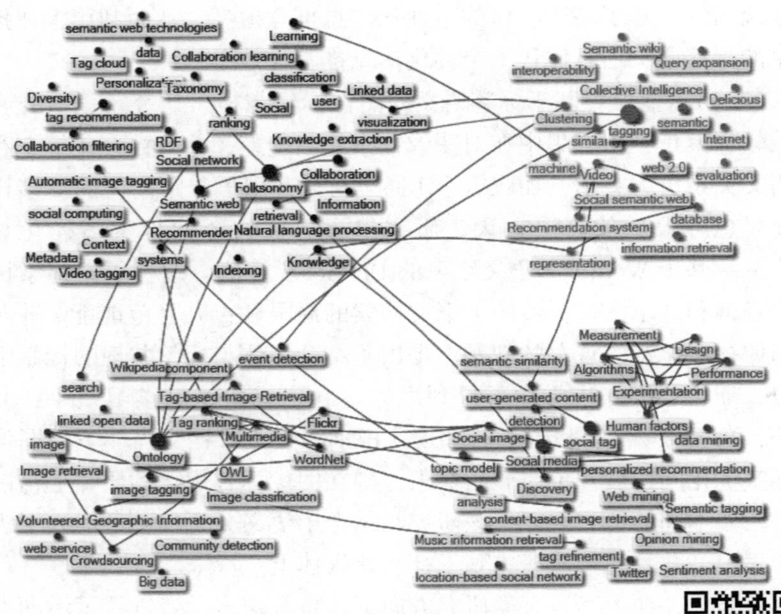

图 3-12　外文文献关键词聚类图

彩图可扫

N P① 等认为 Web 2.0 时代的数据挖掘中的隐私保护是一个非常重要的领域，并由此提出了一种基于语义上下文提供敏感数据隐私保护的技术，在其研究中采用了关键短语提取、共现分析、本体构建和查询分析，并构建了基于关联的转换策略的模型；另外，在社交媒体平台上的用户信息挖掘研究也有较多的成果，例如 Comito Carmela② 等通过收集整理用户于在线社交网络(Facebook，Twitter)

① Nethravathi N P，Rao P G，Desai V J，etal. SWCTE：Semantic Weighted Context Tagging Engine for Privacy Preserving Data Mining[C]. Cochin Univ Sci & Technol，Kochi，INDIA：3rd International Conference on Data Science and Engineering(ICDSE)，2016.

② Comito C，Falcone D，Talia D，etal. Mining Popular Travel Routes from Social Network Geo-Tagged Data[J]. Intelligent Interactive Multimedia Systems and Services，2015(40)：81-95.

留下的地理坐标来标记他们时空运动，并通过一种新方法从地理标记的信息中挖掘出受欢迎的旅行路线；在基于传统用户标签方面的研究也有较为成熟的成果，如 Lawson K G① 对来自 31 个不同主题部门的 LC 主题标题(其中包括 Amazon. com 的用户标签)进行量化和比较分析，以促进图书馆员与用户的良好合作。

(2)深蓝色区：社会化标注系统下网络资源的组织与检索研究。该类研究中，通常以 Folksonomy 为核心，探究社会化标签与语义网络、RDF、专家分类法、元数据、索引、自然语言处理、知识抽取、关联数据、分类法等网络资源组织方法之间的交互与融合，进而实现网络资源检索、可视化展示等功能。

(3)浅绿色区：基于标签的 Web 服务与个性化推荐研究。在该研究领域下又可细分为侧重不同的具体类目：第一类是对推荐系统算法的优化研究，例如 Jia Baoxian② 等提出了一种语义相似性方法 wpath，并使用概念信息内容(IC)来加权概念之间的最短路径长度，该基于知识图的语义相似度计算在个性化学习推荐服务中具有可信且高效的应用；第二类是基于语义的推荐系统设计，例如 Saravana B Balaji③ 提出了一种使用结合了本体概念体系的自然语言处理方法并基于语义技术的云服务推荐系统，且通过性能评估证实了该系统较之其他方法能够提供更好的推荐服务；第三类是利用提高标签质量的方法来进行标签推荐的相关研究，例如 Hong Yu④ 等指出

---

① Lawson K G. Mining Social Tagging Data for Enhanced Subject Access for Readers and Researchers[J]. Journal of Academic Librarianship, 2009, 35(6): 574-582.

② Jia B X, Huang X, Jiao S. Application of Semantic Similarity Calculation Based on Knowledge Graph for Personalized Study Recommendation Service[J]. Educational Sciences-Theory & Practice, 2018, 18(6): 2958-2966.

③ Saravana B B, Karthikeyan N K, Rajkumar R S. Fuzzy service conceptual ontology system for cloud service recommendation[J]. Computers & Electrical Engineering, 2018(69): 435-446.

④ Hony Y, Zhou B, Deng M Y, etal. Tag recommendation method in folksonomy based on user tagging status[J]. Journal of Intelligent Information Systems, 2018, 50(3): 479-500.

Folksonomy 由用户、标签和资源组成，这种形式是搜索和导航资源的好方法，在此理论基础上该团队又提出了一种基于统计语言模型计算标签概率分布的方法，从而提高了标签推荐的质量。

(4)深绿色区：基于语义标注的图像及富媒体检研究(偏重于图像、视频的识别)。通过关键词聚类的结果不难看出，国外在社会化标注系统下的信息检索相关研究已经以图像识别和检索为重点了，除了基于语义的相关研究外，尤其以对 flickr 的研究为亮点，例如 Deng Zhi-Hong 等①指出没有注释的图像在互联网上无处不在，为它们推荐标签已成为图像理解中具有挑战性的任务，这是由于图像和文本表示之间存在语义差距，基于此其团队通过引入语义层来弥合差距，从而使得图像标签更科学有效。相关研究还有很多，并且在 flickr 中也有许多专利问世。

结合国内外相关研究的知识图谱，可以看出社会化标注系统下网络资源的组织、检索及服务研究均是国内外学者们关注的焦点，而解决组织与检索问题的关键均在于解决语义问题。因而，课题组进一步将研究的动态聚焦到社会化标注系统语义发现和社会化标注系统语义映射两个方面，结合文献阅读，将核心文献梳理如下：

①社会化标注系统语义发现方面。该领域研究主要聚焦于从平面化非等级的标签集中发现标签之间的语义关联，而实现该目标的方法是多元化的。有学者试图通过潜在语义分析(LSA)提取出标签涌现语义②，也有学者基于关联规则挖掘标签关系③；还有学者利用跨模态方法结合典型关联分析(CCA)抽取 flickr 中的标签语义关系④；

---

① Deng Z H, Yu H I, Yang Y L. Image Tagging via Cross-Modal Semantic Mapping[C]. ACM International Conference on Multimedia(MM), 2015.

② 宣云干，朱庆华. 基于 LSA 的社会化标注系统标签语义检索研究[J]. 图书情报工作，2011(4)：11-14.

③ 熊回香，王学东. 社会化标注系统中基于关联规则的 Tag 资源聚类研究[J]. 情报科学，2013(9)：73-77.

④ Katsurai M, Ogawa T. A cross-modal approach for extracting semantic relationships between concepts using tagged images[J]. IEEE Transactions on Multimedia, 2014(16): 1059-1072.

大多数学者认为聚类方法仍然是社会化标注系统中标签语义关系发现的主流，但这些学者在聚类模型和聚类方法的选择上也各有差异，具有代表性的是基于概念空间模型的标签聚类①、基于标签共现信息的标签谱聚类②、基于开源 AP 聚类算法的标签聚类③以及基于概念格的标签聚类④⑤等。就 STS 语义发现而言，不同的方法具有不同优势，且利用聚类发现标签语义的方法占据主流，近年出现的基于概念格的方法因其聚类效果简便有效而大放异彩，尽管相关研究很少，尚处在探索阶段，但为本课题的研究奠定了基础。

②社会化标注系统语义映射方面。该领域研究主要关注社会化标注系统中核心组织方式 Folksonomy 与专家分类词、本体、主题词表等其他资源组织方法间的语义互通。当前，网络环境下大众分类法与受控词结合相互优化已成为趋势⑥。大众分类法与专家分类法的语义映射主要聚焦于两点，一是利用遴选标签进而构建专家分类结构⑦或利用专家分类法（如 DDC）的规范语义优化社会化标注⑧；

---

① 魏来. 基于概念空间模型的 folksonomy 标签聚类方法研究[J]. 情报杂志，2011(4)：137-142.

② 李慧宗，胡学钢，何伟等. 社会化标注环境下的标签共现谱聚类方法[J]. 图书情报工作，2014(23)：129-135.

③ 顾晓雪，章成志. 中文博客标签的聚类及可视化研究[J]. 情报理论与实践，2014(7)：116-122.

④ 滕广青，毕强，高娅. 基于概念格的 Folksonomy 知识组织研究——关联标签的结构特征分析[J]. 现代图书情报技术，2012(6)：22-28.

⑤ Kang Y K，Hwang S H，Yang K M. FCA-based conceptual knowledge discovery in Folksonomy [J]. World Academy of Science，Engineering and Technology，2009(53)：842-846

⑥ 贾君枝. 分众分类法与受控词表的结合研究进展[J]. 中国图书馆学报，2010(5)：96-101.

⑦ Eric T，Wang W M，Cheung C F，et al. A concept-relationship acquisition and inference approach for hierarchical taxonomy construction from tags [J]. Information Processing & Management，2010，46(1)：44-57

⑧ Golub K，Lykke M，Tudhope D. Enhancing social tagging with automated keywords from the dewey decimal classification [J]. Journal of Documentation，2014，70(5)：801-828.

二是建立两者的映射关系实现折中的 TaxoFolk 混合分类法①。同时，大众分类法与本体的语义映射也成为焦点，有学者认为可以将现有本体特别是 WordNet 等通用本体映射到标签来揭示标签间的明确语义②，进而促进社会化标注系统的资源检索和推荐；也有诸多学者认为可利用大众分类法构建本体，所用方法也形形色色，如运用 3E 技术构建 Folksonomized Ontology③、运用标签聚类辅以 WordNet 构建本体④、利用标签-概念映射方法构建本体⑤及利用标签和关联数据构建本体⑥等。当然，大众分类法与主题词表的映射也是一个热点，有学者尝试通过词汇匹配的定量方法实现主题词与标签的关联⑦。上述三类语义映射已成为社会化标注系统知识组织方法语义映射、互通互操作的缩影，凸显出了社会化标注系统语义映射形式的多样性和方法的多元化。

---

① Kiu C C, Eric T. TaxoFolk: A hybrid taxonomy-folksonomy structure for knowledge classification and navigation [J]. Expert Systems with Applications, 2011, 38(5): 6049-6058

② Cantador I, Konstas I, Jose, J. Categorising social tags to improve folksonomy-based recommendations[J]. Journal of Web Semantics, 2011, 9(1): 1-15

③ Alves H, Santanchè A. Folksonomized ontology and the 3E steps technique to support ontology evolvement[J]. Web Semantics: Science, Services and Agents on the World Wide Web, 2012, 18(1): 1-12

④ 窦永香，何继媛，刘东苏. 大众标注系统中基于本体的语义检索模型研究[J]. 情报学报，2012，31(4)：381-389

⑤ 白华. 利用标签-概念映射方法构建多元集成知识本体研究[J]. 图书情报工作，2015，59(17)：127-133.

⑥ García-Silva A, García-Castro LJ, García A. et. al. Building domain ontologies out of folksonomies and linked data[J]. International Journal on Artificial Intelligence Tools, 2015, 24(2): 561-583.

⑦ Yi K, Chan L-M. Linking folksonomy to library of congress subject headings: An exploratory study[J]. Journal of Documentation, 2009, 65(6): 872-900.

3.2 社会化标注系统语义检索的现实需求

3.2.1 思路与方法

社会化标注系统中，网络资源的语义问题一般都外显为用户对社会化标注系统中资源的检索及利用，与理论研究相对应，本研究在实践层面上尝试发掘各类用户对社会化标注系统语义检索和资源导航的现实需求，试图揭示用户是否满足于当前主流社会化标注系统提供的检索系统、检索功能，及用户还有哪些潜在的浏览、检索、导航、展示等需求，进而获取和利用社会化标注系统中的网络资源。

鉴于此，本研究拟采用问题中心访谈法，结合质性研究方法，拟订访谈提纲，从豆瓣网等社会化标注平台用户群中取得联系并随机抽取15位用户，展开访谈，并利用Nvivo工具对用户访谈的结果展开编码处理，从中凝练出社会化标注系统语义检索的用户需求模型。

3.2.2 访谈提纲

访谈课题名称：社会化标注系统语义检索的现实需求

您好！我们是上海大学图书情报档案系"社会化标注系统语义发现与语义映射"项目研究小组，我们正在进行用户对社会化标注系统语义检索和资源导航的现实需求的调查，希望通过这次调查，了解语义检索和资源导航对于用户的现实价值，从而为今后关于社会化标注系统语义检索和资源导航的研究提供参考意见。

我们向您承诺：今天访谈设计的内容和您阐述的观点，只作为我们研究参考，您声明不宜公开的资料和观点，我们将严格为您保密，非常感谢您的帮助。

3.2.2.1 概念解释

语义检索：与常用的关键词匹配不同，语义检索可以将用户输入的检索词展开概念语义扩展及概念空间语义扩展，从而使得信息检索的结果更加准确、全面，其语义表达通常是计算机可识别的，需要主题图、语义本体、语义网等语义工具的支撑。

资源导航：将信息检索系统中资源组织或检索的结果从逻辑上联系起来，采用可视化的呈现方式将结果展示给用户，形成对资源的导航路径。用户可以根据这种导航方式，直接浏览、定位、查找、获取自己所需要的信息资源。

社会化标注系统：Web2.0下较为流行的网络信息资源组织平台，允许用户根据自我认知，对所感兴趣的资源用标签进行标注，进而形成对平台中信息资源的组织、管理、共享等。例如，豆瓣网就是一个典型的社会化标注系统，用户可以在网站上发布、搜索、收藏和转播网站上的资源，如图书、电影、小说等，并允许用户自由对这些资源添加自己的描述和评论。如豆瓣网中的图书《红楼梦》通常会被贴上“名著”“古典”“文学”等标签。

标签云图：标签云图是社会化标注平台呈现热门标签的一种方式，它由大小不一、颜色深浅不一的标签组成，字体越大越深，表示该词被用户使用频次越高。

3.2.2.2 访谈线索

第一部分：用户的基本信息

1. 性别，年龄、文化程度、学科背景。

2. 您了解或使用过类似豆瓣网这样的社会化标注平台吗？使用这些平台的时间有多久了？

3. 您平时使用豆瓣这类平台主要是用来做什么呢？是用于娱乐消遣还是查找自己所需要的资料呢？

4. 您平时会使用该类平台提供的标签或者标签云图这样的搜索方式来查找您的所需资源吗？您使用这样的搜索方式有多久了？

第二部分：用户搜索表达的基本需求

1. 您在社会化标注系统中搜索资源时，对于查准率和查全率有何侧重，您是希望搜索的结果更准确还是更全更多呢？

2. 您在社会化标注系统中查找自己所需资源时，一般如何搜索所需资源？您对搜索结果是否满意？

3. 多数社会化标注系统，如豆瓣一般只提供输入单个检索词的检索接口。如果平台允许同时输入多个检索词展开逻辑"与""或""非"等组配，进而搜索您所需资源，您愿意使用吗？愿意使用或者不愿意的原因。

4. 多数社会化标注系统并不具备高级检索功能，如果平台给您提供多个字段并存的检索形式，如在豆瓣电影上提供按主题、电影名、演员、导演等字段并存的检索入口，您愿意使用吗？愿意使用或者不愿意的原因。

5. 您在键入检索词过程中，平台根据您键入的部分字段展开联想，自动推荐与您键入检索词相近的关联词，您愿意使用吗？愿意使用和不愿意使用的原因。

第三部分：用户搜索表达的进阶需求

1. 观看利用同义词环检索信息资源的小视频/介绍利用同义词环检索信息资源的基本原理。您在社会化标注平台搜索资源时，若键入某个标签进行搜索，由平台根据您键入的标签展开基于同义词环的查询扩展，反馈结果不仅包含与您键入标签完全匹配的资源，还将包含标签所在同义环上其他标签所标注的资源，这种检索功能您愿意使用吗？愿意使用以及不愿意使用的原因。

2. 对网络资源建立树状分类结构是传统又经典的资源导航、浏览及检索方式，如有过将标签和资源通过特定映射的方式恰当嫁接到已有的分类体系上，形成一种新的混合式资源导航，将原来以平铺方式散落的社会化标签嫁接到具有层次的树状资源分类体系上，对于这种导航、浏览及检索方式，您认为能更好地满足您的检索需求吗？

3. 观看利用语义本体检索信息资源的小视频/介绍利用语义本体检索信息资源的基本原理。如若能对社会化标注系统中的资源利用语义本体技术展开资源再组织，实现对资源的形式化描述(如 RDF 描述)，建立社会化标签之间的分类、类属、相关等语义关系，并从类、属性、实例等多角度对社会化标注系统的资源展开检索查询，以及实现检索资源的智能推理。比如豆瓣电影中，您输入“这个杀手不太冷”，就会得到这是一部犯罪电影(类)，犯罪电影具有惊悚、刺激的特点(属性)，平台还会通过推理提供其他的类似犯罪电影(语义关联)，您觉得平台的这种功能会更好地满足您的需求吗？简单说明原因。

4. 观看利用主题图组织及获取信息资源的小视频/介绍利用主题图组织网络信息资源的基本原理。若平台在搜索界面提供一种网状图以主题为导向和基本组织单元的社会化标注系统资源导航方式，包括着重展示平台中所涵盖资源的主题类型，各资源主题间的相互关系以及与相应主题相关的资源链接，不仅可以反馈该平台与该主题相关的资源，用户还可以在可视化的主题图中通过点击主题下相关资源的关联链接，反馈其他平台与主题相关的网页、图片、视频、文本所有信息等资源，请问您愿意使用这样新的资源导航吗？愿意以及不愿意使用的原因。

5. 观看利用关联数据组织及获取信息资源的小视频/介绍利用关联数据组织网络信息资源的基本原理。关联数据代表了知识组织未来发展的方向，如能将社会化标注系统中的数据集、用户集、资源集以关联数据的形式发布出去，以便在 RDF 数据集的基础上展开标签、资源、用户等数据的可视化关联展示及查询，您觉得这对社会化标注系统资源检索是否具有意义？在您键入标签时，您可以通过平台显示的链接来查找该资源的类、属性以及相对应实例，或者平台直接以三元组的形式展示该资源，您可以直接查找，又或者平台生成网络图，您通过点击节点，在右侧就会显示该节点对应的类、属性等具体描述，如果平台提供了以上三种导航，您觉得会不会比现有的导航方式更好？

第四部分：前景探讨

1. 您在对使用具有以上检索优化功能的社会化标注平台

期待与否？您认为以上的社会化标注系统资源平台检索优化的方式发展前景如何？

(3)访谈结果分析。

通过访谈，本研究主要得到如下几个方面的结论：

(1)现阶段社会化标注系统用户的检索行为概况

使用目的上，对于社会化标注系统的用户而言，“以消遣娱乐为主，查找资料为辅”，在访谈采集的原始语句中，有用户提到“娱乐消遣和查找资料都有，但主要还是娱乐消遣”，目前主流的社会化标注平台对于广大用户来说，仍然是休闲娱乐的作用。

搜索方式上，当前用户搜索资源的方式有三种，直接键入标签，标签推荐，标签云图，其中前两种是主要的搜索方式，对于大部分的用户来说，当确切了解自己所感兴趣的资源时，会采用标签检索的方式，相反，用户会通过标签推荐和标签云图来浏览和定位，从而挖掘潜在的需求。

结果满意度上，50%的用户对搜索结果满意，25%的用户对搜索结果比较满意，剩下25%的用户对搜索结果不满意，但访谈结果表明人的需求是需要被激发的，受访者表示如果提供语义优化的方式，他们的使用意愿是很高的。

查全率和查准率上，大部分用户侧重于查准率，而有一部分用户在进行娱乐消遣时，对查全率是比较重视的，当想要了解一个领域的时候，更关注查准率。

(2)社会化标注系统用户语义检索的现实需求分析

通过对访谈数据进行质性编码(见表3-4)，可以将用户的检索需求分为基本需求和进阶需求，具体来讲：

1)用户的基本检索需求：社会化标注系统中，通过改变用户检索资源方式，而不改变计算机索引方式，从而提高用户检索资源效率，满足用户需求的检索方式，本研究将该层面的检索需求定义为基本需求。

基本需求包括简单检索和高级检索，简单检索包括自然语言检索、关键词匹配和术语检索。如访谈采集的原始语句中，出现了如

“直接输入一个关键词”，如“需要输入专有名词”，用户可以通过这样的方式检索到所需资源；高级检索包括组配检索、扩展检索和多检索入口，这些检索方式在一定程度上能够提高查全率或者查准率，如访谈采集的原始语句出现了“通过提供组配这种方式，既提高了查全率，又提高了查准率，可以让我过滤掉一些不需要的信息”，多检索入口的方式，例如访谈者提到“我非常愿意使用这些方式，这可以让我快速找到我所需要的资源”。

2)用户的进阶检索需求：社会化标注系统中，通过改变计算机索引的方式，来满足用户语义检索和资源导航的现实需求，本研究将用户这一层面上的需求称为进阶需求，用户的进阶需求包括词表、分类法和关联模型。

①词表层面需求：社会化标注系统中，词表是进阶需求中比较简单的一种，同义词环作为词表的代表，是将一个标签的检索变为一组标签的检索，能在很大程度上提高查全率，例如有受访者提到“同义词环可以让我更全面的了解某种资源”，也有受访者提到“可以提高查全率，也有利于发现一些新的预期之外的资源”。

②分类法层面需求：分类法是知识组织中比较重要的一种方法，社会化标注系统中的分类导航是应用分类法的一种代表，将原来以平铺方式散落的社会化标签嫁接到具有层次的树状资源分类体系上，可以让用户更好地浏览、导航和检索所需资源，提高了检索效率，例如有受访者提到“如果有这样的分类导航，可以提高我们的检索效率，并且呈现的方式更加直观”。

③关联模型层面需求：关联模型是知识组织发展的方向，包含本体、主题图和关联数据，关联模型从资源的语义深度和广度进行挖掘，在社会化标注系统中，这个层面的需求层次比较高，可视化和关联程度强，受到研究人员的青睐，其中有受访者提到“可视化关联展示有利于我们大众用户了解这种检索的原理，也能够进行更好的选择，而基于此的查询也能够帮助我们理清思路”。也有受访者提到说“这样的标注系统就有意义，目前用户的很多需求都没有得到满足”。

表 3-4 访谈数据质性编码

选择编码	关联编码	开放编码	原始语句示例(初始编码)
基本需求	简单检索	自然语言	07：希望通过用描绘听众听觉感受的词，好听的、开心、忧郁、舒服等，搜出能使人产生相似感觉的音乐作品 10：想要学一些简单、容易的吉他伴奏曲，希望通过简单容易这样的词来搜索到自己想要的曲子
		关键词匹配	01：想看宫崎骏的电影，然后会直接搜索宫崎骏 12：有时候直接输入一个关键的词来搜索，这样就很方便
		专业术语	07：有时候，需要使用音乐领域的专有名词进行检索，例如节奏，节拍，音色调性调式等 11：需要了解绘画领域的专有名词，例如技法(写实，写真，工笔，或者画的类型(山水，花鸟)，用这些搜索准确率更高
	高级检索	组配检索	09：比如搜索电视剧《甄嬛传》，我就可以采用名称为“甄嬛传”并且演员为“孙俪”，导演为“郑晓龙”，这样会让结果更精确 13：搜索《李航的统计方法》，输入书名为“统计学方法”并且作者为李航，这样比直接输入统计学方法方便多了
		扩展检索	05：在平时论文写作经常会需要搜相关文献资料，需要平台自动推荐检索词，提高查全率 13：有时候想找一部电影，忘记了电影名，当输入“幸福”，就会显示“幸福来敲门”，可以减少输入的时间
		多检索入口	04：当搜索电影时，更希望能从导演、演员、影片类型等这些方面进行直接查找想要看的电影 13：如果我想查周星驰作为导演的电影，如果仅仅输入周星驰关键字，和周星驰有关的内容都会检索出来，但是如果我选择导演入口，输入周星驰，检索性能和准确率大大提高

续表

选择编码	关联编码	开放编码	原始语句示例(初始编码)
进阶需求	词表	同义词环	06：通过文学标签，中国文学、散文等同义词环上标签检索资源的结果应该比使用一个标签得到的资源多 03：比如我搜索私服时，希望也可以搜索出穿搭技巧，街拍等相似内容 08：我在使用“豆瓣图书标签”系统时，单独选择哲学标签检索出来的内容相对于选择哲学、思想等多个标签一起检索出来的内容更少
	分类法与大致归类	分类导航	07：在需要精准检出所需音乐时，会希望系统可以提供音乐领域的系统知识分类体系作为导航 05：比如电影，树状结构可以从大类一直细分到最小单位，从国家、类型、直到演员、作品，脉络更加清晰 08：我想要找一部历史题材的纪录片，那么我只需要选择“纪录片”“历史”两个标签就能定位到我想要的资源，再通过查看更加细节性的标签就能够很快地找到我喜欢的资源
	关联模型	本体	05：在豆瓣电影中，在搜索“天气预爆”时，会知道这是一部喜剧，而且还会希望得到与喜剧有关的各种电影 08：我在利用豆瓣图书标签系统查找推理类小说时，我输入“白夜行”时，希望系统能够为我推荐“解忧杂货店”“告白”“嫌疑人 X 的献身”“福尔摩斯探案集”等相关的著作，让我能够快速进行比较选择
		主题图	02：比如我输入“黄梅戏”这个主题，就可以找到黄梅戏剧目、电影、电视剧，黄梅戏的导演、作家，黄梅戏图书，黄梅戏唱段等各种类型的资源 08：我想找关于“中国西北历史发展”主题的资源时，希望平台能够为我展示《河西走廊》纪录片、《中国西北少数民族史》图书、中国西北民歌等音乐，能够让我从多个发展角度、多种资源类型为切入点进行资源选择

续表

选择编码	关联编码	开放编码	原始语句示例(初始编码)
进阶需求	关联模型	关联数据	05：我在查找迪奥口红和香水时，不仅可以看到它的详细系列、气味类别、适用年龄等，而且可以通过点击详细系列进入其官网，也可以关联到圣罗兰等类似高端品牌，增加选择性 07：比如在查找音乐专辑资源的过程中，我搜索到一张专辑，页面中显示了专辑的名称、艺术家、发行商、发行时间、发行地等信息，例如我点击发行商，不但可以在这个平台内显示以该发行商为标签标注的其他资源，也可以提供链接链到发行商的官方网站，或者是关联到其他平台与此发行商有关的其他资源，把不同平台不同数据源的数据全部关联在一起

另外，不同的用户有不同的需求，正如马斯洛的需求分析理论将人的需求分为生理需求、安全需求、爱和归属感的需求、尊重和自我实现的需求，受这一思想的启发，通过访谈可以发现不同的人有不同的现实检索需求，同一个人在不同阶段也有不同的需求。

结合用户关于平台的使用频率以及有无专业背景的情况(如表3-5所示)，将使用频率的中位数作为划分低频和高频的界限，根据使用频率和有无专业背景将用户分为以下四类，如图3-13所示。

表3-5 用户分型表

使用频率	有无专业背景
0.143	否
1	是
3	否
0.214	是

续表

使用频率	有无专业背景
1	是
1	是
1	是
0.143	是
0.167	否
0.1	否
0.167	是
0.286	否
2.333	否
0.286	是
0.714	否
1	否

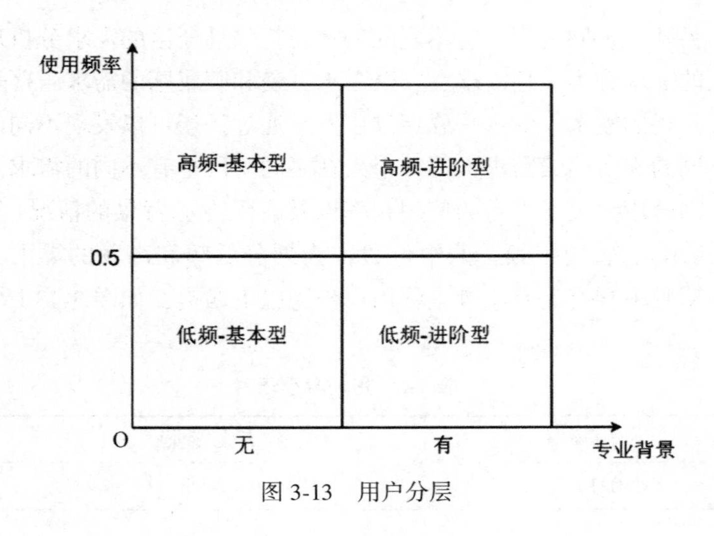

图 3-13　用户分层

对于低频-基本型用户，既包括接触社会化标注系统时间很短的用户，也包括那些接触时间相对较长，但是使用频率很低的用

户，这类用户都没有专业背景。

对于高频-基本型用户，虽然这类用户不是具有专业背景的研究人员，但是平台的使用频率很高，有受访者提到“我每天要玩豆瓣三到四次”。把那些具有专业知识背景但是使用频率比较低的用户归为低频-进阶型用户，这类用户是非常有潜力的，未来有望发展为高频-进阶型用户；最后把那些具有专业背景知识，并且使用频率很高的用户归为高频-进阶型用户，他们对社会化标注平台的认知和实践程度比较高。

3)社会化标注系统用户检索需求层次模型

通过访谈数据分析，除了得到不同的检索需求维度与层面外，还发现，不同层次用户的检索需求存在差异，同一层次用户对于不同的需求也存在差异，这种差异产生于用户对于社会化标注系统的认知和实践方面的不同。

基于以上的结果，本研究建立了用户需求层次模型，如图3-14所示。

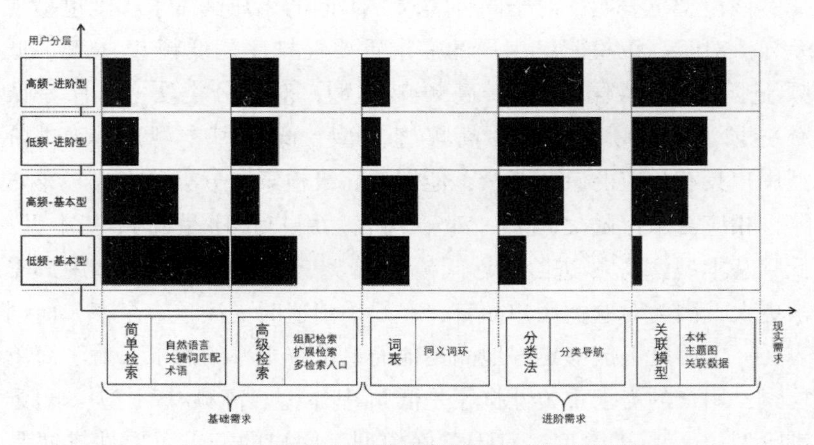

图3-14 社会化标注系统用户需求层次模型

该模型横轴表示现实需求，纵轴表示用户分层，分别表示了不同层次的用户，平面中的黑色代表不同的现实需求，黑色面积的大小代表需求的重要程度。模型显示：不同层次的用户其需求也是不同的，同类用户对不同的检索需求也有差异。对于低频-基本型用户，需求的排序是简单检索，高级检索，词表，分类法，关联模型，这类用户的需求层次是从简单到复杂，并且目前简单检索的方式已经很大程度上满足他们的需求；对于高频-基本型用户，需求的排序是简单检索，分类法，关联模型和词表法，高级检索，虽然简单检索仍然排在第一位，但是相对于低频-基本型用户来讲，其对简单检索的需求呈减弱趋势，他们对社会化标注平台的浏览定位功能需求比较大，对高级检索的需求最小，其中有受访者提到“这种方式太复杂，使用起来比较费力，对于懂这方面知识的人来讲，比较合适”；对于低频-进阶型用户，他们的需求排序是分类法，词表和关联模型，高级检索，简单检索，而对于成熟型用户，他们的需求排序是关联模型，分类法，高级检索，简单检索和词表，成熟型用户的需求层次最高，需求层次也表现为从复杂需求到简单需求。

该模型也表明，对于同种需求，不同的用户其需求程度也呈现差异。对于高级检索，用户的需求重要性排序是低频-基本型、低频-进阶型和高频-进阶型、高频-基本型；对于分类法，排序是低频-进阶型、高频-进阶型、高频-基本型、低频-基本型，由于进阶型用户具有相应的专业背景，他们对高级检索和分类法方式轻车熟路，相应需求也随之增加；对于词表，用户排序是高频-基本型、低频基本型、高频-进阶型、低频-进阶型，词表对于基本型用户需求更大，因为对这类用户而言，在娱乐消遣时更注重查全率，而词表在一定程度上能够更好地满足他们追求查全率的需求；对于简单检索，用户的需求重要性排序是低频-基本型、高频-基本型、低频-进阶型、高频-进阶型；对于关联模型，用户的需求重要性排序是高频-进阶型、低频-进阶型、高频-基本型、低频-基本型，从某种程度上说，用户的层次和需求的复杂程度是呈正相关的，这也表明了随着用户对社会化标注系统认知程度和实践程度的增加，其需求的层次也随之增加。

3.3 现状与瓶颈：研究的历史观和现实观

从研究的历史观看，本研究借助 Cite Space、VOS viewer、Node XL 等软件，对社会化标注系统及语义优化研究领域的文献进行了计量学和可视化分析，梳理了我国关于社会化标注系统及语义优化研究的现状与发展历程，归纳了社会化标注系统及语义优化研究的核心与热点前沿方向，从整体上描绘了我国社会化标注系统及语义优化研究的总体样貌。结果发现，社会化标注系统及语义优化的研究逐渐被重视且取得了较为丰硕的成果，为社会化标注系统的合理开发利用以及其语义的优化提供了重要的参考价值。但是在研究中仍然存在着一些问题：①社会化标注系统语义发现的方法呈现多元化且以聚类为主，但在深入挖掘标签之间隐藏关系和全面揭示概念语义关系方面有待改进；②社会化标注系统中的语义映射重视知识元素层语义而忽略知识结构层语义，即只重视标签向分类词或本体概念的映射，不重视标签关系作为整体向分类关系或本体概念关系、概念属性关系的映射；③映射只可两两进行，缺少共同的语义枢纽，因而未能实现社会化标注系统语义体系内所有知识组织方法间的语义互通与互操作；④不注重社会化标注系统语义发现与语义映射之间的关联，难以形成理论的连贯性和体系化。

从研究的现实观看，本研究借助于问题中心访谈法，结合质性研究方法，利用 Nvivo 工具对用户访谈的结果展开编码处理，从中总结出社会化标注系统语义检索的用户需求模型。结果发现：①用户现阶段对大多数社会化标注系统所提供的以标签为中心的检索、浏览、导航方式并不满足，用户期待更有查全率及精准性的检索方案，期待简单检索以外的多元化检索窗口。②查找资源的全面性、资源匹配的精准性及优先排序、浏览及检索结果的可视化展示等成为用户现阶段的进阶性需求。③用户对将其他检索平台下的良好检索体验引入社会化标注系统中有所期待，诸如同义词环检索、分类浏览及导航、依托本体的语义检索、主题图提供的可视化导航及依托关联数据的网络资源共享等，用户认为这些良好体验或许能帮助社会化标注系统走出语义困境。

对照研究的历史观和现实观，可以看出，实践中社会化标注系统中的网络资源组织、检索、服务等问题的核心诉求，与理论界中通过语义优化提高社会化标注系统资源利用的研究焦点在方向性上是匹配的。但是研究的历史和需求的现实之间仍然存在着差距：一方面，过往的研究在解决问题的思路上，尚未给出较为体系化的解决方案，解决问题的方式在于各个击破，而非统筹解决。虽然这些研究解决了实践中的相关问题，但解决方案并没有呈现出连贯性和体系化；另一方面，用户在社会化标注系统中的组织、检索、服务需求呈现日渐增长的趋势，对于社会化标注系统语义检索的用户需求模型中呈现出的诸多高阶需求，现有的解决方案暂且无能为力，社会化标注系统如不做出相应满足上述需求的变革，那么也将会逐渐衰落。

4 社会化标注系统语义发现与语义映射的架构：形式概念分析的视角

4.1 起点：一脉相承的语义发现与语义映射

结合前文，社会化标注系统语义问题的典型表征可归纳为如下四点：①社会化标注系统语义发现的方法呈现多元化且以聚类为主，但在深入挖掘标签之间隐藏关系和全面揭示概念语义关系方面有待改进；②社会化标注系统中的语义映射重视知识元素层语义而忽略知识结构层语义，即只重视标签向分类词或本体概念的映射，不重视标签关系作为整体向分类关系或本体概念关系、概念属性关系的映射；③映射只可两两进行，缺少共同的语义枢纽，因而未能实现社会化标注系统语义体系内所有知识组织方法间的语义互通与互操作；④不注重社会化标注系统语义发现与语义映射之间的关联，难以形成理论的连贯性和体系化。

纵观国内外相关学者对社会化标注系统语义问题的认知情形及解决思路，不难看出，语义问题的核心在于语义稀疏模糊、语义结构性差、语义形式化弱，而解决的思路尽管各异，但均明确指向于借助其他语义表达工具来补充和完善社会化标签语义。这固然无错，但解决思路的方案过于追求一步到位，导致的结果即是理论支离破碎，难以体系化。

本研究认为，解决社会化标注系统语义问题，亟须分为两步走：第一步是社会化标注系统语义发现，第二步是社会化标注系统语义映射。社会化标注系统语义发现是指运用聚类、统计、关联规则等知识发现的相关理论、方法和技术，挖掘出社会化标注系统中最核心资源组织方法 Folksonomy（一般译为"大众分类法"）的标签之间隐含语义关系的过程；社会化标注系统语义映射是指为实现社会化标注系统语义体系互通与互操作，利用映射规则将语义发现后的标签语义与其他语义工具之间建立映射的过程。社会化标注系统语义发现与社会化标注系统语义映射两者一脉相承，前者是后者的前提与基础，后者是前者的延伸与深化。

区分社会化标注系统语义发现与社会化标注系统语义映射，其优势如下：

（1）社会化标注系统语义发现的关键的第一步，是完成社会化标签从"符号"到"概念"的关键一步。语义是概念的意义，而非符号的意义。符号只有置身于概念体系之中，才能精确表达语义，因而只有将社会化标签置于社会化标注系统概念体系（或称为概念空间）中，才可发现标签与标签之间的语义关系，才能确立标签从"符号"到"概念"转变。可见，社会化标注系统语义发现，其结果和目的在于建构标签概念体系。

（2）社会化标注系统语义发现所建构的标签概念体系，为其与其他概念体系映射提供了可能性。标签概念体系可被视为语义枢纽，建立与其他近似的概念体系映射关系，为制订近似概念空间之间的语义映射规则提供标准和参考依据。

（3）社会化标注系统语义映射作为关键的第二步，已经脱离了目前多数研究所走的捷径，即直接将作为"符号"的标签生硬地映射到某个概念体系之上，而是依据对等的映射规则，将标签概念体系映射到某个概念体系之上。因而，这种映射是语义结构之间的映射，而非从语义元素向语义结构的映射。

4.2 架构要素分析：组成要素、功能要素和角色要素

要搭建一脉相承的社会化标注系统语义发现与语义映射的架构，需要先对整个架构所不可或缺的相关要素展开分析。本研究将从组成要素、功能要素和角色要素三个方面展开，对社会化标注系统语义发现与语义映射的关键要素进行剖析。

4.2.1 组成要素

(1)Web2.0网络环境

Web2.0是社会化标注系统运作的外部环境，正是其开放、自由的网络氛围，社会化参与、富媒体聚集的网络特点，给社会化标注系统的推广奠定了坚实的基础。Web2.0下，网络用户不再仅仅是信息资源的使用者，他们变被动为主动，身兼数职，同时转变为信息资源的生产者、组织者、开发者和利用者。在此背景下，由于信息生产者的增多，网络信息资源的数量急剧增长；网络信息资源的组织亟须转变为灵活多样的方法或模式，以满足不同网络用户的各式各样的检索、查询、导航等需求。

社会化标注系统语义发现与语义映射的外部环境，仍然也必然受到Web2.0环境的影响和制约。Web2.0下网络用户的群体、行为和特征，网络用户生产、组织、开发、利用网络信息资源的能力及影响因素，Web2.0下知识组织系统的发展程度，相关技术的成熟及推广程度，都会影响和制约社会化标注系统语义发现与语义映射的质量与效率。

(2)社会化标注系统平台

社会化标注系统平台是社会化标注系统语义发现与语义映射的直接环境，平台运营商的商业运作模式、平台的技术环境成熟度、平台关乎的主题和话题、平台中信息资源的丰富程度、平台中信息资源的质量水平、平台中信息资源的更新率、平台用户的活跃度及参与度、平台用户的信息素养、平台用户的信息资源利用需求、平台对接和集成的知识组织系统等，这些平台中反映和呈现出的关键因素均会影响社会化标注系统语义发现与语义映射的质量和效率。

(3)知识组织系统

知识组织系统是关乎社会化标注系统信息资源组织的关键要素。社会化标注系统中最核心的知识组织系统是 Folksonomy，即大众分类法。但不容回避的是，仅仅使用 Folksonomy 组织社会化标注系统中的信息资源，往往又很难确保信息资源组织的质量和效率，因而，诸如词单、专家分类法、语义本体、主题图甚至是关联数据等知识组织系统，往往会被集成到社会化标注系统中，用来辅助实现高质量的社会化标注系统信息资源再组织。

(4)语义分析软件工具包

语义分析软件工具包是辅助实现社会化标注系统语义发现与语义映射的所有语义工具的软件集合。语义分析软件工具包中的核心工具主要包括用以建构并分析社会化标注系统概念空间的 Conexp、Galicia、ToscanaJ 等形式概念分析工具包；除此之外，还包括 Netdraw、Citespace、NodeXL 等从社会网络分析、网络计量学角度分析语义的主要语义分析工具。

(5)知识组织与导航辅助工具包

知识组织与导航辅助工具包是用以表示社会化标注系统语义发现与语义映射结果的所有软件集合，根据社会化标注系统语义发现与语义映射的不同需求，可选用针对性的辅助工具：例如可用同义词环工具辅助实现社会化标注系统与同义词环的语义映射；可用知识之树辅助实现社会化标注系统与专家分类法、图书分类法的语义映射；可用 protégé 辅助实现社会化标注系统与语义本体的语义映射；可用 ontopia 辅助实现实现社会化标注系统与主题图的语义映射；可用 Drupal 辅助实现社会化标注系统与关联数据的语义映射；还有诸多知识组织与导航辅助工具，在此不一一列举。

4.2.2　功能要素

(1)系统资源层(语义生成层)

系统资源层在语义的视角上又可以称为语义生成层，其功能主要在于提供社会化标注系统的各类原始数据集合，其本质是用户和资源建立认知的过程，结果体现为语义的生成。社会化标注系统中，用户使用标签对资源展开标注，从而实现网络信息资源组织。海量用户针对海量资源展开标注的过程，即是网络信息资源知识组织的语义生成过程。社会化标注系统资源，从狭义上讲，特指用户使用标签标注的网络信息资源集合；从广义上讲，应该涵盖社会化标注系统的用户集合、用户用以标注信息资源的标签集合、用户使用标签标注的网络信息资源集合，也就是用户集、标签集、资源集。除此之外，与社会化标注系统存在知识链接的各类资源，也属于此范畴。本研究中未做特殊说明的系统资源特指此广义上的资源。

(2)知识组织层(语义表示层)

知识组织层在语义的视角上又可以称为语义表示层，其本质任务是实现语义表示，因而其也可视为对资源进行语义描述和表示的语义表示层。社会化标注系统的知识组织层以 Folksonomy 为核心工具，其通过用户集、标签集合资源集的交集来描述社会化标注系统语义。当然，这种基于浮出机制的语义，由于未经规范，所以往往是模糊稀疏甚至是具有歧义的。因而，社会化标注系统往往会借助和引入其他知识组织系统对平台中的语义进行规范，常见的引入包括元数据、标签、受控词和本体。引入的知识组织系统必须要能与 Folksonomy 之间相互映射，更为理想的追求是，理论上社会化标注系统所涉及的所有知识组织系统应有机映射在社会化标注系统语义体系下，并可以完全实现语义互通互操作。

(3)概念分析层(语义发现层)

概念分析层在语义的视角上又可以称为语义发现层，其主要功能在于利用语义分析软件工具包，建构社会化标注系统中最核心知识组织系统大众分类法的概念空间，使得大众分类法完成从低维弱结构的语义模式向高维强结构的语义模式的转变，以实现社会化标注系统语义发现的关键任务，因而其也可被称为语义发现层。本研究主要采用形式概念分析作为建构社会化标注系统概念体系的工具，在精炼数据集的基础上，以标签集、资源集分别为内涵集和外延集组建形式背景并构建 Folksonomy 概念格，通过概念聚类实现标签语义发现，并确保对语义关系的全面揭示和建构。概念分析层为概念映射层奠定基础，提供社会化标注系统概念体系向其他知识组织系统映射的标准化枢纽。

(4)概念映射层(语义映射层)

概念映射层在语义的视角上又可以称为语义映射层，其主要任务是建立社会化标注系统概念体系向其他知识组织系统映射，进而实现语义互通互操作，因而也可被称为语义映射层。语义映射的关键有两点：一是参与映射的双方的语义结构应该对等或近似；二是映射应尽可能基于共同的语义枢纽，从而实现社会化标注系统语义体系中所有知识组织系统的语义互通。因而，本研究着力从概念体系的角度入手，将其作为映射的标准语义结构和共同枢纽，尝试建立分类法、主题词、语义本体、主题图、关联数据等知识组织系统向概念格的映射，得到各自相应的概念体系，从而满足上述的语义映射的两点关键要求。

(5)用户应用层(语义展示层)

用户应用层在语义的视角上又可以称为语义展示层，其核心任务是将社会化标注系统语义发现和语义映射的结果应用到平台的导航、查询、浏览、检索、推荐等信息服务环节中，提供给用户使用，以满足用户的多样化信息需求。从这个意义上讲，其是语义展示的一层。用户应用层旨在以可视化的方式，尽可能从多维度直观地展示语义发现和语义映射的结果和效果，让用户有更好的网络资源利用体验。诸如用同义词环提高关键词检索的匹配程度；用混合导航提供知识之树的形象化浏览；用语义本体提高语义检索的精准程度；用主题图展示社会化标注系统的主题关系；用关联数据提供数据的网络关系；等等。

4.2.3　角色要素

(1)社会化标注系统用户

“用户就是上帝”，这句话在社会化标注系统中仍然成立，且尤为重要。从生产者的角度看，用户可以在社会化标注系统中发布信息资源，因而是系统资源的提供者；从组织者的角度看，用户是社会化标注系统信息资源组织的关键角色，其信息素养、标注动机、标注行为决定着社会化标注系统标签的质量，从而影响信息组织的水平；从使用者的角度看，用户往往又对系统平台的可用性、易用性做出要求，并提出多样化的导航、检索、浏览、展示等客观要求。因而，用户是社会化标注系统角色要素中的关键所在，也是社会化标注系统语义问题的生成者，更是社会化标注系统语义发现与语义映射的需求者和最大受益者。

(2)社会化标注系统运营商

社会化标注系统运营商是社会化标注系统中的另一关键角色。运营商对社会化标注系统的定位、规划、运作、更新、维护也对社会化标注系统语义发现与语义映射影响至深。运营商良好的商业运作模式，决定了社会化标注系统用户的素养与数量，决定了社会化标注系统资源的质量与水平，决定了社会化标注系统各类应用的功能与实现，最终决定了社会化标注系统标签的质量。理论上，运营商是社会化标注系统语义发现与语义映射的组织实施者，负责对社会化标注系统语义发现与语义映射过程的资源支撑、人员组配、调查研究、规划管理、组织实施、更新维护等关键环节。同时，运营商将是社会化标注系统语义发现与语义映射的经济受益者。

(3)知识工程师

知识工程师是社会化标注系统中与知识处理各环节密切相关的一类角色。知识工程师主要负责社会化标注系统中各类数据库、知识库的开发、建设与维护，涉及有关数据源的采集、整理、加工、维护和优化，特别是对社会化标注系统语义发现与语义映射的相关技术环节进行处理，解决社会化标注系统语义知识在提取、表达、转换、运用等环节中遇到的问题。另外，关注各知识处理环节的技术前沿与进展也是知识工程师的职责所在。知识工程师在社会化标注系统语义发现与语义映射环节中，扮演着实施者、协调者及知识管理者的多重角色。

(4)软件分析专家

软件分析专家是一类熟练掌握和运用特定软件分析工具的专家角色，本研究中以形式概念分析软件专家为主。迄今，全球用于学术研究或商业应用的形式概念分析工具已有二十余种，为特定的形式概念分析问题选择合适的形式概念分析工具，并协助知识工程师开展相应的数据分析和提供专业化的指导是形式概念分析软件专家的主要职责。另外，根据需求对开源的形式概念分析软件进行扩展、修正、更新，以满足社会化标注系统语义发现与语义映射对优质工具的客观需求，也是形式概念分析专家的又一职责。

4.3 社会化标注系统语义发现与语义映射的架构搭建

本研究所建构的社会化标注系统语义发现与语义映射的架构，本质是一个概念级的理论模型，用以抽象地阐释社会化标注系统语义发现和语义映射的一脉相承关系，展示形式概念分析在解决问题中发挥的核心作用，从组成要素、角色要素和功能要素三方面综合剖析使用形式概念分析解决社会化标注系统语义发现和语义映射问题的途径。该架构模型如图 4-1 所示。

社会化标注系统语义发现与语义映射体系，建构在 Web2.0 网络环境之下，根植于社会化标注系统平台之上，对接目前主流的知识组织系统特别是描述多维语义的新兴知识组织系统，并由语义分析软件工具包、知识组织与导航工具包等多种软件工具作为技术

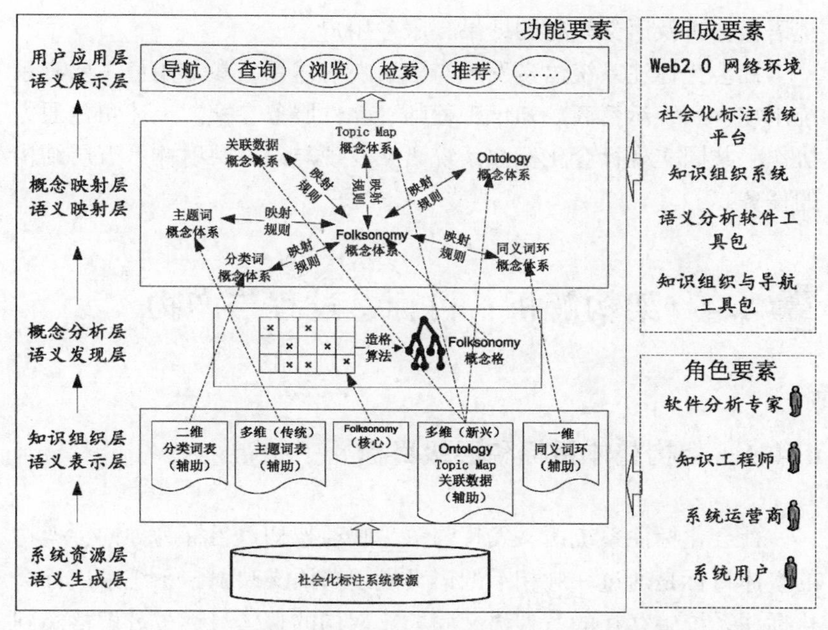

图 4-1　社会化标注系统语义发现与语义映射的架构

支撑。

社会化标注系统语义发现与语义映射体系涵盖自底向上的五层结构：最底层为系统资源层，其性质为社会化标注系统的数据库和知识库，用以记录社会化标注过程中语义生成的过程和结果；其上为知识组织层，其性质为知识组织系统，用以对社会化标注系统中的网络资源进行组织，且以 Folksonomy 组织方式为核心，以一维、二维、多维的知识组织系统为辅助语义表示工具，因而也将其视为语义表示层；再上为概念分析层，旨在依靠形式概念分析工具，将以 Folksonomy 组织的网络资源的扁平化结构建构为 Folksonomy 概念体系，从而服务于更上一层的概念映射层；概念映射层提供了满足不同程度需求的多种社会化标注系统语义映射关系，以 Folksonomy 概念体系为共同的语义映射枢纽，以概念格为语义映射工具制定映射规则，建立起 Folksonomy 与多种知识组织系统的语义关联；最上层为用户应用层，根据不同的需求调用社会化标注系统语义分析及语义映射的结果，服务用户。

社会化标注系统语义发现与语义映射体系的参与角色主要有系统用户、系统运营商、知识工程师、软件服务专家。上述角色通力协作，共同实现社会化标注系统语义发现与语义映射体系五层结构的任务。

4.4 架构解析：目标、过程与产物

4.4.1 架构整体目标和层级目标

社会化标注系统语义发现与语义映射架构以目标为导向，架构的整体目标是通过一脉相承的语义发现与语义映射，系统解决社会化标注系统中存在的系列语义问题。架构的整体目标可分解落实到各层级目标。

系统资源层的目标是采用系列数据预处理手段，得到精炼数据集合，为其上的逐层提供优质的数据集合，尽量削弱数据脏乱给语义发现和映射带来的负面影响。知识组织层的目标是依据"用户保证原则"，根据社会化标注系统用户的客观需求，针对性引入同义词环、专家分类法、语义本体、主题图、关联数据等其他知识组织系统，协助解决社会化标注系统语义表示问题。概念分析层的目标是在明确社会化标注系统语义析出机制的前提下，建构 Folksonomy 概念体系，发现 Folksonomy 中隐含的语义关系，为概念映射关键提供标准化的映射枢纽及中间件。概念映射层的目标是对标以概念格为数据结构的 Folksonomy 概念体系，完成引入知识组织系统各自概念体系与 Folksonomy 概念体系的映射。用户应用层的目标是对接用户需求，利用语义发现和语义映射成果提供检索、浏览、推荐、导航等高质量用户服务。社会化标注系统语义发现与语义映射的整体目标和层级目标可归纳为表 4-1。

表 4-1　架构整体目标和层级目标

整体目标		系统解决社会化标注系统语义问题
层级目标	系统资源层	为上层提供优质的数据集合
	知识组织层	以 Folksonomy 为核心根据需要引入 KOS
	概念分析层	建构 Folksonomy 概念空间，发现语义关系
	概念映射层	实现 Folksonomy 与引入 KOS 之间的语义映射
	用户应用层	利用语义发现和语义映射成果提供高质量用户服务

4.4.2　架构的运作过程

社会化标注系统语义发现与语义映射架构运作的核心环节如下：

(1)一般由社会化标注系统运营商成立项目团队，组织市场部门及知识工程师对系统用户展开调研，通过问卷调查、访谈、头脑风暴等社会调查方法，确定用户对社会化标注系统中导航、检索、浏览、推荐等用户服务的满意程度及潜在需求，进而将用户服务转化和细化为待解决的语义问题，并形成需求分析文档。

(2)由知识工程师指导数据库管理人员从抽取所需的关键数据集，主要包括社会化标注系统资源集、用户集、标签集，以及平台已经引入的知识组织系统所涉及的相应数据集合，包括受控词的分类词、主题词，语义本体的类、属性，主题图的主题类型等。当然，原始数据集，特别是社会化标注系统的标签集并不能直接用以语义发现和语义分析，因而展开数据清洗、合并、去噪等预处理工作必不可少。

(3)知识工程师根据需求分析文档，引入合适的知识组织系统来辅助表示社会化标注系统语义，以协助实现社会化标注系统知识再组织。一般情况下，可引入同义词环等一维语义工具来提高社会化标注系统中标签检索的匹配率；可引入专家分类等二维语义工具来优化社会化标注系统中资源的分类浏览；可引入语义本体、主题图、关联数据等多维语义工具实现社会化标注系统中资源的多维度聚合与导航。具体引入何种语义工具，引入一种或是多种，需要结合用户的需求而定，理论上可以同时引入多种语义工具对社会化标注系统资源进行再组织。

(4)由知识工程师会同形式概念分析专家，将所得的社会化标注系统精炼数据集(主要涵盖标签集和资源集)装载入形式背景，进而选择概念格构造算法，将形式背景转变对应的概念格。在可视化环境下对概念格展开分析，依托概念格构建 Folksonomy 概念体系，并明确概念体系中的各类关系：诸如概念关系、概念-内涵关系、概念-外延关系等。此过程获得的 Folksonomy 概念体系将作为中间件参与于其他 KOS 概念体系的语义映射。

(5)知识工程师协同形式概念分析专家等语义分析专家、知识组织与导航软件专家，根据所引入 KOS 的结构特点，利用形式概念分析工具建立引入 KOS 的概念体系，并确立 KOS 概念体系的概念格数据结构，进而建立起引入 KOS 概念体系和 Folksonomy 概念体系的对应关系，以概念格为枢纽制定映射规则，完成社会化标注系统语义映射的具体过程。

(6)运营商及知识工程师根据用户需求，设计相应的应用模块，将社会化标注系统语义映射的结果与用户应用模块完成对接，制定对映射结果合理的知识表示及存储方案，以方便在此基础上提供高质量的导航、检索、浏览、推荐等用户服务。

4.4.3 架构各层级的主要产物

社会化标注系统语义发现与语义映射架构的主要产物是指各阶段的阶段性成果、里程碑成果及最终所形成的成果体系，架构各层级的主要产物如表 4-2 所示。

社会化标注系统语义发现与语义映射的最终产物是形成社会化标注系统语义互通互操作方案体系，使得平台中以 Folksonomy 为核心的知识组织方式，转变为多种知识组织系统同时共存，且知识组织系统间能够实现语义互通互操作的知识组织方式。

表 4-2　架构各层级的主要产物

整体产物		社会化标注系统语义互通互操作方案体系
层级产物	系统资源层	精炼数据集合，特别是 Folksonomy 精炼数据集合
	知识组织层	具有代表性的一维、二维、多维的知识组织系统
	概念分析层	建构在概念格基础上的 Folksonomy 概念体系
	概念映射层	Folksonomy 与引入 KOS 的映射规则及映射结果展示
	用户应用层	高质量的检索、导航、查询、推荐等用户服务

系统资源层的最终产物是得到支撑上层语义分析及语义发现的各类知识组织系统相应的术语数据集，特别是社会化标注系统的优质资源集和标签集。

知识组织层的最终产物是根据用户的应用需求遴选具有代表性的一维、二维、多维知识组织系统并将其引入社会化标注系统中，对系统中的网络资源进行再组织。

概念分析层的最终产物是在概念格为数据结构的基础上得到 Folksonomy 概念体系，该体系能够清晰表达概念-概念关系、概念属性关系、概念实例关系及其他语义关系，作为 Folksonomy 与其他 KOS 映射的“中间件”。

概念映射层的最终产物是得到 Folksonomy 与引入 KOS 的映射规则及映射结果，例如：与一维 KOS 映射可得到基于标签构建的同义词环；与二维 KOS 映射可得到嵌入及混合标签的专家分类体系；与多维 KOS 映射可得到基于标签的主题图、基于标签的领域本体、标签关联数据发布等。

用户应用层的最终产物是得出较之原平台更高质量的检索、浏览、导航、查询、推荐的服务，并给出相应的展示。

5 基于形式概念分析的社会化标注系统语义发现

5.1 浮出语义：社会化标注系统的标签语义析出机制

众所周知，概念是语义关系的基本单元，可以将其视为语义的原子。在形式逻辑理论中，概念由内涵和外延两部分组成，内涵是指概念所反映的事物的所有本质属性的总和，外延是指概念所适用于的所有事物的集合。概念的内涵与外延界定和限制了概念的语义，因而语义的形成取决于概念内涵和外延的集合。

社会化标注系统中，语义的形成也遵循着上述规律。但同时又有着其特殊性，这是由 Folksonomy 标签的“功能差异性”与“双重特性”所影响和决定的。

一方面，Folksonomy 的标签有着“不同功能”，文献①将 Folksonomy 标签的功用分为七类：关于什么(主题、分类、属性等)，是什么(标题、类型等)，谁拥有它(作者、协作者)，修饰 tag 的 tag，它的品质(有趣、雷人等)，自我参考及任务管理。

① Golder S, Huberman B. Usage patterns of collaborative tagging systems[J]. Journal of Information Science, 2006, 32(2): 198-208.

Folksonomy 的标签由于功用上的差异性，使得在将标签归入“概念-内涵-外延”的概念体系所属的角色有了差异。功用为“关于什么”“是什么”的标签应视为一个概念，其内涵是对一类资源所具有的共同本质属性的概括，由功用为“谁拥有它”“修饰 tag 的 tag”“它的品质”等标签组成，而概念的外延是社会化标注系统中所有可以被该标签描述的资源的集合。同时，为方便起见，我们将功用为“关于什么”“是什么”的标签称为概念标签，将功用为“谁拥有它”“修饰 tag 的 tag”和“它的品质”等标签称为属性标签；另外，考虑到“自我参考”及“任务管理”的功能对标签语义的贡献度较低，在考虑标签语义问题时可将其暂时忽略。

另一方面，Folksonomy 标签的“双重特性”指的是 Folksonomy 标签标注动机的社会性和自我性。不过考虑到语义是社会性的产物，因此应在 Folksonomy 语义体系中抛开体现自我性功能(包括用户参考和任务管理及非社会性特征)的标签，保留由用户在共享与贡献过程中达成共识的体现社会性功能的标签。

这样，体现 Folksonomy 语义关系的 Folksonomy 语义体系就建立起来了，这就是：概念({内涵}，{外延})→概念标签({属性标签}，{资源})，如图 5-1 所示。

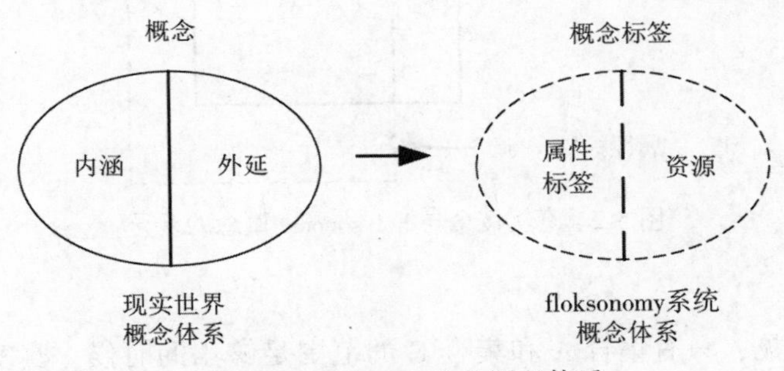

图 5-1　Folksonomy 中的语义体系

在此要特别强调的是，Folksonomy 概念体系的建立必须立足于两个基本假设：

假设一：Folksonomy 中的概念标签、属性标签以及资源是可以穷尽的。然而在实际应用中，标签集与资源集都是无法穷尽的。现实中的社会化标注系统是一个开放的平台，用户在应用过程中会不断向社会化标注系统添加资源，也会为感兴趣的资源添加相应的标签，所以社会化标注系统的标签集和资源集难以穷尽。不过，考虑到社会化标签存在“长尾分布效应”，我们可以将优质的高频标签集及优质资源集视为趋于饱和的状态；

假设二：建立的“概念标签（{属性标签}，{资源}）”Folksonomy概念体系与客观世界相对应的“概念（{内涵}，{外延}）”是可以近似代替的。但是实际中，概念的真实内涵和真实外延与社会化标注系统中反映的概念的内涵（即属性标签）和外延（即资源）是存在差异的，一些概念本应有的内涵/外延在社会化标注系统中却没有相应的属性标签/资源与之对应（集合A），一些概念所不该有的内涵/外延在社会化标注系统中却存在与之对应的属性标签/资源（集合C），如图5-2所示。

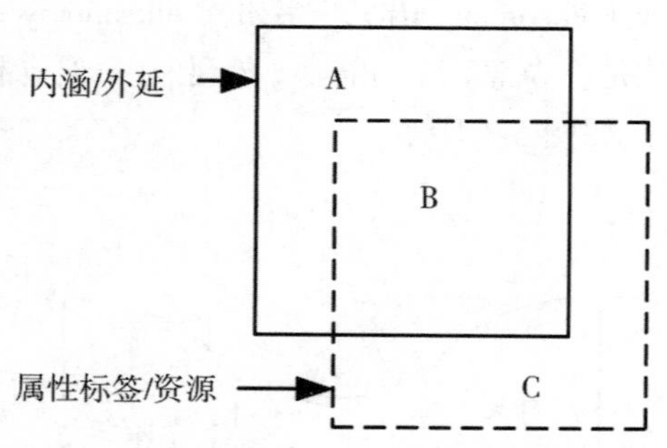

图5-2　真实概念与Folksonomy概念的差异

可见，只有集合A和集合C的范围足够小的时候，真实概念与Folksonomy概念才会趋同。换言之，当且仅当社会化标注系统中的用户足够多，且社会化标注系统中的标签集及资源集足够优质的前提下，才能使得社会化标注系统中的概念标签、属性标签和资源达到客观、全面、真实、准确的水平，社会化标注系统的Folksonomy概念体系才能向现实世界无限接近，Folksonomy概念体

系才能近似于客观世界的概念体系。这就是 Folksonomy 大众参与的真正意义所在，也是 Folksonomy 语义关系形成中大量用户参与的价值所在。从这个意义上可以说，没有用户，就不存在 Folksonomy 的语义关系。

5.2 从零落到关联：社会化标注系统语义发现的任务

语义是分类别的，包含元素层的语义和结构层的语义。社会化标注系统中，标签的语义当属于前者。元素层所能揭示的语义是有限的，而且，如果不根植于某个语义背景所建构的语义结构中，元素层的语义往往会模糊或产生歧义。

社会化标注系统语义问题最大的诟病在于标签的扁平化结构。换言之，标签的语义是零落的，从知识组织系统的结构上来看，其仍然属于弱结构，如果要将其归入曾蕾所建构的知识组织系统图中的话，那么，标签贴近于一维的语义结构，或者介于一维语义与二维语义之间(从其大众分类的角度看)，所以大众分类法在知识组织系统中一般被视为处于边缘的 KOS。

社会化标注系统语义发现的任务，就是要完成标签从零落到关联的蜕变。依靠概念聚类方法，以社会化标注过程建立的标签-资源之间的数据关系，自底向上地将相似及相近的概念进行聚类，使得 Folksonomy 中隐含的语义关系得以挖掘和发现，使得零落的标签得以关联，一维的语义弱结构得以升维至二维乃至三维语义，从而形成新的 Folksonomy 概念空间(或言概念体系)。

Folksonomy 中隐含的语义关系无非两大类：标签与标签之间的关系、标签与资源之间的关系。将上述两大类关系纳入 Folksonomy 概念体系中，就可将 Folksonomy 中的隐含语义关系进行细分：

(1)概念标签-概念标签间的语义关系

Folksonomy 中概念标签相互之间的关系是 Folksonomy 语义关系的骨骼，概念标签-概念标签间的语义关系又可以细分为上位关系、下位关系、同义关系、整体部分关系、相关关系和无关关系等。通过社会化标注系统语义发现，可以确立概念标签-概念标签间的上述语义关系，从而完成 Folksonomy 概念体系建构的核心部分。

(2)概念标签-属性标签间的语义关系

主要指一个属性标签是某一个概念标签的属性，通常可以表达为 attribute-of 关系。在建构的 Folksonomy 概念标签中，位于同一个概念节点上的属性标签与概念标签一般可视为此类关系。

(3)概念标签-资源间的语义关系

主要指一个资源是某一个概念标签的实例，通常可以表达为 instance-of 关系。在建构的 Folksonomy 概念标签中，位于同一个概念节点上的概念标签与和概念外延一般可视为此类关系。

5.3 基于形式概念分析的社会化标注系统语义发现模型

本节要解决的核心问题可总结为：利用 FCA 相关理论和技术，经过一系列规范化的可操作流程，利用网络社区社会化标注系统中的 Folksonomy 数据集建构出 Folksonomy 概念体系。为解决上述问题，本研究提出一个基于形式概念分析的社会化标注系统语义发现模型，如图 5-3 所示。

5.3.1 数据准备阶段

首先，要明确的是，并非所有状态下 Folksonomy 都可用来建构 Folksonomy 概念体系，社会化标注系统形成后，必须经过一个语义浮出的过程，逐渐获得一个统一的语义模型，从而使得社会化标注系统达到一种相对的稳定状态，最终形成稳态 Folksonomy 概念模型，此时，标签的数量和质量相对达到最多和最优状态，所建构的 Folksonomy 概念体系准确度才高。当然，针对社会化标注系

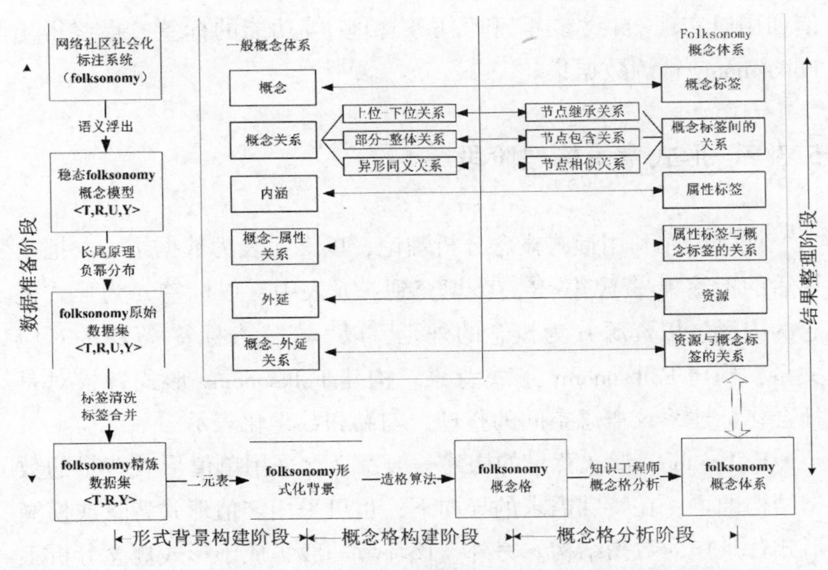

图 5-3　基于形式概念分析的社会化标注系统语义发现模型

统是否进入稳态的判断，要有一定的度量标准，Folksonomy 中的标签符合长尾分布和负幂分布规律在某种程度上是社会化标注系统进入稳态的一种反映。

其次，通过标签清洗、标签合并等方式，得出 Folksonomy 原始数据集。标签清洗是将不规范的标签进行规范化的过程，标签合并是将拼写有误的标签合并为拼写正确的标签；将不同词性的标签抽取词干并为一个标签最终得出 Folksonomy 原始数据集。

再次，Folksonomy 是用户驱动的自由灵活的分类法，标签集中难免具有一些体现用户“自我性”的标签。对于构建 Folksonomy 概念体系而言，这类小众意见应被剔除，以增强 Folksonomy 概念体系与其他概念体系的兼容性。这就需要在形成稳态 Folksonomy 概念模型后，结合长尾理论、负幂分布规律，通过设置合理的阈值，保留反映大众对于信息本质认知一致的标签，去除小众意见（即 minority opinion），即过滤掉低频标签或单独出现的标签。另外，根据 Golder 等提出的标签七类功用，剔除与本体构建相关性不高的诸如用以实现“自我参考”和“任务管理”等功能的标签，最终得出 Folksonomy 精炼数据集。

5.3.2　形式背景构建阶段

该阶段先利用形式概念分析理论，以二元表为数据结构，把精炼后的标签集-资源集<R, T>填充到二元表中，以标签 *ti* 为形式概念的内涵，以资源 *rj* 为概念的外延，以“×”代表标签-资源的对应关系，构建 Folksonomy 形式背景。构建 Folksonomy 形式背景对是社会化标注系统概念空间的整理、勾勒和数学化表示。

Folksonomy 形式背景的构建一般意义上采用单值形式背景的数据结构即可，在特殊需求的导向下，也可采用多值形式背景或模糊形式背景作为数据结构。另外，该环节一般集成于形式概念分析工具中，不同形式概念分析工具的形式背景构建操作大同小异，在此不再赘述。

5.3.3　概念格构建阶段

该阶段主要是以 Folksonomy 的形式背景为基础，使用概念格构造算法，将上一步骤所得的形式背景自动化转化成相应的概念格，其本质是通过概念聚类得到统计学意义上的标签层级关系。

概念格构造算法大致划分为批处理构造算法和渐进式构造算法两大类。不同的算法，构建概念格的效率不同，但在这里需要强调和肯定的是，对于同一个形式背景而言，即使采用的算法不同，构造的概念格也是唯一的。通常情况下，单值背景的概念格构建算法较为简单，而多值形式背景或模糊形式背景的概念格构建较为复杂。而且，无论是单值形式背景、多值形式背景还是模糊形式背景，其概念格的构建目前均有形式概念分析工具辅助实现。

假定上一步骤构建好的 Folksonomy 的形式背景如图 5-4 左所

示，那么，选择概念格构造工具 conexp1.3，利用其概念格构造功能，就可将上述形式背景转化为相应的概念格，对标签实现层次化的聚类，如图 5-4 所示。

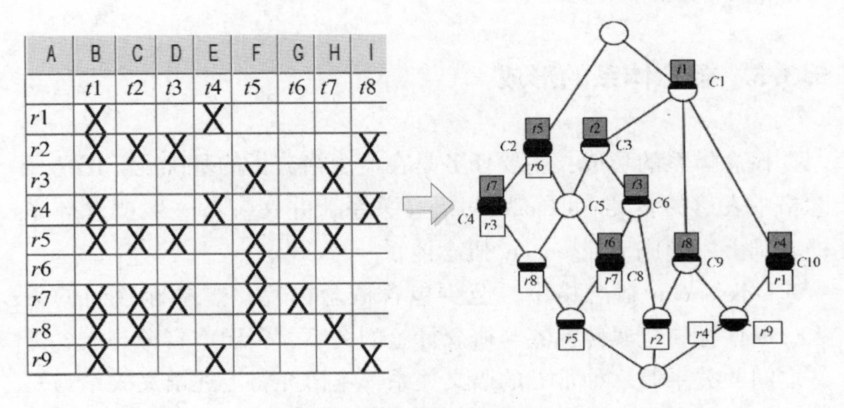

A	B	C	D	E	F	G	H	I
	t1	t2	t3	t4	t5	t6	t7	t8
r1	X			X				
r2	X	X	X					X
r3					X		X	
r4	X			X				X
r5	X	X	X		X	X	X	
r6					X			
r7	X	X	X		X	X		
r8	X	X			X		X	
r9	X			X				X

图 5-4　标签概念格构建

5.3.4 概念格分析

概念格构造算法的本质就是聚类算法，因此概念格生成过程的本质就是利用聚类算法将具有相同属性的标签进行聚集，使原本结构扁平杂乱无章的标签呈现出一定的层次结构。概念格分析的关键就在寻找标签与标签之间的关联。

图 5-4 所表示的概念格中，共形成七层十六个节点，每一个节点代表了一个概念，节点的内涵集 *ti* 反映概念的属性，节点的外延集 *rj* 反映概念的对象。特别强调的是，节点的内涵具有继承其上层节点属性的特性，同时其外延具有涵盖其下层节点所有外延的特性。以节点 *C*3 为例，其属性集是 $T=\{t1, t2\}$，其中 *t*1 继承于其上层节点 *C*1，*t*1 为节点独有(或言自有)属性；同时，其对象集为 $R=\{r2, r5, r7, r8\}$，其中 *r*2，*r*3 都来自其涵盖的下层节点 *C*6

和 $C8$。从概念节点关系来看，节点 $C3(\{t1, t2\}, \{r_2, r_5, r_7, r_8\})$ 的父节点为 $C1(\{t_1\}, \{r_1, r_2, r_4, r_5, r_7, r_8, r_9\})$，兄弟节点为 $C9$ 与 $C10$，子节点为 $C5$ 与 $C6(\{t_3\}, \{r_2, r_5, r_7\})$，其中概念节点 $C5$ 为隐含概念。

5.3.5 概念体系的形成

概念体系的形成，主要任务是在概念格分析的基础上，厘清概念格中表达的各类 Folksonomy 语义关系，并在参考一般概念体系的基础上，形成 Folksonomy 概念体系。

Folksonomy 概念格中，至少包含概念标签、概念标签间的关系、属性标签、属性标签与概念标签的关系、资源、资源与概念标签之间的关系等六种常见的语义关系，本研究将上述语义关系与一般概念体系中的语义关系作出如图 5-5 所示的类比。

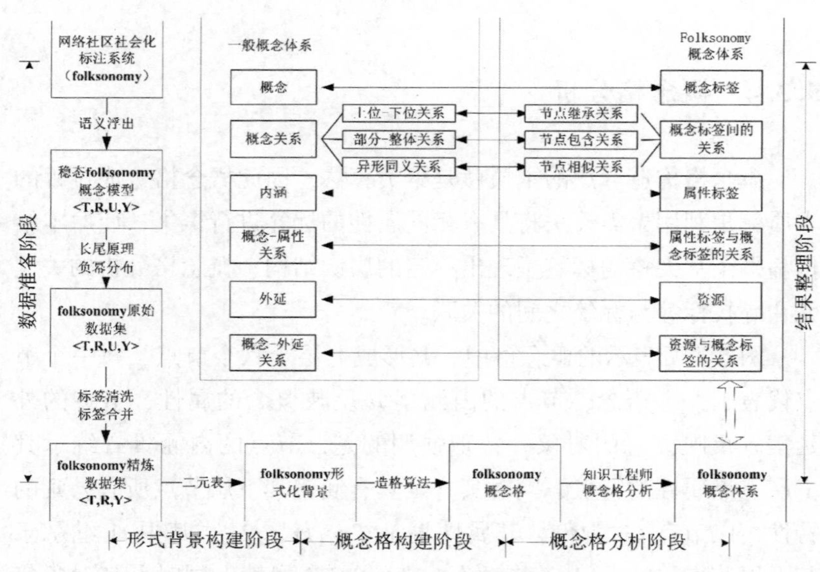

图 5-5 Folksonomy 概念体系与一般概念体系类比图

概念标签类比与概念、概念标签间的关系类比与概念关系(细分为上位-下位、整体-部分、异性同义等关系)、属性标签类比于内涵、属性标签与概念标签的关系类比于内涵-概念关系、资源类比于外延、资源与概念标签之间的关系类比于外延-概念关系。通过这种类比式的建构，将概念格分析的结果整理为 Folksonomy 概念体系。

5.4 一个例证：CiteULike 中基于形式概念分析的语义发现

RefWorks、Connotea 和 CiteULike 是一度非常流行的三个学术社会化标签系统，其中 RefWorks 侧重书目信息创建，Connotea 突出发现新线索、与他人共享知识，而 CiteULike 提供了利用 Folksonomy 组织学术论文的免费在线服务。本节即选择 CiteULike 作为社会化标注系统，从中随机提取出一段数据，作为例证阐明基于形式概念分析的社会化标注系统语义发现过程。

CiteULike(www. citeulike. org)中，CiteGeist 模块用以展示被用户标注标签的热门文章，其可按照时间周期最近一天、最近一周、最近一月、所有时段等模式组织。时段越小，越注重于即时性，反映的是最近期间的学术论文标记情况，而所有时段则反映很长一段时间内用户使用标签标记学术论文的热点。相比之下，后者符合本研究“语义浮出”和“稳态 Folksonomy”的要求。

5.4.1 数据准备

Step1：数据获取

本研究从“Popular posts in the last all days”截取出一段开源数据(前 25 条记录中的符合条件的 11 条记录，每条记录代表一个资源，见表 5-1)作为本方法实验的样本，如表 5-1 所示：

表 5-1　从 **Popular posts in the last all days** 中获取的资源列表

编号	资源名称+DOI
R_1	How to Choose a Good Scientific Problem doi：10. 1016/j. molcel. 2009. 09.013
R_2	How to write consistently boring scientific literature doi：10. 1111/j. 2007. 0030-1299.15674.x
R_3	Defrosting the digital library：bibliographic tools for the next generation web. doi：10.1371/journal.pcbi.1000204
R_4	Planning for an environment-friendly car doi：10. 1016/s0166-4972（99）00111-x
R_5	Why Most Published Research Findings Are Falsedoi：10. 1371/journal. pmed.0020124
R_6	How can our cars become less polluting? An assessment of the environmental improvement potential of cars doi：10. 1016/j. tranpol. 2010. 04.008
R_7	How to Build a Motivated Research Group doi：NULL
R_8	Usage patterns of collaborative tagging systems doi：10. 1177/016555 1506062337
R_9	Robust design of car packaging in virtual environment doi：10.1007/s12008-007-0034-0
R_{10}	HT06，Tagging Paper，Taxonomy，Flickr，Academic Article，to Read doi：10. 1145/1149941.1149949
R_{11}	Pattern recognition and machine learning doi：NULL

Step2：数据整理

对上述 16 条记录分别进行标签合并、标签清洗以及低频标签过滤，以得到相应的 Folksonomy 精练数据集，以备构建形式背景。

以资源 1 为例，其资源集为｛How To Choose a Good Scientific

Problem，doi:10.1016/j.molcel.2009.09.013}，用户集为{CRMOVE，aalibes，aaltenburger，aarre ，abelibanez，abellogin 等 746 人}，标签集为{chooseone job，journals，observation，profession，scientist ，scientists，tenure，vacuum}。利用系统中的“everyone's ＊（标签名称）”，即可查询标签的词频数，经查，标签集中标签的词频均至少 200 次，毋需剔除低频标签，符合作为 Folksonomy 原始数据集条件。另外，标签 scientist 与 scientists，可以合并处理为 scientists。依次对逐条资源展开如上操作，最终可得到精练数据集，在此不全部列举。

5.4.2 形式背景构建

Step3：根据精练数据集中的数据关联，以精练标签集为概念内涵，以精练资源集为概念外延，二者关系用符合“×”表示，构建形式背景，如表 5-2 所示。

表 5-2 形式背景构建

	chooseone job	journals	observation	profession	scientists	tenure	vacuum	science	Digital library	car	environment	empirical research	research group	high_performance	fuel	tagging	desingn	search	taxsonomy	machine learning
R_1	×	×	×	×	×	×	×													
R_2								×												
R_3					×				×											
R_4										×	×									
R_5								×				×								
R_6													×	×						

续表

	chooseone job	journals	observation	profession	scientists	tenure	vacuum	science	Digital library	car	environment	empirical research	research group	high_performance	fuel	tagging	desingn	search	taxsonomy	machine learning
R_7										×	×				×					
R_8																×				
R_9										×							×			
R_{10}																		×	×	
R_{11}																				×

5.4.3 概念格构建

Step4：利用聚类算法将具有相同属性的标签进行聚集，使原本结构扁平杂乱无章的标签呈现出一定的层次结构，寻找标签与标签之间的关联。根据形式背景映射出的概念格如图 5-6 所示。

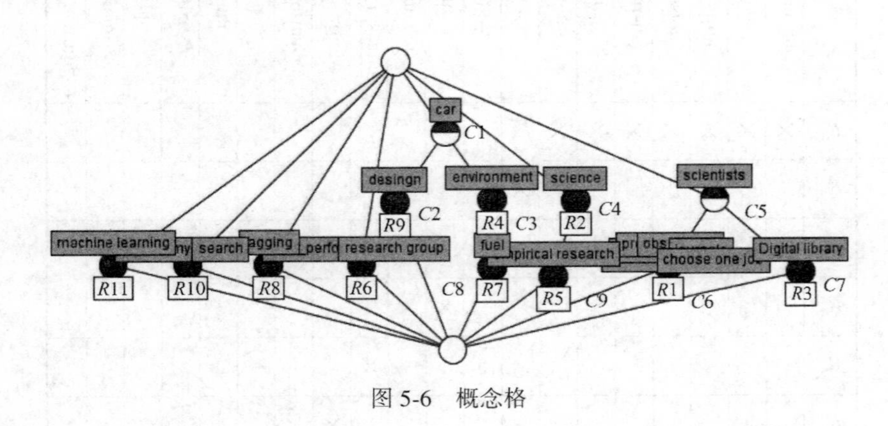

图 5-6 概念格

5.4.4　概念格分析

Step5：根据图 5-6 所示的概念格展开概念格分析：

图中概念格共包含五层十五个概念，其中最重要的概念已标记为 *C*1 至 *C*6。概念节点 *C*1 是 *C*2 和 *C*3 的父节点，属于上下位关系；节点 *C*2 和 *C*3 为兄弟节点，属于相关关系，其余节点关系与之类似，读者可自行分析。下面举例简述一下概念格中各类语义关系：

①概念标签：*C*1 节点中的概念标签 car，*C*6 节点中的概念标签 choose one job；

②概念标签间的关系：父子关系有如标签 car 与标签 design；相关关系有如标签 design 与标签 environment；

③属性标签：标签 observation，profession；

④属性标签与概念标签的关系：标签 observation，标签 profession 之于标签 choose one job；

⑤资源：*R*1 至 *R*11 均是；

⑥资源与概念标签之间的关系：*R*4、*R*7、*R*9 与概念标签 car 的关系。

5.4.5　Folksonomy 概念体系结果整理

Step6：根据概念格分析的结果，整理形成 Folksonomy 概念体系片段，如图 5-7 所示。Folksonomy 概念体系中，实线代表标签之间的概念关系，虚线代表概念标签与属性标签间关系，点端线代表概念标签和实例之间的关系，属性与概念关系可通过点端线间接表达。Folksonomy 概念体系建构完成后，可作为中间件，支撑后续语义映射的诸多功能实现。

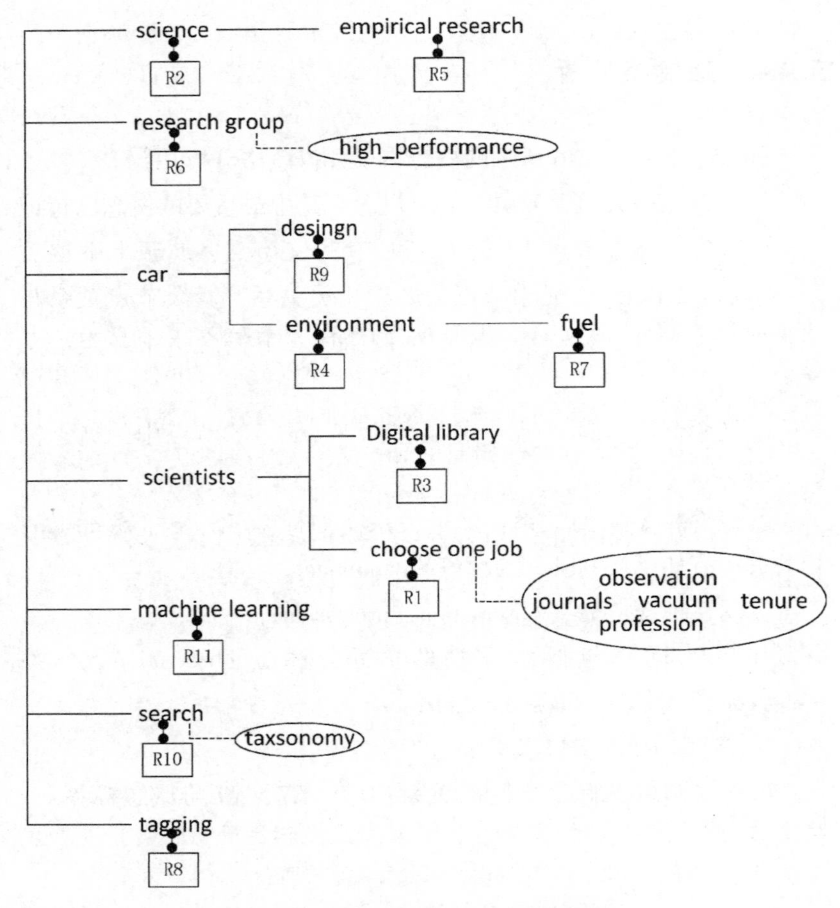

图 5-7 Folksonomy 概念体系片段

5.5 “意犹未尽”：社会化标注系统语义发现的待续之处

通过基于形式概念分析的社会化标注系统语义发现，本研究建构了 Folksonomy 概念体系，使得零落的标签语义转变为具有关联关系的标签语义，标签间的语义关系得以建立并丰富。但不得不说，Folksonomy 概念体系更像是一个产品的中间件，如果研究仅止步于此，仍有诸多意犹未尽的感觉。本研究认为，社会化标注系统语义发现还有诸多待续之处：

(1)建构的 Folksonomy 概念体系缺少规范化、形式化的表达

Folksonomy 概念体系由标签聚类后的 Folksonomy 概念格转变而来。概念格是一种数学分析工具，并不能算是规范化、形式化的知识组织系统，尽管其承载了较为丰富的语义关系，但这种语义关系尚不能外现为用以组织或再组织网络信息资源的特定知识组织系统。因而，Folksonomy 概念体系恰似一个产品的过渡件一样，虽然具备关键的语义结构，但并没有加以粉饰，因而并不是一种能与用户产生共鸣的知识组织系统。只有将其用充满血肉的特定知识组织系统表达出来，才能脱离其作为中间件的尴尬。

(2)建构的 Folksonomy 概念体系期待与其他概念体系映射对接

如上所言，Folksonomy 概念体系恰似一种标准化的中间件，其可以与具有同样或相似结构的其他概念体系完成映射对接，这与中间件可作为一种“接口”与其他件对接原理相似。任何知识组织系统都有其概念体系，因而从理论上讲，可以先抽象出待引入社会化标注系统的任意知识组织系统的概念体系，进而以概念格作为枢纽，建立 Folksonomy 概念体系与其他知识组织系统概念体系间的映射对接。

(3)建构的 Folksonomy 概念体系的语义有待进一步完善

Folksonomy 概念体系是在遴选批量社会化标注系统标签集及其标注资源集的数据基础上建构起来的。社会化标注系统中的标签数量分布符合长尾分布的规律，优质标签数量有限。鉴于此，由标签所形成术语空间中的标签数量必然有限，因而标签所能揭示的语义必然也会随之受限。从这个意义上看，建构的 Folksonomy 概念体系的语义有待借助概念体系间的映射，利用其他知识组织系统中的语义进一步完善 Folksonomy 概念体系的语义。

(4)建构的 Folksonomy 概念体系需要对接用户服务

社会化标注系统语义发现的终极目标是利用发现的语义知识，

为用户提供更加优质的检索、浏览、导航、查询、推荐等服务，因而仅仅建构 Folksonomy 概念体系是空洞的，还需将建构的 Folksonomy 概念体系与特定的用户服务相互对接，使得社会化标注系统语义发现的结果和效果能提高用户的服务体验，提升社会化标注系统用户满意度，进而维护客户忠诚度。

6　回归到简单：社会化标注系统与同义词环的语义映射

6.1　语义映射动因及目标：从词匹配检索到环匹配检索

众所周知，在信息检索方面，社会化标注系统的浏览与检索功能多以单个标签或概念为检索词，通过键入或点击标签名称，与后台以标签为索引的索引数据库展开匹配，这种单调的检索方式给用户检索结果的回召率和准确率带来了一定的不利影响：一方面，社会化标签作为一种信息资源的标识符，由于不受任何限制和自由随意化的特征，给用户在社会化标注系统中使用标签浏览检索资源带来很大的随机性①。另一方面，社会化标注系统的标签检索功能还不够完善，利用单一标签匹配的检索方法只能实现最基础的关键词一对一匹配，这显然不能满足广大用户日益增长的检索需求。

实质上，在处理一般信息检索系统的类似问题上，建构同义词环是最简单有效的解决方案。诸如，在信息检索领域，一些研究者往往利用同义词环所体现的同义关系拓展查询检索过程，迎

① 何继媛，窦永香，刘东苏. 大众标注系统中基于本体的语义检索研究综述[J]. 现代图书情报技术，2011(3)：51-56.

合用户的检索需求，使得更多的资源内容贴近用户的查询请求。针对这些问题国内外学者做过一些相关研究，主要可以分为以下两大类：

一是同义词环构建的方法论问题，也就是如何去构建同义词环？研究者们代表性观点主要围绕基于语义词典的映射方法和基于数学统计的方法来构建同义词环。其中，基于语义词典的方法①主要是利用用户检索术语与词典中自定义的同义词集合的映射获取相似关系，通过同义词集合中的短语或概念作为构建同义词环的基础，这种方法体现的是具有真正意义上的同义词问题，其代表性研究主要有：Morshed A② 等人采用语义词典映射的方法将用户搜索术语映射到 AGROVOC 农业领域词表上，将同义词环作为支持搜索条件和 ACSW 映射词汇表之间的桥梁，不仅为农业领域的用户提供基于语义的服务，而且可以克服使用受控词汇表无法匹配搜索查询的障碍；Mortimer N E③ 利用同义词环在特定主题领域创建有关“giftedness”主题的综合数字索引，以期发现主题和关键词之间的明确语义关系。另外，基于数学统计的方法则是借助向量空间模型、相似度系数、余弦距离等计算不同术语或特征词之间的语义相似度④，将具有语义相似度较高的概念展示在同一个同义词环。这种方法所建构的同义词环在检索中具有很高的实用价值。

二是同义词环在信息检索中的应用问题，也就是所建构的同义

---

① Sandieson R W, Mcisaac S M. Searching the information maze for giftedness using the pearl harvesting information retrieval methodological framework[J]. Talent Development & Excellence, 2013, 5(2): 101-112.

② Morshed A, etal. Bridging end users' terms and AGROVOC concept server vocabularies[J]. Agricultural Information & Knowledge Management Papers, 2010, 55(9-10): 1313-1319.

③ Mortimer N E. Using a Pearl Harvested Synonym Ring for the Creation of a Digital Index on Giftedness[J]. 2015: 186-189.

④ LU W, etal. Selecting a semantic similarity measure for concepts in two different CAD model data ontologies[J]. Advanced Engineering Informatics, 2016, 30(3): 449-466.

词环用在何处？学者 Jiang① 等人提出基于学术同义词环的"学术查询助手"（Academic Query Assistant，简称 AQA），可以将其应用到信息检索领域或其他系统，诸如搜索引擎中，能够有效地帮助用户进行查询扩展。通过梳理上述学者们的研究发现，国外学者们已经意识到借助同义词环上术语或概念的同义关系，能突破传统信息检索存在的语义不足的局限。

聚焦到社会化标注系统中，目前也出现了一些同义词环与社会化标注的结合研究，苏杨②等人在石豪③等人的研究基础上，针对原始标签对用户分类结果的影响，重点通过标签及其建立的同义词环改进分类结果，在一定程度上把兴趣相似但可能用语习惯不一样的用户聚集在一起，增强了用户之间的关联强度。虽然这些研究尚未触及利用同义词环解决社会化标注系统中的检索问题，但也具有深刻的启发意义。

总结来讲，传统意义上，大多数受控词表中同义词的等同关系体现在具有相同含义的术语或概念上，除此之外，同义词还包含所有在语义上具有相似或相关含义的近义词。通常情况下，同义词环是一组以平面列表形式出现的简单术语集，为了检索目的而被认为在语义上具有等价关系的数据元素，其用于加强信息检索活动的实现，专门用于查询扩展以增加检索资源的范围，帮助用户在文本和大众分类搜索中查询相关概念的同义词扩展④。从检索角度来看，当一个概念用多个同义或准同义术语来描述时，在检索过程中可以实现基于同义词环的查询扩展，反馈结果不仅包含与原查询术语匹

---

① Tuan J，Shuang W. IEEE. Query Assistant System Based on Academic Synonym Ring [C]. 10th International Conference on Computer Science & Education，2015：961-964.

② 苏杨，石豪，赖雯，赵英. 利用同义词环改进基于 Folksonomy 的用户分类[J]. 图书情报工作，2011，55(8)：58-61.

③ 石豪，李红娟，赖雯，等. 基于 Folksonomy 标签的用户分类研究[J]. 图书情报工作，2011，55(2)：117-120.

④ Synonym ring[EB/OL]. [2018-10-12]. https://en.wikipedia.org/wiki/Synonym_ring.

配的资源，还将包含能与所在同义词环上其他术语匹配的资源。此外，某一概念的同义词环中的术语数量主要取决于表达同一概念的不同术语之间的多寡，如若表达相同或相近概念的语义相似度高的术语越多，则呈现在同义词环上的术语就越多。

尽管同义词环是知识组织系统中较为简单的知识组织方法，但其价值却不能被小觑。在检索活动中，由这些术语所组成的同义词环可用于查询扩展以增加检索资源的范围，同义词环的价值在于：只要在检索中使用环上的任何一个术语作为建设入口，就会检索到与同义词环所有术语相匹配的相关资源和内容。换言之，同义词环为社会化标注系统中基于标签的关键词检索提供了一个全新的思路，允许用户从一个术语(标签)导航到另一个在语义上具有相似关系的术语(标签)，即当用户在检索社会化标注系统资源时，可以使用同义词环上术语扩展集来检索资源。

基于以上认知，本研究认为解决社会化标注系统资源检索的最简捷有效办法即是构建并使用同义词环，通过建立标签与同义词环之间的语义映射实现社会化标注系统资源检索中的同义语义拓展，实现从词匹配检索到环匹配检索的转变，以帮助用户做到更全面的查询扩展和对网络信息资源的检索，以期提高社会化标注系统检索资源的效率，使检索结果更加完整和符合用户需求。

在社会化标注系统中，实现标签与同义词环之间的语义映射的动因主要包括两个方面：

实现标签与同义词环之间的语义映射的最大动因是可以实现社会化标注系统的检索从“词匹配”转向“环匹配”，改善社会化标注系统资源检索的效率。因为在一般的资源检索过程中，用户习惯于提交的检索提问式通常是一个简短的词语或者少量的关键词，这些简短的术语并不能全面表达用户的真实信息需求。例如用户以“杂记”为关键词，真实的需求可能既包含“杂记”，也包含“杂文”，甚至包括“散文”。因而这种检索模式一定程度上会影响用户检索结果的准确率和回召率。同义词环作为一种概念形式不同但语义相似的等价术语环，可以帮助用户在检索时从逻辑上拓展检索词，将与原来检索相关的术语或者语义相似的概念同时添加到原查询中，达到拓展检索词逻辑同义关系的目的，进而提高查全率，改善信息检索的性能，弥补用户查询信息不足的缺陷。社会化标注系统的资源检索中，用户需要键入检索词与后台的社会化标签进行匹配以获取资源，如能在社会化标签的基础上建构同义词环，进而开展依托同义词环匹配的检索，使得社会化标注系统的检索实现从词匹配到环匹配的转变，则可达到改善社会化标注系统资源检索效率的目的。

实现标签与同义词环之间的语义映射的第二动因是成本问题。同义词环作为知识组织系统中的一种较为简单的语义结构，其环上有限的术语集可以将单个术语检索资源拓展为多个术语检索资源，虽然它在促进资源检索和知识发现方面并不完美，但是较之其他需要大量投资并且通常需要花费很长时间建立的知识组织系统，利用同义词环的方案显得更加简单有效。这一“回归到简单”的方案成本花费较少，构建简单方便，而且省时省力，节省时间，还可以根据用户需求及时地按需建立。另外，用户上手简单，可操作性强，易于使用和维护。

社会化标注系统与同义词环语义映射的目标在于依托“社会化标签”的同义词环实现对社会化标注系统检索问题的同义关系语义扩充。针对目前社会化标注系统中利用单一标签检索资源难以查全查准的问题，在概念分析的基础上建立社会化标注系统与同义词环语义映射，在用户输入标签检索资源的基础上，补充键入标签所在同义词环上的其他标签作为同义词扩展，达到扩展检索范围，避免资源漏检的目的，帮助用户在系统中更好地通过标签获取所需资源，探索其他未知资源，提高用户对检索结果的认可程度。

6.2 语义映射原理：从标签相似度到标签同义词

在社会化标注系统中，标签由用户自发性定义，体现了用户对资源的理解和喜好程度，用户通过不同的“字”“词”“短语”等术语来完成对资源的社会化标注，同一资源可以被赋予不同的标签，同一标签可以描述不同的资源，这些形式不同但意思相同或相近的标签体现了标签之间真正的同义关系，正是这种蕴含在大量扁平化标签之间的同义关系成为弥补社会化标注系统资源检索的基石。相应地，同义词环是呈现同义关系的基本手段，其作为一组用等价术语连接标签的单元，为社会化标注系统中的扩展检索起到了支持作用。针对社会化标签和资源急剧增长带来的资源检索需求匹配度低的问题，同义词环呈现的标签同义关系在社会化标注系统资源检索具有明显优势，可以将用户通常情况下输入的一个检索词拓展为具有逻辑“或”关系的一组检索词，将一个词的匹配转换为一组等价词的匹配，以指导社会化标注系统信息资源检索实践活动。

社会化标注系统与同义词环建立语义映射的过程，其本质是建立社会化标签集和资源集向同义词环的“同义或近义标签组”及对应资源集之间映射关系的过程，本研究将其抽象为利用已知空间的问题去解决未知空间的求解过程，如图 6-1 所示。

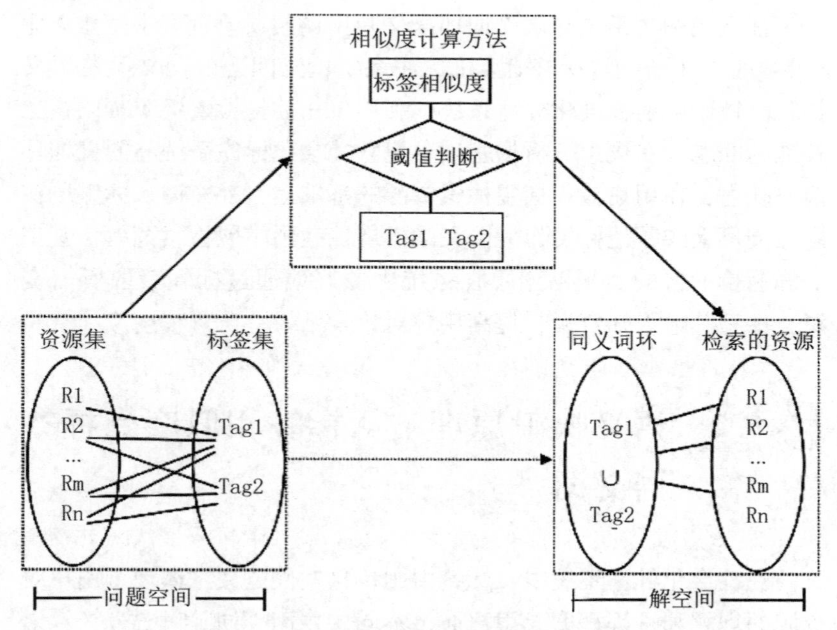

图 6-1 社会化标签与同义词环映射模型

本研究认为，两者的语义映射关系应依托图 6-1 所示的架构建立，首先将试图发现标签同义关系的社会化标注系统资源集和标签集二元组称为问题空间，将待建同义词环的“同义或近义标签组”和利用同义词环检索到的资源集称为解空间，将建立二者语义映射关系的过程称为映射过程。

建立二者直接映射的思路是：借助形式概念分析理论和数学方法在问题空间先获取统计学意义上的“标签-资源概念格”(也就是第五章中所提及的 Folksonomy 概念体系)，进而从检索的角度对概念节点进行解读，将概念节点视为使用某一属性标签所检索到的资源数目，进而将标签之间的相似度等价为其所在概念节点之间的相似度，最终提取和展示两两标签之间的语义相似度，依据标签与标签语义相似度值的大小，尝试选择不同的阈值，将其作为构建同义词环的基础。最后，将满足阈值条件的社会化标签构建为语义上具有同义关系的同义词环，解答待解空间求出的同义词环。

可见，社会化标签与同义词环映射模型的关键问题有两点：一是借助形式概念分析，通过判断 Folksonomy 概念体系中概念节点的相似度，间接地计算出社会化标签(也就是概念内涵)直接的相似度；二是通过经验数据的辅助判断，通过设置合理的阈值，将真正意义上对解决社会化标注系统资源检索有益的相似标签筛选出来，用以生成解空间中的同义词环。

解空间中的同义词环，在一定程度上丰富了标签与生俱来平铺式结构，并且通过同义词环可以帮助用户有效、轻松地进行资源查询扩展，当用户使用某一标签检索资源时，可以展现具有同义关系的标签及扩展资源，顺着同义词环上的标签展开检索，不断地延伸和扩展检索任务，提高检索资源的效率，使检索结果更加完整和符合广大用户的检索需求。另外，同义词环包含了多个在统计学上具有同义关系的标签的并集，拓展了标签集合的数目，利用并集标签可以帮助用户使用不同术语查找网络资源，改善传统单个标签检索资源的缺陷，使得资源结果更加贴近用户检索的现实需求。

一言以蔽之，社会化标注系统与同义词环的映射可抽象为建立社会化标注系统中资源集、标签集向同义词环中同义词标签以及对应资源之间的映射关系。

6.3　语义映射实现工具：Conexp 与同义词环

前文提到，同义词环的关键数据结构在于术语之间语义相似度，而语义相似度的计算方法主要通过语义词典的方法或者数学统计的方法来获取。然而，基于语义词典的方法，由于词典中的词条数量有限，如果不及时更新，就会有一些新出现的术语无法依赖词典体现相似性，这种术语就无法纳入相应的同义词环，特别是在社会化标注系统中，术语的更新速度飞快，且部分术语本身也未收录到特定语义词典之中。因此，在本研究中，后一种基于数学统计方法获取术语相似度的方法更为恰当、合理、可行。本研究借鉴已有基于数学统计方法构建同义词环的思想，引入概念格工具，根据概念格中概念节点语义相似性关系来判断标签语义相似度上，依据标签语义相似关系权重和阈值按需建立同义词环，最终实现社会化标签与同义词环之间的语义关系。

本研究中，用于实现两者语义映射的工具选定为 Conexp。关于工具的特性，第 5 章中已有介绍，下面着重阐释如何利用该工具建立社会化标签与同义词环之间的映射。

结合实现两者语义映射的原理可知，建立两者映射的基础建构仍然是统计学意义上的“标签-资源概念格”(也就是第五章中所提及的 Folksonomy 概念体系)。为阐述方便，本研究直接以标签 *Ti* 为形式概念的属性和内涵，即 *Ti* 表示属性标签，以资源 *Rj* 为概念的实例和外延，即 *Rj* 表示资源，以“×”为属性标签——资源的对应关系，将提炼好的标签集——资源集〈*R*，*T*〉形成二元关系表；例如，以标签集 *T*，包含 *T*1、*T*2、*T*3、*T*4、*T*5、*T*6 为概念的属性集，并将各元素填充在二元表的横行上；其次，以资源集 *R*，包含 *R*1、*R*2、*R*3、*R*4、*R*5、*R*6 为概念的外延集，并将各元素填充在二元表的纵列上；如果标签 *Ti* 与资源 *Rj* 之间存在使用标签 *Ti* 标注资

源 Rj 的这种标注关系，则用"×"在纵横交汇处表示出来，最后通过相应算法将装载成的形式背景转换为概念格，并利用相应的概念格构造工具ConExp1.3进行可视化展示，结果如图6-2所示。

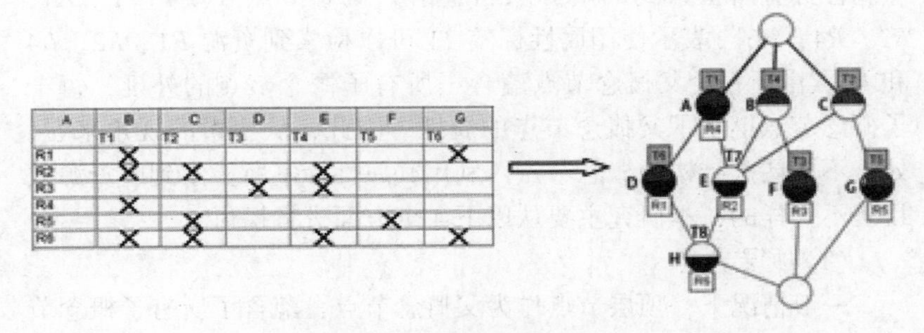

图6-2　概念格可视化图

通过相应算法构建概念格，将具有相同或相近特征的标签进行聚集，使原本平铺式杂乱无章的标签呈现出一定的层次结构。其中，每一个节点表示一个概念标签，是由属性标签和资源组成的，也就是说一个属性标签是某一个概念标签的属性，而一个资源是某一个概念标签的实例。例如，在概念标签 $D(\{T1, T6\}, \{R1, R6\})$ 中，概念节点 D 除了拥有属性标签 $T6$ 的自由属性以外，还蕴含标签 $T1$ 的继承属性，而 $R1$ 和 $R6$ 表示概念节点 D 的实例。同时，概念节点 $D(\{T1, T6\}, \{R1, R6\})$ 的父节点为节点 $A(\{T1\}, \{R1, R2, R4, R6\})$，子节点为 H，兄弟节点为 E、F 以及 G，其中概念节点 E 和 H 为隐含概念。

当然，如果延续第5章中对概念格分析内容的理解，对此概念格可以从概念定义的角度进行解读：形式概念是由概念内涵和概念外延组成，概念格中的每一个概念节点代表了一个概念标签，这些概念标签是由不同的属性标签和资源所组成的，即概念标签({属性标签}，{资源})，其中，属性标签表示概念标签的内涵，资源表示概念标签的外延。例如，概念标签 $D(\{T1, T6\}, \{R1, R6\})$ 具有 $T6$ 自由属性的同时还继承了父概念节点 $T1$ 的继承属性，而且拥有自身外延 $R1$，还包含所有子概念节点的外延 $R6$。

但结合依赖同义词环解决社会化标注系统检索问题的实践需求，本研究也可以从检索的角度进行概念格中概念节点展开另一种“检索视角”的概念解读：在概念格中，一个概念节点表示使用某一属性标签所检索到的资源数目，诸如概念节点 *A*({*T*1}，{*R*1，*R*2，*R*4，*R*6})表示使用属性标签 *T*1 可以检索到资源 *R*1、*R*2、*R*4 和 *R*6。由于每个父概念节点蕴含了所有子概念节点的外延，每个子概念节点继承了父概念节点的属性。因此，从检索的视角来看，处于不同层次结构的概念节点，利用其属性标签所检索到的资源数目是不一样的，本研究主要从以下 4 个方面进行探讨：

(1)顶层节点

一般情况下，顶层节点作为父概念节点，蕴含了所有子概念节点的对象，因此使用顶层概念节点检索到的资源等价于使用每个顶层属性标签检索的所有资源。例如，顶层概念节点 *A* 就等价于使用属性标签 *T*1 检索到资源 *R*1、*R*2、*R*4 和 *R*6。

(2)单继承节点

一个子概念节点只继承一个父概念节点的属性。例如，概念节点 *G* 除了蕴含 *T*5 自由属性，还继承一个父概念节点 *C* 的 *T*2 属性。那么，从检索意义上来看，利用属性标签 *T*2 可以检索到资源 *R*5；而同时使用属性标签 *T*2 和 *T*5 也可以检索到资源 *R*5，并且属性标签 *T*2 和 *T*5 之间存在父子单继承关系，实质上检索得到的资源 *R*5 就是利用子属性标签 *T*5 检索获得的资源。

(3)多继承节点

一个子概念节点可以同时从两个或者两个以上的父概念节点继承属性或者特征。例如，子概念节点 *E* 分别继承了三个父概念节点 *A*、*B* 和 *C* 的 *T*1、*T*4 以及 *T*2 属性以外，还拥有自由属性 *T*7，也就是说，同时使用属性标签 *T*1、*T*4、*T*2 和 *T*7 可以检索到资源 *R*2 和 *R*6。同理，子概念节点 *E* 继承了父概念节点的属性，利用父概念节点的属性标签检索到的资源等价于利用其子概念节点的属性标签检索到的资源，即同时使用 *T*1、*T*4、*T*2 和 *T*7 这四个属性标签检索到资源 *R*2 和 *R*6 等价于使用属性标签 *T*7 检索到资源 *R*2 和 *R*6。

(4)底层节点

一般情况下，底层节点作为子概念节点，本身具有自身的自由属性，因此使用底层概念节点检索获得的资源数目等价于使用其自由属性标签检索得到的资源数目。

在概念格分析的基础上，就可以通过概念节点之间的相似度来间接计算出概念节点承载标签的语义相似度。当然，概念节点之间的相似度可以分解为结构相似性、内涵相似性和外延相似性三个部分，具体计算的方法将在下一节中介绍。

6.4　社会化标注系统与同义词环的语义映射模型

本研究建立两者之间映射思路是借助概念格工具从概念语义相似度推演相应标签语义相似度，分别从结构相似性、内涵相似性和外延相似性计算，然后综合加权得到标签语义相似度，根据阈值将体现密切语义关系的标签抽取出来构建同义词环，从而实现社会标注系统与同义词环之间的语义映射。

在前人研究成果的基础上，本研究借鉴数学统计的方法，并结合形式概念分析以及概念相似度等基本理论知识，从概念格角度出发综合分析，获取标签语义相似度。最后，得出面向同义词环的社会化标注系统同义关系发现模型主要包括以下五个模块：分别是数据预处理模块，标签聚类模块，标签相似度分析模块，同义词环确立模块以及同义词环使用模块，如图 6-3 所示。

6.4.1　数据预处理模块

数据预处理模块主要包括前期的数据获取和数据清洗两个过程。

(1)数据获取过程主要借助八爪鱼软件进行自动化爬取，提高了人工手动采取效率。首先在八爪鱼采集器中选择高级模式，根据需要自行配置好采集规则，然后按照相应的规则和步骤采集一定时间范围内国内社会化标注系统豆瓣网页上局部数据集，主要包括标

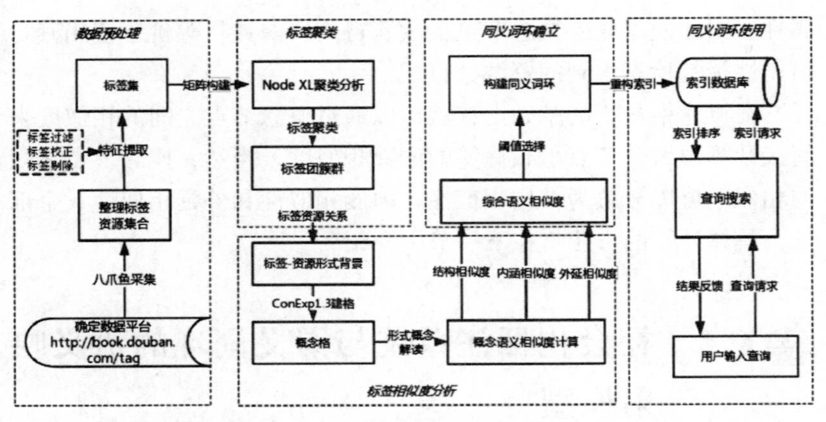

图 6-3　面向同义词环的社会化标注系统同义关系发现模型

签集和资源集，然后将原始数据按资源集和标签集的对应序列存入到 Excel 表格中，以便后续备用。

(2)数据清洗过程是对上述抽取的标签集与资源集进行预处理，主要是对标签集和资源集进行清洗的过程，包括过滤、校正和剔除等处理，将一些与资源无关的外部标签和无标签描述的资源剔除、对错别字标签进行修正，最后保留描述标签内容特征的数据集，以揭示资源内容特征的精练“标签-资源”数据集为研究对象，为后期的标签处理过程奠定基础。

6.4.2　标签聚类模块

“物以类聚，人以群分”，这种存在于自然科学的分类问题同样也适用于社会化标签，为了更清楚地表明这些杂乱无章的标签之间如何划分相同的类别，将清洗后标签集和资源集之间的共现关系以共现矩阵的形式展现，然后依据聚类算法和 Node XL 统计分析软件，这样做的目的是对标签进行类团划分，让同一个类团中的标签彼此相似，为后续更深层次地探讨两两标签之间的语义相似度打下了结实的基础。

(1)共现矩阵的建立是在 Excel 中实现的，首先对清洗后的标签利用Excel的分列功能进行分列处理，呈现出一列一列的单独标签，然后选择数据透视表功能，在数据透视表区域中选取不同的行和列数据形成交叉列联表，计算标签值，并按照计数结果降序排列，即可生成标签共现矩阵。

(2)聚类图谱的可视化是将上一步骤中生成的共现矩阵导入统计分析软件Node XL中，本着"以群分组"的原则，选择"Clauset-Newman-Moore"聚类算法，通过相应聚类算法使标签集形成不同数量的小团体，显示在同一类团具有相同颜色的标签表示它们之间具有很大相似性，并且不同于其他团簇标签。类团的划分以及颜色的区别将具有较大相似程度的标签聚集在一起，使它们彼此之间呈现较高的相似关系。最后选取某一标签团簇，以这些标签群和所对应的资源作为本研究的样本集。

6.4.3 标签相似度分析模块

本研究认为，可以借助概念格工具从概念节点语义相似度推演相应标签语义相似度，而概念节点语义相似度可分别从结构相似性、内涵相似性和外延相似性展开计算，然后综合加权，推演得到标签语义相似度。做出该等价推演的理由在于：此处，概念节点所承载的含义是"用节点内涵中的标签所能检索到的所有资源，这些资源正是节点外延的资源集合"，如果两个概念节点足够相似，说明两个概念节点所承载的概念外延就是足够相似的，也就意味着用以检索这些概念外延所代表的资源的检索词(即标签)应该在统计学上具有相同和相近的含义，因而，从这个角度上看，概念节点语义相似度等价于节点中所有标签的语义相似度。

(1)基于概念格结构的标签相似度计算

1998年，Lin Dekang① 提出了广泛意义上相似度的定义，两个

① Lin D. Automatic Retrieval and Clustering of Similar Words [C]. COLING-ACL, in Meeting of the Association for Computational Linguistics & International Conference on Computational Linguistics, 1998.

对象间的共性和差异共同决定着它们之间的相似度，其拥有的共性越多，相似度越大，反之亦然。从概念格的整体结构来看，也就是概念格呈现的可视化图中两两概念节点在结构上处于不同的位置，一个节点到另一个节点的结构路径是不一样的，该路径影响了概念之间相似性的强弱，并且两个概念节点在结构上所处的路径越小，其相似度就越大。特别是当两个概念节点的结构路径为0时，其相似度为1。若概念节点A和B之间的相似度表示为Sim(A，B)，它们在结构上的路径为d = dis(A，B)，其语义相似度公式①可以如下：

$$\mathrm{Sim}_1 = \frac{\alpha}{d + \alpha} \qquad \text{（公式 6.1）}$$

其中α是一个可调节参数，d是概念结构中语义距离的度量，表示这两个节点相连接通路中最短路径的长度。

(2)基于概念内涵的标签相似度计算

在形式概念分析理论中，概念内涵被认为是所有对象共有的特征或者属性的集合。随着概念格深度的增加，概念间的共同属性或特征越多，概念所代表的语义越具体。因此，语义相似度与概念共同拥有的内涵数目呈正比关系②。此外，随着概念内涵数目的增加，两个概念在语义上越相似，考虑概念深度和概念属性个数对语义相似度的影响，最后得出概念$A(C_1, D_1)$和概念$B(C_2, D_2)$在概念内涵角度的语义相似度公式③如下：

$$\mathrm{Sim}_2 = \frac{|D_1 \cap D_2|}{\max(|D_1|, |D_2|)} \times (1 + \lambda)(h_1 + h_2)$$

（公式 6.2）

① 杨春龙，顾春华．基于概念语义相似度计算模型的信息检索研究[J]．计算机应用与软件，2013，30(6)：88-92.

② Alqadah F, Bhatnagar R. Similarity measures in formal concept analysis[J]. Annals of Mathematics and Artificial Intelligence, 2011, 61(3): 245-256.

③ 裴梧延，张琳．基于属性相似度在概念格的概念相似度计算方法[J]．现代计算机(专业版)，2015(17)：10-13.

其中$|D_1 \cap D_2|$是属于概念A和概念B公共属性集合中共同拥有属性的数目，$\max(|D_1|, |D_2|)$表示概念A和概念B拥有属性数目的较多者，h_1和h_2表示概念A和概念B分别在概念格中的层次，一般情况下，顶层概念层次为1，其他概念的层数为上邻概念层数加1，λ为可调节的修正参数。

(3)基于概念外延的标签相似度计算

概念外延表示概念所在节点处包含的所有对象的集合。通常在概念格中，两个概念距离越远，所具有的相同对象数目就越少，其相似度越低；反之亦然。除了概念间共同拥有的外延数目之外，语义相似度还受到层次深度的影响，考虑这两个因素，最后得到概念$A(C_1, D_1)$和概念$B(C_2, D_2)$在概念外延角度的语义相似度计算公式①如下：

$$Sim_3 = \frac{|C_1 \cap C_2|}{\max(|C_1|, |C_2|)} \times (1+\lambda)(h_1+h_2)$$

(公式6.3)

其中$|C_1 \cap C_2|$是属于概念A和概念B所有对象集合中共有的数目，$\max(|C_1|, |C_2|)$表示概念A和概念B拥有对象数目的较多者，h_1和h_2表示概念A和概念B分别在概念格中的层次，一般情况下，顶层概念层次为1，其他概念的层数为上邻概念层数加1，λ为可调节的修正参数。

(4)综合语义相似度计算

本研究之所以采用综合语义相似度作为计算标签语义相似度的核心，原因主要有以下两点：一是形式概念构成的角度，因为完整的形式概念的构成本身包括了结构、内涵和外延三个因素，这样的形式概念才是最完备的。无论从哪一个角度来单独分析和探讨，单方面的一种计算结果都是相对近似的，只是考虑到一种维度，是无法体现其精确性。二是采用形式概念分析工具，可以呈现其结构、

① 郭晓然，王维兰. 唐卡图像关键区域对象概念的语义相似度计算[J]. 自动化与仪器仪表，2014(9)：132-134.

内涵和外延这三个方面，刚好将三个方面的考量全部容纳进去。因此本研究基于“结构-内涵-外延”对概念节点相似度的影响，提出标签综合语义相似度公式如下所示：

$$\mathrm{Sim} = x\mathrm{Sim}_1 + y\mathrm{Sim}_2 + z\mathrm{Sim}_3 \quad \text{（公式 6.4）}$$

其中，sim_1、sim_2、sim_3 分别为结构相似度、内涵相似度和外延相似度，x、y 和 z 为权重参数，且 $x+y+z=1$。权重的计算可运用主成分分析方法，根据全部“标签对”在结构相似度、内涵相似度和外延相似度三个因素上的数据集合，结合 SPSS 分析工具计算得出，具体方法在例证环节展示，在此不再赘述。

在此获得两两标签之间的语义相似度是接下来构建同义词环的基础。将所构建的同义词环应用于检索系统中，通过同义词环上标签体现的语义相似度能够更多地反映资源是否符合用户的查询要求，其相似度越高，说明资源内容与用户的查询请求越接近①，越能反映用户现实的检索需求。本研究将语义相似度作为构建同义词环的桥梁，如果两个标签之间语义相似度越高，就越能展示在同一个同义词环上，用其进行扩展检索更能满足用户的查询请求。

6.4.4　同义词环确立模块

（1）标签同义关系的析取

标签的同义关系主要包括两个方面：一是传统意义上的同义词或者近义词；二是体现在统计意义上具有语义同义关系的同义词。此处所指的标签同义关系析取统计意义上具有语义同义关系的标签同义词。

标签同义关系的析取可通过计算“两两标签对”之间的标签综合语义相似度来实现。本研究认为，可以设立标签综合语义相似度的阈值，如果“两两标签对”之间的标签综合语义相似度大于该阈

① 周书锋，陈杰. 基于本体的概念语义相似度计算[J]. 情报杂志，2011，30(S1)：131-134.

值，说明该标签对可以在统计学意义上被析取为标签同义关系；反之，说明该标签对可以在统计学意义上不能被解析为标签同义关系。实质上，该阈值的设立非常关键，阈值设置过大，能够成立的“标签对”的数量就越少，能纳入每一个标签同义词环的标签数量就越少；反之，阈值设置过大，虽然可以构建更多的同义词环，但同义词环的精度又会下降。鉴于此，本研究认为，阈值的具体取值可结合系统中的实际情况设定参数调试，直至达到最优平衡解为止，默认阈值一般设置为0.6~0.7，可结合具体情况对阈值进行大小调试。

(2)同义词环的构建

当决定检索资源时哪些概念术语可以被认为在语义上等价互换并展示在同一环上呢？根据本研究方法计算不同概念术语之间的语义相似度，其相似度值越大，说明这些概念在语义上越相似，聚集在同一个环上的可能性就越大。因此，本研究可以尝试选择相似值的不同阈值，依据相似值高低，将语义相似度高的概念展示在同一个环上，使用同义词环上的标签术语检索资源，扩大了检索范围，获得更多的资源内容，在一定程度上起到查询扩展的作用。

6.4.5 同义词环使用模块

同义词环是知识组织系统中较为简单的语义工具，其本质反映的是标签语义相似度关系，即标签与标签之间的语义相似度越高，越容易展现在同一个同义词环上，有利于标签检索获得更多的资源，在解决检索问题中起到积极的作用。

同义词环构建好之后，往往可以将其运用到信息检索活动中。本研究也不例外，依据社会化标注系统中标签与同义词环的映射模型，析取出社会化标注系统中具有统计学意义上高度相似性的社会化标签并据其构建的同义词环，可以将其运用到有关社会化标注系统的资源检索系统中用以解决资源检索问题。

同义词环的构建和使用对信息检索活动起到了推动作用，不仅可以辅助检索活动的实施，当用户提出检索请求时，所输入的检索标签只要是同义词环上的标签，则可以输出此环上的所有标签术语，不仅可以避免用户构建检索表达式的困扰，减少由于用户表达不当带来的检索困难等问题，而且还可以改善检索效率，反馈输入标签的检索结果的同时，还能返回标签所在同义词环的检索结果，帮助用户检索到更全面的资源内容。

同时，利用同义词环检索资源的思想给社会化标注系统带来了积极的影响，在社会化标注平台搜索资源时，如果用户按照单一标签检索找不到需求的相关资源时，可以对单一标签进行逻辑扩展，展开基于同义词环的查询扩展，帮助用户使用不同的标签集查找资源，反馈结果不仅包含与单一标签匹配的资源，还将包含标签所在同义词环上其他标签所标注的资源，起到了辅助检索资源的效果，也提高了查全率。

为了验证本研究依据两者映射关系所得同义词环的使用效果，本研究建构了“社会化标注系统同义词环检索平台”原型，以期验证上述所采取方法的科学性。“社会化标注系统同义词环检索平台”原型是基于 JavaScript 脚本语言和 HTML 网页描述语言生成小型检索系统，用户通过输入标签作为检索词，可以得到其相应的同义词环及其使用同义词环检索得到的资源结果。

同义词环被赋予到检索活动中，嵌在同义词环上的标签术语作为一个单元存储在搜索系统中，当用户输入一个标签时，搜索术语将被在同义词环列表中查看是否有等价词，如果该标签有同义词，则在数据库中检索并返回该标签以及同义词环标签所能匹配的所有资源；如果同义词环列表中没有匹配项，则通常与传统检索一样通过索引发送检索请求，并返回单一标签匹配的资源作为检索结果。

理论上讲，使用同义词环检索可以扩展检索词，将一个标签检索词扩增为一组在语义上具有等价关系的标签词组，而且一般情况下，扩展后的每一组检索词在索引数据库中都可以匹配到相应的资源内容，从而将更多的检索资源结果呈现给用户，这有助于提高用户的满意度和检索效率，扩展系统整体的查全效果，改善信息检索

的性能。为更进一步地验证同义词环对检索结果的帮助程度，本研究认为还可以分别以查全率和查准率两个因素来判断同义词环影响标签检索资源的结果。

6.5　一个例证：豆瓣"读书"标签与同义词环的映射

6.5.1　数据准备与整理

因为豆瓣网站每天会产生海量的标签和资源数据，只能选择某段时间内产生的标签集和数据集来进行研究，为此本研究以豆瓣网研究平台中某时段的数据集作为研究对象，即以豆瓣图书标签小说为实验对象，采用"八爪鱼"数据采集软件抓取图书标注系统中有关小说对应的资源以及这些资源上被定义的标签，抓取时间截至2018年9月10日，总共获取649个资源，4543个标签。由于用户集的作用主要是对标签集及资源集进行频数统计，因而本研究仅以标签集和资源集为研究对象。

此外，用户标注的自由性和随意性，导致标签之间存在无实际意义、书写不规范、错别字标签、形式不统一，造成难以浏览等问题，限制了标签用于资源检索和组织的能力。因此，需要对标签数据集进行一定程度上的预处理，主要包括：标签过滤，即过滤没有实际意义的无效标签；标签校正，对拼写错误，繁体字标签进行更正，整合重复标签；以及标签剔除，即剔除描述图书资源外部的标签，诸如国家、地区类标签、作者类标签、时间、年代类标签等，最后保留的是描述图书资源类别、主题等内容特征的标签2645个。

6.5.2　标签聚类分析

标签清洗整理后，通过对描述图书资源内容特征的标签进行频次统计，总共得到55个标签，然后根据标签与资源之间的标注关系，依据Excel中数据透视表功能构建标签共现矩阵，得到55＊55的共现矩阵(限于篇幅，只给出部分，如表6-1所示)，接着利用统计学方法对预处理的标签集进行定量分析，即将共现矩阵导入到Node XL软件进行聚类分析，如图6-4所示。通过聚类分析将这些标签分成三个不同的团簇群体，分别以不同的颜色呈现，同一颜色的团簇群体中的个体具有较大的相似性，聚集成团的标签群在兴趣或内容上具有较高的相似性或一致性，每一个团簇的大小直接反映群体的集中程度和对资源的关注程度。

表6-1　标签共现矩阵(部分)

群体	魔幻	女性	奇幻	青春	青春文学	情感	人生	人性	日本研究学	日系推理	散文	生活	随笔
魔幻	0	0	8	0	0	0	0	0	0	0	0	0	0
女性	0	4	0	0	0	1	1	0	4	0	2	0	0
奇幻	8	0	4	0	0	0	0	1	5	0	0	0	0
青春	0	0	0	2	9	1	0	0	7	0	0	1	0
青春文学	0	0	0	9	0	1	0	0	0	0	0	1	0
情感	0	1	0	1	1	0	0	0	0	0	0	0	0
人生	0	1	0	0	0	0	0	0	1	0	1	1	0
人性	0	0	1	0	0	0	0	0	5	1	0	0	0
日本研究学	0	4	5	7	0	0	1	5	16	15	0	1	0
日系推理	0	0	0	0	0	0	0	1	15	0	0	0	0
散文	0	2	0	0	0	0	1	0	0	0	0	0	3
生活	0	0	0	1	1	0	1	0	1	0	0	0	0
随笔	0	0	0	0	0	0	0	0	0	0	3	0	0

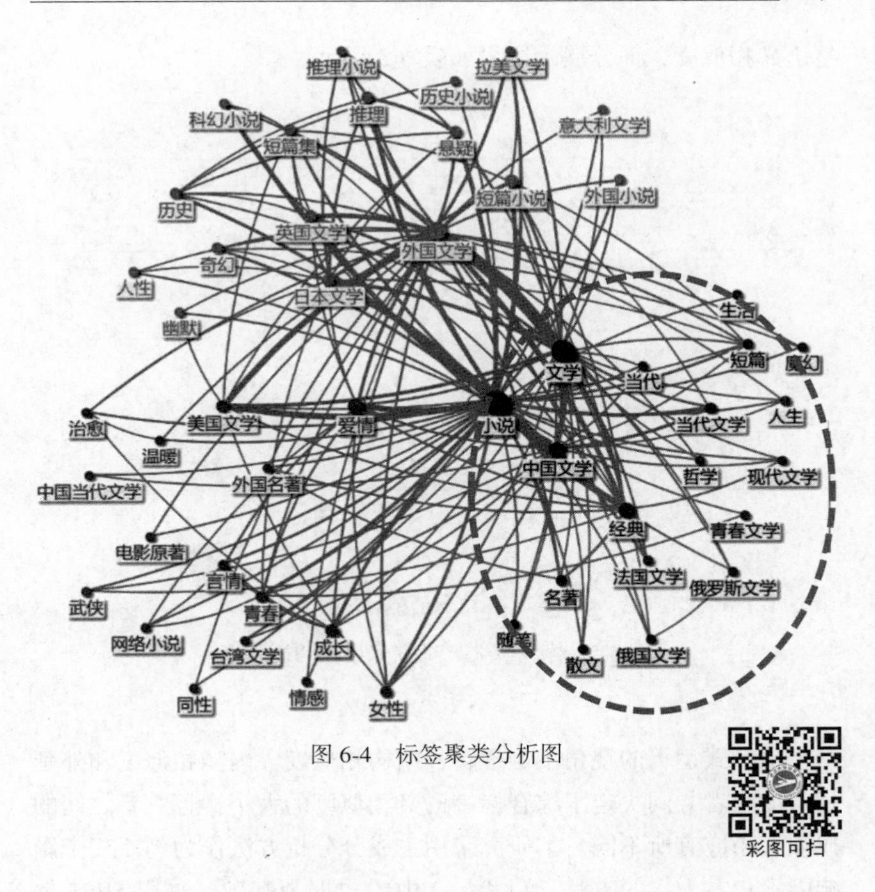

图 6-4　标签聚类分析图

彩图可扫

6.5.3　标签相似度分析

本研究尝试以图 6-4 中红色虚线内的团簇群体为样本集，利用这些标签集与被标注资源集的关系形成形式背景二元表，然后导入到概念格构建工具 ConExp1.3 中，以可视化的方式生成概念格，如图 6-5 所示。

结合概念格的结构特点以及相似度计算的基本思想，提出基于概念格的图书资源对象所标注标签的语义相似度计算方法如下：根据图书资源集-标签集生成形式背景，再由形式背景构造概念格，采用上述不同方法基于概念格结构、概念内涵和概念外延计算其标签语义相似度，部分展示结果如表 6-2 所示。

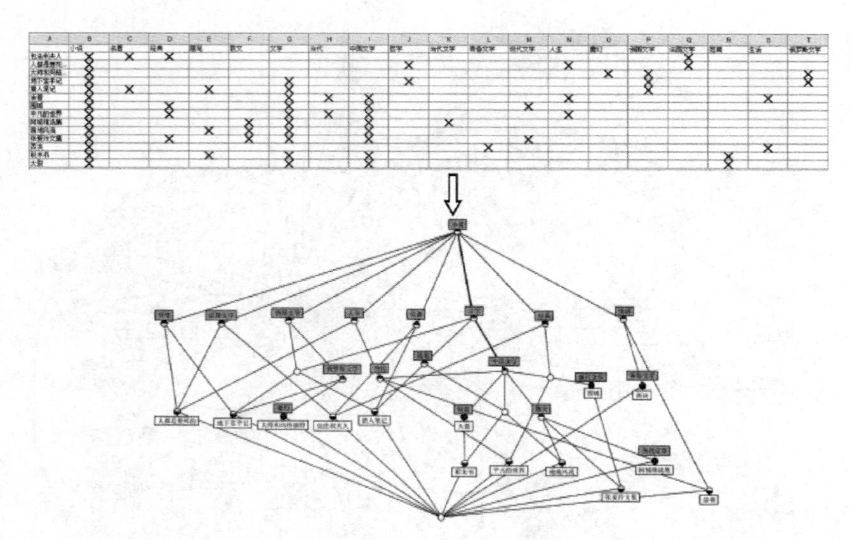

图 6-5 标签-资源形式背景生成的概念格

从形式逻辑的视角不难理解，结构相似度、内涵相似度和外延相似度三者共同决定了综合标签语义相似度的大小，且三者之间的权重大小应有所不同。本研究采用主成分分析方法作为判断三个影响因素权重大小的方法，以表 6-2 中的数据为基础，采用 SPSS 软件对数据抽取主成分，根据主成分的特征值和方差贡献率分别得出每个因素在主成分线性组合中的系数，得到三个主成分线性组合为：

①$F_1 = 0.605S_1 + 0.570S_2 + 0.557S_3$；

②$F_2 = -0.830S_1 - 0.649S_2 + 0.755S_3$；

③$F_3 = -0.792S_1 + 0.503S_2 + 0.3457S_3$

另外，可计算得到综合得分模型中的系数分别为 0.154、0.335 和 0.566，由于所有指标的权重之和为 1，因此指标权重需要在综合模型指标系数的基础上进行归一化处理，最后得到综合语义相似度计算公式如下：

表 6-2 部分标签之间语义相似度值

标签对	结构相似度	内涵相似度	外延相似度	标签对	结构相似度	内涵相似度	外延相似度
小说-哲学	0.5	0.67	0.19	法国文学-中国文学	0.33	0.73	0.37
小说-法国文学	0.5	0.67	0.19	俄国文学-随笔	0.25	0.54	0.54
小说-俄国文学	0.5	0.67	0.29	名著-当代	0.25	0.54	0.27
小说-人生	0.5	0.67	0.29	名著-中国文学	0.5	0.70	0.81
小说-名著	0.5	0.67	0.19	名著-青春文学	0.5	0.70	0.81
小说-文学	0.5	0.67	0.52	文学-现代文学	0.33	0.86	0.59
小说-经典	0.5	0.67	0.38	文学-青春文学	0.33	0.86	0.59
小说-生活	0.5	0.67	0.19	文学-当代文学	0.25	0.78	0.32
文学-中国文学	0.33	0.49	0.84	经典-随笔	0.25	0.32	0.4
小说-俄罗斯文学	0.33	0.73	0.73	经典-青春文学	0.25	0.54	0.6
小说-当代	0.33	0.73	0.49	经典-魔幻	0.33	0.64	0.81
小说-随笔	0.33	0.73	0.49	生活-随笔	0.33	0.44	0.44
小说-现代文学	0.33	0.73	0.24	生活-当代文学	0.25	0.32	0.81
哲学-俄国文学	0.33	0.54	0.81	俄罗斯文学-当代文学	0.25	0.54	0.20

续表

标签对	结构相似度	内涵相似度	外延相似度	标签对	结构相似度	内涵相似度	外延相似度
法国文学-经典	0.33	0.73	0.49	当代-青春文学	0.5	0.70	0.81
法国文学-生活	0.33	0.73	0.73	现代文学-短篇	0.5	0.80	0.97
俄国文学-名著	0.33	0.73	0.37	魔幻-短篇	0.5	0.64	0.44
文学-经典	0.33	0.73	0.49	法国文学-现代文学	0.33	0.71	0.44
文学-生活	0.33	0.73	0.49	俄国文学-现代文学	0.25	0.97	0.65
文学-散文	0.5	0.70	0.70	俄国文学-短篇	0.25	0.97	0.65
经典-现代文学	0.25	0.54	0.35	俄国文学-当代文学	0.33	0.64	0.44
随笔-中国文学	0.33	0.86	0.59	名著-现代文学	0.5	0.80	0.49
短篇-散文	0.33	0.73	0.49	名著-短篇	0.5	0.80	0.73
小说-魔幻	0.33	0.73	0.49	名著-散文	0.33	0.65	0.27
小说-散文	0.5	0.65	0.70	生活-现代文学	0.25	0.65	0.00
哲学-随笔	0.25	0.54	0.4	生活-短篇	0.25	0.65	0.65
法国文学-随笔	0.33	0.73	0.24	中国文学-魔幻	0.5	0.87	0.79

$$Sim=0.146Sim_1+0.317Sim_2+0.537Sim_3 \quad （公式 6.5）$$

依据公式 6.5 计算，得到两两标签之间的综合语义相似值大于 0.65 的有 15 个标签对，结果如表 6-3 所示。

表 6-3　阈值大于 0.65 的综合语义相似度结果

标签对	综合语义相似度	标签对	综合语义相似度
现代文学-短篇	0.847	中国文学-魔幻	0.773
名著-中国文学	0.730	名著-青春文学	0.730
当代-青春文学	0.730	名著-短篇	0.719
俄国文学-现代文学	0.693	俄国文学-短篇	0.693
经典-魔幻	0.686	小说-俄罗斯文学	0.672
法国文学-生活	0.672	文学-散文	0.671
小说-散文	0.655	文学-中国文学	0.655
哲学-俄国文学	0.654		

6.5.4　同义词环建构与展示

本研究初步设定为阈值取值设定参数为 0.65，依据标签间语义相似度，将语义相似度超过此阈值的标签对在同一个环上，即可确立同义词环。据此，本研究确立的同义词环如图 6-6 所示。

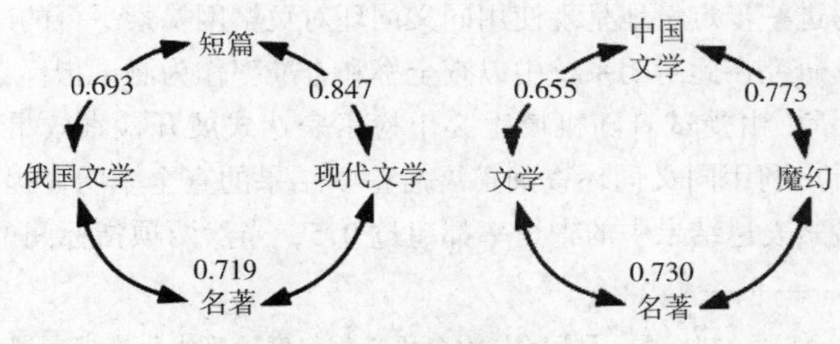

图 6-6　同义词环结构图

6.5.5 结果评价

为了评估本研究提出方法的有效性和合理性，接下来的实验是通过使用上述提出的方法和工具，找出两两标签之间的语义相似度，通过标签的高语义相似度构建同义词环，然后利用同义词环来检索资源并对检索结果进行分析，其分析的测试指标①包括查全率(Recall)和查准率(Precision)，通常情况下，查全率表示检索出的相关记录数占系统中相关记录总数的比值；查准率表示检索出的相关记录数占检索到的全部记录数的比值，然后使用这两个性能评价指标来证明本研究提出方法的检索质量。

本研究搭建了具有同义词环扩展功能的豆瓣网检索平台原型，系统代码见附录 1。该平台既能提供使用单一标签匹配网络资源反馈检索结果的功能，也能根据所输入的标签实现同义词环扩展、修改、删除并反馈用同义词环上所有标签建立索引的全部资源，结果如图 6-7 所示。例如，若输入标签"中国文学"进行检索，单个标签反馈回的资源集包括"活着、围城、平凡的世界、阿诚精选集、遍地风流、张爱玲文集、积木书、大裂"，该标签对应的同义词环由"中国文学、文学、魔幻和名著"四个标签组成，即检索表达式在逻辑上由一个标签扩充为四个具有"或"关系的标签组，也就是同义词环，其反馈回的资源拓展在原有检索结果的基础上新增了 4 个资源，它们分别是"地下室手记、包法利夫人、猎人笔记、大师和玛格丽特"。

为进一步定量地呈现使用同义词环对豆瓣网检索平台的改善效果，本研究在此封闭系统中以查全率和查准率作为测试指标，如图 6-8 所示。由受试者随机产生 8 个检索表达式展开检索效果对比，可以看出利用同义词环查询扩展后检索结果的查全率明显提高了，多数检索表达结果中的查全率都超过 0.5，当然两项指标间的反向

---

① 郭猛，胡秀香，邵国金. 混合语义相似度计算优化模糊查询的智能信息检索算法[J]. 科学技术与工程，2014，14(23)：97-102.

Execl导入 新建数据词条

序号	单个标签	标签检索的资源	标签对应的同义词环	操作
1	中国文学	活着;围城;平凡的世界;阿诚精选集;遍地风流;张爱玲文集;积木书;大裂	中国文学,魔幻,文学,名著	修改 删除
2	短篇	积木书;大裂	短篇,名著,现代文学,俄国文学	修改 删除
3	魔幻	大师和玛格丽特	魔幻,中国文学,经典	修改 删除
4	名著	包法利夫人;猎人笔记	名著,中国文学,青春文学,短篇	修改 删除
5	青春文学	西决	青春文学,名著,当代	修改 删除
6	俄国文学	大师和玛格丽特;地下室手记;猎人笔记	俄国文学,现代文学,短篇,哲学	修改 删除

单个标签 中国文学 查询

检索结果 活着;围城;平凡的世界;阿诚精选集;遍地风流;张爱玲文集;积木书;大裂

同义词环 中国文学,魔幻,文学,名著

同义词环检索结果 包法利夫人;围城;地下室手记;大师和玛格丽特;大裂;平凡的世界;张爱玲文集;活着;猎人笔记;积木书;遍地风流;阿诚精选集

图 6-7 具备同义词环扩展功能的豆瓣网检索平台原型

依赖关系，查准率难免会有所降低。

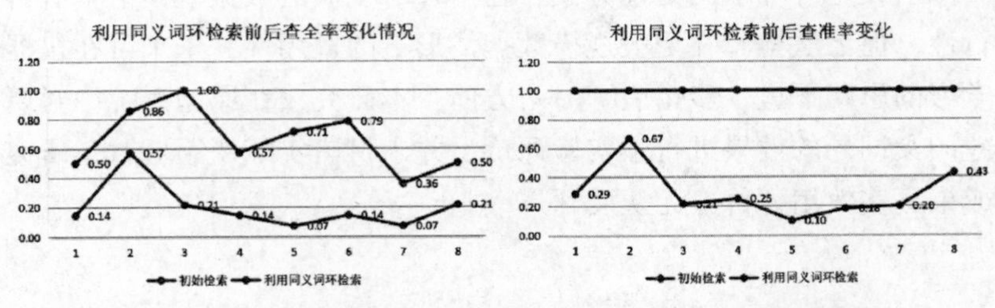

图 6-8 利用同义词环检索前后查全率与查准率变化情况

通过对检索结果进行分析可以看出，在应用了同义词环查询扩展进行资源的检索以后，尽管随着同义词环上扩展检索词的增多，系统的查准率有略微下降，但查全率整体得到了提升，使得信息检索的结果更加全面，而且查全率的增加速度是大于查准率略微下降速度的，查全率与查准率之间存在相反的依赖关系的这一现象正好也是该系统的良好表现。综合来看，在封闭的检索环境中，利用同义词环扩展检索的功能使用户的检索体验更加符合其检索需求表

达，并使用户查找资源的全面性得到大幅提高。总体而言，使用同义词环查询扩展，在该原型中表现了良好的性能。

综上，从“回归到简单”的思路出发，本研究提出了面向同义词环的社会化标签同义关系发现的命题，通过文献述评、原理分析、模型构建和实证研究，得出如下主要结论：其一，解决社会化标注系统资源检索的最简捷有效办法之一即是构建并使用同义词环；其二，社会化标签同义关系发现的本质是建立社会化标签集和资源集向同义词环的“同义或近义标签组”及对应资源集之间映射关系；其三，借助概念格分析，可从结构相似度、内涵相似度和外延相似度三个角度综合评价两两标签对直接的语义相似度；其四，根据实验结果，面向同义词环的社会化标签语义发现方法能够有效扩充用户的检索需求表达，并改善和提升社会化标注系统中网络资源检索的回召率。

当然，本研究也存在一定的问题和不足：一方面，所提的研究方案中，标签综合同义关系计算中权重的测定、析取标签同义关系时阈值设定等环节的处理方案，在本环节实验的数据规模下具有可行性，但无法检验在更大规模数据情形下的适用性，未来可在机器学习的思路下进一步拓展。另一方面，本研究仅在原型系统中对所建同义词环的效果进行了实验评价，并未付诸实际使用，对于研究成果真实效用评价也无从展开。

7　通往传统之门：社会化标注系统与专家分类法的语义映射

7.1　语义映射动因及目标：从知识之叶到知识之树

传统的信息资源组织方法中，专家分类法一直扮演着至关重要的角色。在曾蕾所建构的知识组织系统框架中，专家分类法更是被视为揭示二维语义结构的典型方法。专家分类法由权威专家遴选分类词制定而成，分类词直接呈现层级化类属的资源组织结构，其所描述的语义关系规范严谨，符合人们对客观事物逐级分类的认知模式；但传统专家分类法现阶段也存在诸多应用上的缺陷，最突出的便是其制定费时费力，词表更新缓慢。与专家分类法不同，社会化标注系统中最被青睐的大众分类法则呈现扁平化平面结构模式，社会化标签之间没有明确的隶属关系，因而往往有语义模糊稀疏的局限。显然，社会化标注系统与专家分类法之间存在着天然的互补性，国内外的大批学者已然围绕这种互补性展开铺垫性研究，研究先后经历了两个阶段：探索阶段和发展阶段。

(1)探索阶段

在探索阶段，国内外学者都主要讨论专家分类法与大众分类法之间的优劣特征，进而关注两者融合的可能性及可行性。该阶段研究的动因可以概括为作为新兴知识组织方式的 Folksonomy 与作为传统知识组织方法的专家分类法产生激烈碰撞后，是否会存在新老方法之间的替换抑或是两者直接走向融合。学者们在该时期着重用相对定性的研究方法探讨专家分类法和大众分类法两者之间在内涵、特征、适用性等方面的差异，辨析两者之间的优势劣态、相关关系及互补可能性。国外代表性地研究如 Gruninger M① 等对专家分类法、大众分类法及本体的关系辨析、Olivier Glassey② 对 Folksonomy 的优劣分析及在网站服务中融合 Taxonomy 和 Folksonomy 两种方法的实践思考。在国内，相似的研究也在推进，诸如探讨 Taxonomy 和 Folksonomy 的内涵、特性并辨析了两者的相互关系、使用情形③，提出了将两者的优势相结合从而完善组织网络信息资源的设想④。随后，关于两者之间应走向融合而非相互替代的共识在国内外学者中普遍形成，例如，Lemieux S⑤ 就指出 Taxonomy 与 Folksonomy 应走向融合，并利用构建二维空间四象限的思路指出两者融合的四条常见途径。王军⑥等强调应该将传统知识组织系统和新兴社会化组织工具集成在统一的术语注册与服务框架内，使两类知识组织系统相互补充、相互融合，并指出

① Gruninger M, Bodenreider O, Olken F. Ontology Summit 2007-ontology, taxonomy, folksonomy: understanding the distinctions[J]. Applied Ontology, 2008(3): 191-200.

② Glassey O. When taxonomy meets folksonomy: towards hybrid classification of knowledge? [C]. Proceedings of the ESSHRA International Conference Towards a Knowledge Society: Is Knowledge a Public Good, 2007.

③ 岳爱华，孙艳妹. Taxonomy，Folksonomy 和 Ontology 的分类理论及相互关系[J]. 图书馆杂志，2008(11)：21-24.

④ 李玉芬. 自由分类法与传统分类法在网络信息资源组织中的比较研究[J]. 农业图书情报学刊，2014，26(4)：138-140.

⑤ Lemieux S. Hybrid approaches to taxonomy and folksonomy [EB/OL]. [2018-05-06]. http://www.earley.com/presentations/hybrid-approaches-to-taxonomy-and-folksonomy.

⑥ 王军，卜书庆. 网络环境下知识组织规范研究与设计[J]. 中国图书馆学报，2012(4)：39-45.

Taxonomy 与 Folksonomy 就是传统与新兴的最好代表。

当然，近年来关于两者关系的研究也仍有延续，不同的是研究方法从定性分析转变为定量研究，例如 Jose-Antonio M-G ①结合定量和定性的方法比较了 LibraryThing and Flicker 中标签与主题词间的词汇质量差异，Praveenkumar V ②采用余弦相似度算法对 Library arything 中社交化标签与国会图书馆主题词的相似度进行验证发现两者差异较大但存在互补的空间。刘亚希③等对在线社区的知识资源分类体系展开调研，认为这些分类体系吸纳了传统专家分类法的思想，同时融合了大众分类以用户为中心的特征。这些以量性结合的更有说服力的研究进一步说明，专家分类法与大众分类法二者存在互补之必要。

总体而言，在早期的探索性研究中，无论国内外，多数专家学者关于两者异同分析的研究结论都趋于一致：专家分类法采用专家选词构建的层级结构组织资源，语义精准规范，但构建费时费力且更新缓慢；大众分类法采用扁平结构语义稀疏模糊，但自由灵活且成本低廉；两者存在显著的优劣互补性，应该扬长避短并有机融合而非相互替代。

(2)发展阶段

在发展阶段，国内外的学者多侧重于关注社会化标注系统与专家分类法之间整合的具体实现方法。迄今，学者们倾向于采用不同的方法实现了 Taxonomy 与 Folksonomy 的整合，建立了两者之间的语义映射。如对该阶段的研究加以分类的话，本研究认为可大致划分为两个类别：一类是关注于整合之后的产物的研究，另一类是关

① Jose-Antonio M G, Carmen B M. Folksonomy indexing from the assignment of free tags to setup subject: A search analysis into the domain of legal history [J]. Knowledge Organization, 2018, 45(7): 574-585.

② Praveenkumar V, Harinarayana. The role of social tags in web resource discovery: an evaluation of user-generated keywords [J]. Annals of Library and Information Studies[J], 2016, 63(4): 289-297

③ 刘亚希，秦春秀，马续补，等. 在线社区知识资源的分类体系进展分析[J]. 情报理论与实践，2018，41(10)：47-53.

注于整合时采用的算法及方法的研究。前一类中，具有代表性的研究有：Hayman S ①提出的基于 Taxonomy 引导的大众分类方法，旨在从大众分类法中抽取新词来更新受控词表，进而促进用户参与资源组织。Sommaruga L② 提出的 Tagsonomy，旨在将自顶向下的网站内容管理者定义的 Taxonomy 和自底向上的 Folksonomy 整合起来实现对网站资源的访问。郜杨芳③提出的基于受控词表的 Folksonomy 优化系统方案，旨在倡导利用受控词表揭示资源之间的深层语义关系。这些研究所形成的产物，都是兼具专家分类法与大众分类法优势的新的资源组织方法；后一类的研究中，具有代表性的方案有：国外的 Tsui E 等④提出使用启发规则分析和概念关系发现的相关算法来自动将扁平结构的社会化标签转换成层次化的专家分类结构。国内的罗双玲⑤设计了基于层级标签的分众分类生成方法，提出层级标签生成的解决算法及方案。在此要特别一提的是一项对本研究具有重要启示意义的研究，即 Kiu C C⑥ 提出的 taxo-folk 整合算法。该算法应用 FCA 作为数据挖掘工具，并将 ID3 分类和简单匹配系数(SMC)作为辅助工具，最终将 Folksonomy 整合到分类法中，形

---

① Hayman S, Lothian N. Taxonomy directed folksonomies [C]//New Developments in Social Bookmar king, Ark Group Conference: Developing and Improving Classification Schemes, Sydney June. 2007.

② Sommaruga L, Rota P, Catenazzi N. Tagsonomy: Easy access to web sites through a combination of taxonomy and folksonomy[J]. Advances in Intelligent and Soft Computing, 2011(86): 61-71.

③ 郜杨芳，贾君枝，贺培风. 基于受控词表的 Folksonomy 优化系统分析与设计[J]. 情报科学，2014，32(2)：112-117.

④ Tsui E, Wang W M, Cheung C F, etal. A concept-relationship acquisition and inference approach for hierarchical taxonomy construction from tags[J]Information Processing & Management, 2010, 46(1): 44-57.

⑤ 罗双玲，王涛，匡海波. 层级标注系统及基于层级标签的分众分类生成算法研究[J]. 系统工程理论与实践，2018，38(7)：1862-1869.

⑥ Kiu C C, Tsui E. TaxoFolk: a hybrid taxonomy-folksonomy structure for knowledge classification and navigation [J]. Expert Systems with Applications, 2011, 38(5): 6049-6058.

成一种混合型的分类结构 TaxoFolk 来促进知识分类与导航。本研究充分吸纳了其利用 FCA 作为整合工具的思路，并对其复杂的算法提出改进。

另外，随着理论研究的不断深入，两种方法的混合使用在具体的实践领域也崭露头角，例如 Batch Y 等①将 tax-folk 混合分类应用于疾病问题的博客资源分类上，形成了更优化的医疗博客资源组织方式，与之相似的研究还有文献②；再如 Santos ③尝试在图片信息资源的描述和揭示应用中同时使用 Taxonomy 和 Folksonomy 方法，实现了对图片信息资源的融合化组织。至此，专家分类法与大众分类法融合呈现出理论实践并重、方法途径多元的趋势。

这些前期研究，正是社会化标注系统与专家分类法的语义映射的前提条件和基础。透过学界前人的研究不难看出建立社会化标注系统与专家分类法的语义映射的动因。

利用专家分类法组织信息资源的模式，可以溯源到西方哲学中的“树喻”思想。所谓树喻，就是依据分类的思想，将知识统一规划在一个庞大的“知识树”上，知识体系由树根出发，伸展出不同学科、领域的等级式树枝，因而这种分类法拥有严格的等级制特征和中心化特征。信息资源如同挂在知识之树上的果实，按照“根-枝-叶-果”的路径即可按照脉络查询知识。所以，从这个意义上看，利用专家分类法组织信息资源的模式，可以被比喻为构建“知识之树”的过程。

相形而下，利用大众分类法组织信息资源的模式，就难以寻觅到知识之树的踪迹，恰恰相反，大众分类法的标签，更像是散落于

① Batch Y, Yusof M M, Noah S A. ICD Tag: A prototype for a web-based system for organizing physician-written blog postsusing a hybrid taxonomy-folksonomy approach[J]. Journal of Medical Internet Research, 2012, 15(2): 1-23.

② Batch Y, Yusof M-M. Organizing information in medical blogs using a hybrid taxonomy-folksonomy approach[J]. Journal of Web Engineering, 2015. 14(3-4): 181-195

③ Santos. The taxonomy and folksonomy in the representation of photographs information[J]. Perspectives in Information Science, 2018, 23(1): 89-103.

知识之树之下的满地“枝叶”。信息资源虽然也可视为挂于“枝叶”上的“果实”，但其往往也因“枝叶”的散落而难以摘得“果实”。

因而，社会化标注系统与专家分类法的语义映射，其动因是为散落的“枝叶”找到合适的“根枝”，从而用嫁接的手法，使得社会化标注系统信息资源组织完成从知识之叶到知识之树的转变。在资源组织过程中，若将两者结合起来，扬长避短，以专家分类法为树干，将各种标签映射到专家分类法中作为树叶，一棵建构在社会化标注系统与专家分类法的语义映射基础上用以资源聚合和导航的知识之树便会破土而出。

从这个意义上讲，社会化标注系统与专家分类法语义映射的目标便是建构一种折中的 Taxonomy-Folksonomy 融合资源组织方法，对社会化标注系统中的资源形成基于融合视角的资源再组织，最终用“知识之树”的可视化架构，实现具有“树干-树枝-树叶-果实”结构的社会化标注系统资源可视化展示，为用户浏览、导航、查询、获取、利用社会化标注系统资源提供更便捷有效的途径。

7.2　语义映射原理：从 Folksonomy 概念体系到分类法概念体系

要解决社会化标注系统与专家分类法的语义映射问题，首先有必要对二者语义映射的原理进行剖析。本研究通过分析专家分类法和大众分类法在社会化标注系统资源组织问题上的角色和作用，总结出社会化标注系统与专家分类法的语义映射原理如图 7-1 所示。

图 7-1 中，同为资源组织和知识语义表示方法的专家分类法和大众分类法，在 Web2.0 环境下通常被单独抑或整合，用以描述社会化标注系统平台的网络资源，就其资源组织和语义表示的效果而言，两者各有优劣：前者代表了专家的权威认知意见，遵循人类认识客观事物的规律，采用层级结构的分类模式组织资源，其语义精准规范，但不免存在构建费时费力，更新缓慢的缺陷；后者代表并体现了群体的共识性认知，也保留了用户的个性化认识差异，其成

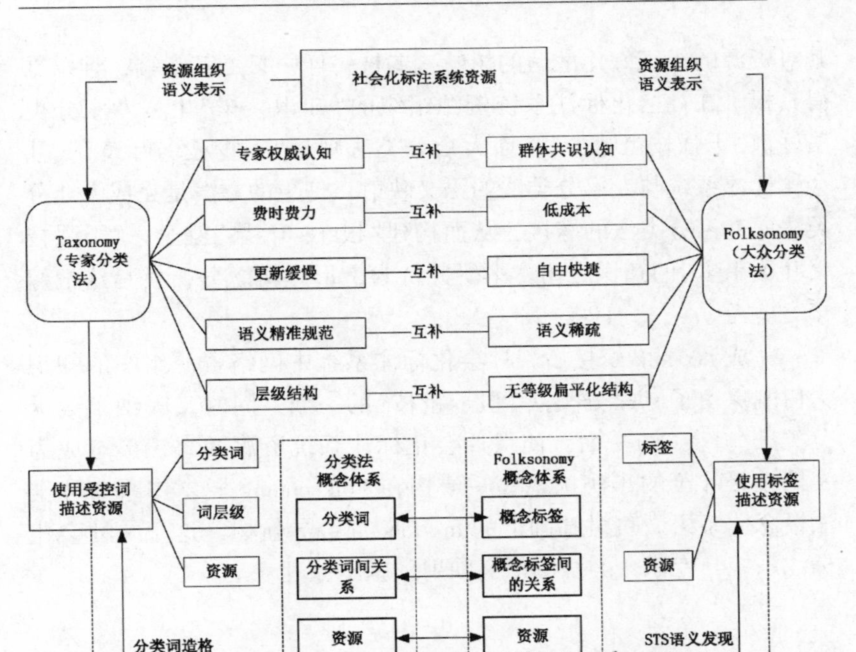

图 7-1　社会化标注系统与专家分类法的语义映射原理

本低廉，操作自由灵活快捷，但其语义较为稀疏模糊，采用无等级扁平化的资源组织模式，既不符合人分类的思维惯性，也弱化了资源之间的语义关联。

剖析专家分类法和大众分类法的优劣特点，不难发现两者具有较强的互补性。专家分类法使用受控词和词间学科类属关系来描述网络资源，分类词之间有着明确规范且清晰的层级关系，自顶向下，层层相扣，而且分类词由权威专家制定，词量虽少但概况性强，如果以树为比喻的话，专家分类法的资源组织架构就好比树从根部孕育出枝干一样；大众分类法使用标签描述资源，标签之间没有隶属层级关系，自底向上，标签量多而繁杂，如果也以树为喻，其对资源的组织好比散落的树叶、弱枝一样，只见其末端，难以觅得其根。在社会化标注系统资源组织的“知识大树”上，专家分类法好似“干强枝粗叶少”，而大众分类法则是“干少枝弱叶茂”。社会化标注系统与专家分类法的语义映射，理想的方案是完成大众分类法向专家分类法的嫁接，从而构建“根-枝-叶-果”健全，“干强枝繁叶茂果多”的知识之树。本研究认为，形式概念分析就是这把嫁接之剪刀。

完成 tax-folk 嫁接后，社会化标注系统中网络资源组织的知识大树既保留了专家分类法“强干粗枝”的一面，同时又吸纳了大众分类法“叶茂”的一面，使得社会化标注系统资源的组织形态成为一棵枝繁叶茂的丰满大树——建构在 Folksonomy 概念体系与分类法概念体系语义映射基础上的 tax-folk 混合导航树，这正是社会化标注系统与专家分类法的语义映射的基本原理。

7.3 实现语义映射的辅助工具：ConExp与树状分类法

ConExp 全称是 Concept Explorer，是一个使用 java 语言开发的开源 FCA 工具，其源码可通过 Github 等互联网开源平台直接下载，安装配置 JRE 运行环境后即可使用。ConExp 因其界面简单干净、功能齐全而成为国内学者使用的主流形式概念分析工具，利用它可以实现形式背景的编辑、概念格的自动生成、实现属性探索和发现隐含关联规则，但 ConExp 不能处理多值形式背景，这是其最大的缺陷。

ConExp 使用的条件相对简单：①同时具备构成概念的两大数据集，内涵集和外延集；②内涵集和外延集中的内涵和外延之间存在着二元关系且能被用以构建形式背景；同时满足这两个条件就可使用 ConExp 做相关的数据分析。

显然，在 Taxonomy 分类体系中可以析取上述两大数据集，可将分类词集作为内涵集合而资源集作为外延集合，并且分类词和资

源间存在二元关系且能被用以构建形式背景，所以 Taxonomy 体系满足使用 ConExp 的条件。同理，也可以在 Folksonomy 体系中析取两大数据集，标签集作为内涵集合而资源集作为外延集合，标签和资源间的二元关系也可用以构建形式背景，Folksonomy 体系也满足使用 ConExp 的条件。

分别以"分类词-资源"和"标签-资源"构建形式背景并转换概念格，就可得到专家分类法概念体系和 Folksonomy 概念体系。Folksonomy 概念体系的结构前文对此过程已多有阐述，不再赘述。专家分类法概念体系也可由 Taxonomy 概念格转换而来，其中，分类词转为概念节点内涵，资源转为概念节点外延，其结构与 Folksonomy 概念格极其类似。

对比专家分类法概念格(概念体系)和 Folksonomy 概念格(概念体系)，则可发现，资源可以映射为概念节点的外延，分类词及词间关系可映射为概念节点的概念及概念关系；标签可映射为概念节点或概念内涵，同时隐藏在标签之间的继承关系也被挖掘出来。

在使用 ConExp 建立的两组概念格中，可基于如下的基本原理寻找相似节点：对于相同的资源，Taxonomy 或 Folksonomy 在揭示资源的语义和分类上用词(分类词或标签)存在着相似性和相关性。即，具有相同外延的概念节点是相似节点，反映相同或相似的概念。通过相似概念节点的比对，就可以将相似概念节点的内涵(标签组)嫁接到以分类树形态展示的 Taxonomy 的分类词上，从而实现 Folksonomy 向 Taxonomy 的嫁接，嫁接的过程可被制定为映射规则。

综上，ConExp 作为数据分析的有力工具，能够提供基于可视化概念格的概念关系展示和分析，这种优势为实现 Taxonomy-Folksonomy 混合分类提供了一条较为科学和可行的路径。形式概念分析像一把剪刀一样，可以帮助我们将掉落地上堆积的 Folksonomy 标签分别作为枝叶巧妙地嫁接到 Taxonomy 体系的分类树上，构建出理想的知识之树。

7.4 社会化标注系统与专家分类法的语义映射模型

以社会化标注系统与专家分类法的语义映射原理为基础，本研究提出了基于形式概念分析的社会化标注系统与专家分类法语义映射模型，如图 7-2 所示。

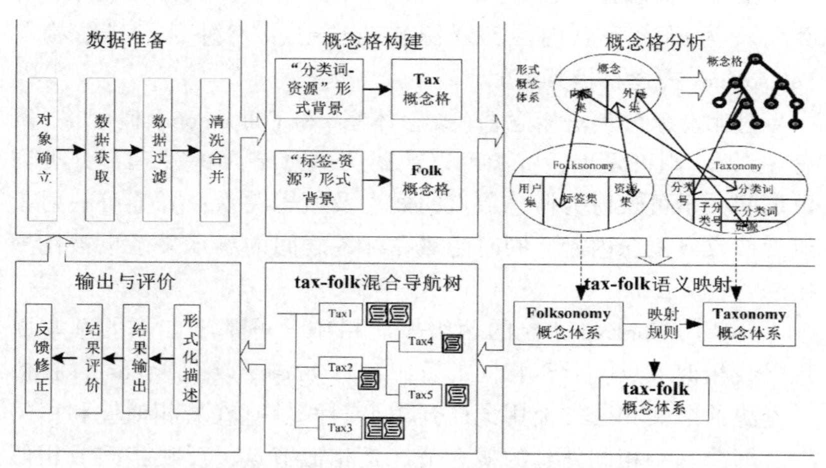

图 7-2　基于形式概念分析的社会化标注系统与专家分类法语义映射模型

基于形式概念分析的社会化标注系统与专家分类法语义映射模型共包括六大部分：数据准备模块、概念格构建模块、概念格分析模块、tax-folk 语义映射模块、tax-folk 混合导航树构建模块、输出与评价模块。

7.4.1 数据准备

数据准备阶段是构建社会化标注系统与专家分类法语义映射模型的出发点和基础阶段。数据的准备工作充分与否直接影响 tax-

folk 语义映射结果的优劣，该阶段虽然地位基础，但仍然至关重要。该阶段的主要任务是在选定的社会化标注系统中获取高质量的描述社会化标注系统资源语义的两类数据集：专家分类法数据集和大众分类法数据集。专家分类法数据集主要涵盖两类元素：分类词集和资源集，专家分类法数据集由专家制定，数据规范程度高，因而不需要过多处理；大众分类法数据集包括用户集、资源集和标签集三类，标签集由用户标注而制定，通常规范性较低，因而是该阶段处理的重点。在此要特别说明的是，为了与分类词地位匹配，以更好地完成映射，这里的标签集中需剔除“属性标签”，只选择保留“概念标签”。关于属性标签与概念标签的区分，本研究第五章中已做阐述，在此不再赘述。标签集的处理包括清晰、合并和过滤等步骤，具体的操作步骤第五章中也有详细说明，在此也不赘述。

为清晰阐明 tax-folk 语义映射模型的相关原理和流程，在此设定某社会化标注系统中，其两类数据集经过数据准备后，专家分类法数据集为{{*t*1，*t*2，*t*3，*t*4，*t*5，*t*6}，{*r*1，*r*2，*r*3，*r*4，*r*5，*r*6}}，大众分类法数据集为{{*f*1，*f*2，*f*3，*f*4，*f*5，*f*6}，{*r*1，*r*2，*r*3，*r*4，*r*5，*r*6}}，两种分类法方法所对应的资源组织体系如图 7-3 所示：

Taxonomy资源组织体系		Folksonomy资源组织体系
t_1 (分类词)	资源 r_1	资源 r_1 f_1 f_6
t_2 (分类词)	资源 r_4	资源 r_2 f_1 f_2 f_4
t_5 (分类词)	资源 r_6	资源 r_3 f_3 f_4
t_6 (分类词)	资源 r_5	资源 r_4 f_1
t_3 (分类词)	资源 r_2	资源 r_5 f_2 f_5
t_4 (分类词)	资源 r_3	资源 r_6 f_1 f_2 f_4 f_6

图 7-3　数据准备后的初始数据集

7.4.2 概念格构建

该阶段的主要任务依据两种分类方法所对应的资源组织体系及初始数据集，由专家分类法数据集生成 Taxonomy 概念格，由大众分类法数据集生成 Folksonomy 概念格，为下一步展开语义分析奠定基础。

本阶段概念格构建的具体操作是：根据专家分类法数据集，以分类词 t_i 为形式概念的属性和内涵，以资源 r_m 为形式概念的实例和外延，构建专家分类法数据集的“分类词-资源”形式背景，并利用软件自带的造格算法将其转换为相应的 tax 概念格；同理，根据大众分类法数据集，以标签 f_j 为形式概念的属性和内涵，以资源 r_m 为形式概念的实例和外延，构建大众分类法的“标签-资源”形式背景，并将其转换为相应的 folk 概念格，如图 7-4 所示：

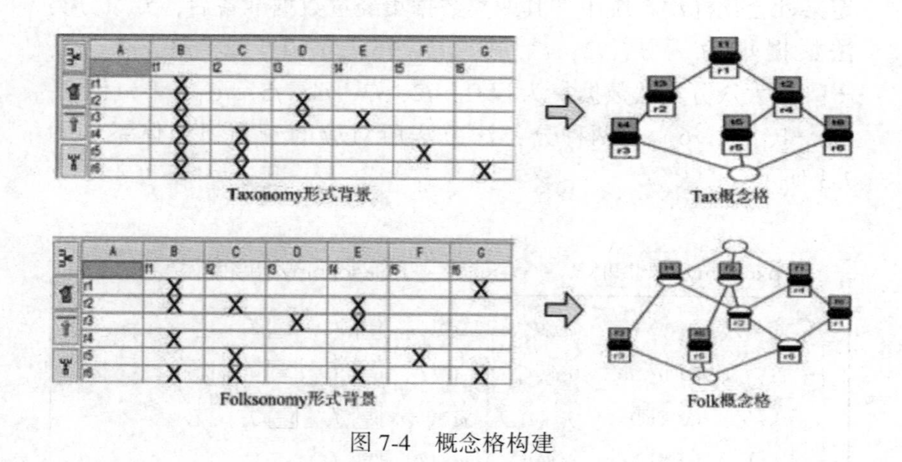

图 7-4　概念格构建

7.4.3 概念格分析

根据概念格理论可以得知，概念格中的任意一个概念节点都代

表一个形式概念，其由两部分组成，可采用概念名称{{外延集}，{内涵集}}的方式来进行形式化表达。

利用概念格理论，还可以得知，若概念格中任意两个概念(A，B)和(C，D)存在子概念与父概念的关系，即(A，B)≤(C，D)，那么可以推理：父概念内涵集 D 是子概念的内涵集 B 的子集；同时子概念外延集 A 是父概念的外延集 C 的子集；换言之，子概念在拥有其自有内涵的同时，继承了父概念所有的内涵，父概念在拥有其自身外延的同时，子概念的所有外延都是父概念的外延。这一性质可用数学式表达为：$(A, B) \leqslant (C, D) <=> A \subseteq C(<=> D \subseteq B)$

根据这一条性质，为阐释方便，本研究作出进一步定义：将子概念内涵集中的自有内涵称为主内涵，其继承父概念的内涵称为副内涵，子概念外延集中的自有外延称为主外延，其兼容子概念的外延称为副外延。

(1)tax 概念格分析

tax 概念格呈现出自顶向下的倒置树状结构，概念格中共包含四个关键要素：概念节点、概念外延、概念内涵和节点关系，如图 7-5 所示。tax 概念格中，每个概念节点代表一个形式概念，其含义在此可以理解为“使用内涵集中的分类词描述和标注外延集中的所有资源”；该形式概念的外延代表节点概念包含的资源；该形式概念的内涵代表其外延中的资源所隶属的分类词；概念节点间关系呈现了概念格中父子概念之间的类属关系。

tax 概念格分析的核心在于借助概念格这种新的数据结构呈现分类词与分类词之间的关系，也就是子概念属性和父概念属性之间的关系。在形式逻辑中，子概念(即种概念)与父概念(即属概念)之间存在“种概念=种差+属概念”的逻辑关系。换言之，种差是区别父子概念的关键属性。tax 概念格中，除却顶层概念节点外，每个概念节点的内涵源自两部分，本研究将其区分为主内涵(概念节点的自有内涵)和副内涵(概念节点从父节点继承而来的继承内涵)。进一步讲，副内涵一般情况下都能反映“属概念”的特征，而主内涵扮演的恰恰是种差的角色。形式逻辑中“种差”的作用是对“属”做出进一步限定，因而，从这个意义上讲，tax 概念格中每一个概念节点的主内涵都可视为对其上层节点内涵的再限定，因而内涵之间形成了逐级限定的关系。在 tax 概念格中，概念节点的内涵对应的是专家分类法的分类词，所以经 tax 概念格分析可知，分类词之间在 tax 概念格架构下呈现为逐级限定关系。

一般情况下，由于分类词逐级限定关系规范而清晰，tax 概念格都会展现出清晰的树状架构，这与社会化标注系统资源的专家分类法逐级深入展开的分类体系架构是拟合的。

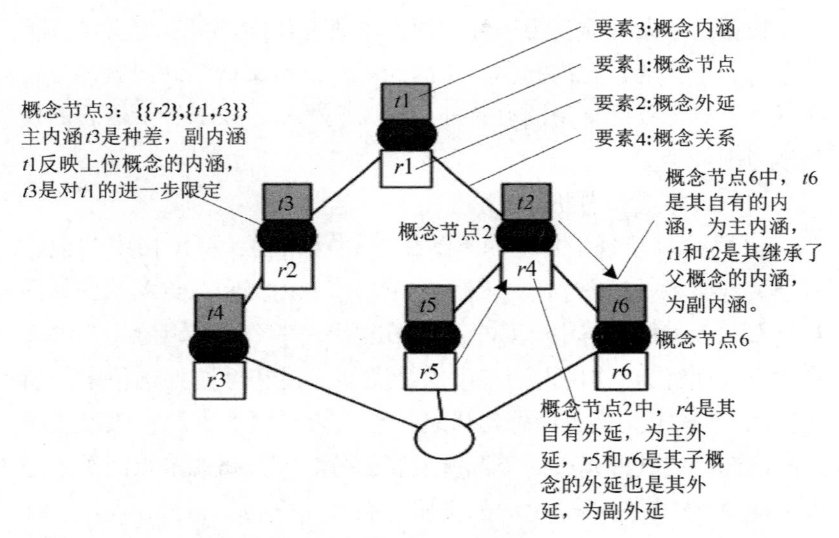

图 7-5　tax 概念格分析

（2）folk 概念格分析

folk 概念格往往呈现出自顶向下的网状结构，其包含的四个要素分别是：概念节点、概念外延、概念内涵和节点关系，如图 7-6 所示。folk 概念格中，每个概念节点同样代表一个形式概念，其含义在此可以理解为“使用内涵集里的标签标记外延集中的资源”；

形式概念的外延集代表概念节点所涵盖的全部资源，形式概念的内涵集表示其外延中资源被张贴的标签集合。当然，概念节点之间也呈现出继承关系，这与 tax 概念格并无差异。

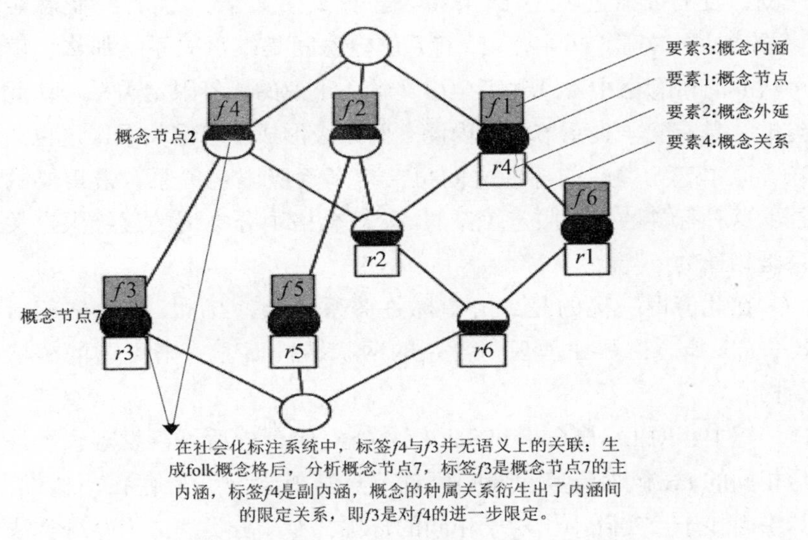

图 7-6 folk 概念格分析

folk 概念格分析的关键点在于借助概念格的数据结构发现标签与标签之间的隐含关联。在社会化标注系统中，标签之间原本呈现出扁平化结构，并无直接关联，标签关系更是无从谈起。但将精炼后的标签集-资源集装载到 folk 形式背景后，就可利用概念格造格算法将其转化为相应的 folk 概念格。概念格生成从本质上讲就是概念聚类过程，概念格构造算法的本质就是聚类算法——它将具有相同属性(标签)的对象(网络资源)聚集起来，共同构成形式概念。经过概念格构建，标签间关系也发生了从无到有的转变，这部分的知识基础在本研究第五章中也有详细阐述，读者可对照回味。同样地，folk 概念格的内涵之间也存在逐级限定关系，如图 7-6 所示。节点 2｛｛*r*2，*r*3，*r*6｝，｛*f*4｝｝和节点 7｛｛*r*3｝，｛*f*4，*f*3｝｝形成了父概念-子概念的关系，子概念继承了父概念的内涵 *f*4，同时又有其主内涵$f3$，父子关系体现出继承性。进一步，从形式逻辑看，主内涵$f3$往往扮演着“种差”的角色，而副内涵$f4$一般则反映“属”的特征，那么，主内涵$f3$可视为对副内涵$f4$的进一步限定。在此仅举一例，若上位概念是{{图书1，图书2}{文学}}，下位概念是{{图书1}{文学，小说}}，上下位概念间是继承关系，那么，就可从folk概念格中发现并衍生出文学→小说的标签限定关系。依此类推，具有父子关系节点的内涵之间逐级形成了限定关系，这也意味着原本毫无关联的标签之间也产生了逐级限定关系，最重要的是，这种标签的逐级限定关系与tax概念格中分类词的逐级限定关系是相通的。

在此值得一提的是，由于标签关系繁杂，与tax概念格相对比，folk概念格往往呈现为复杂的网状结构而非清晰可循的树状结构。

综上，对tax概念格和folk概念格对照分析后可以发现，主外延相同的tax概念节点和folk概念节点从概念含义上存在相似性，其缘由在于，实践中，对于相同的资源，专家分类法或大众分类法在揭示资源的语义和分类上的用词(无论是分类词还是标签)存在着相似性、相近性和相关性。

(3)tax-folk语义映射

该模块的首要任务是在概念格分析的基础上，分别建立Taxonomy概念体系和Folksonomy概念体系。Taxonomy概念体系从Taxonomy概念格转变而来，由分类词、分类词间关系、资源和资源与分类词关系构成，如图7-7所示。Folksonomy概念体系前文已详尽说明，在此不述。

tax-folk语义映射，实则是Taxonomy概念体系和Folksonomy概念体系之间的映射，也即是tax概念格和folk概念格之间的映射。两者语义映射的过程，就是建立分类词与概念标签、分类词间关系与概念标签间关系、资源与分类词关系之于资源与标签关系的对应过程，而建立这种对应过程的规则即是tax-folk语义映射规则。

tax-folk语义映射的主导思想是以Taxonomy概念体系为干和

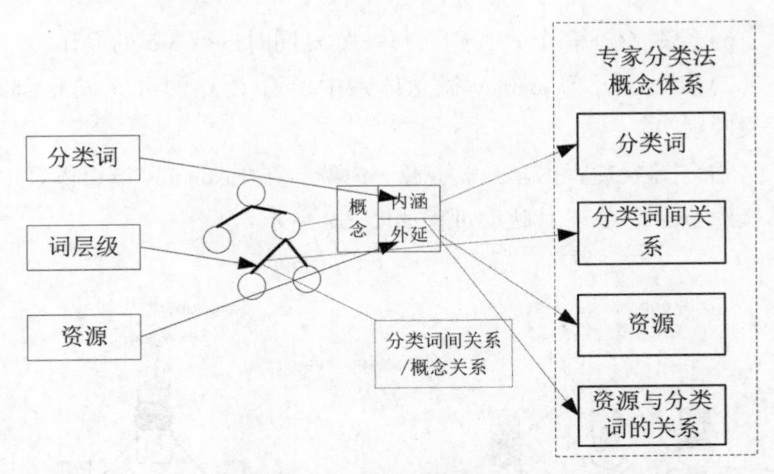

图 7-7 由概念格建立 Taxonomy 概念体系和 Folksonomy 概念体系

枝，以 Folksonomy 概念体系为枝叶向干枝嫁接，具体的映射规则是：

1）选取 tax 概念格作为主架构，删除其末端节点，tax 概念格呈现树状，此时，该概念格即等价于 Taxonomy 概念体系；

2）将 taxonomy 概念体系的概念节点自顶向下，从左至右以 C_1，$C_2 \cdots C_n$ 分别编码。从 Taxonomy 概念体系的顶端节点出发，依编码顺序选择具有主外延的概念节点 C_n 作为映射对象，找出其主外延 r_m；

3）将 folk 概念格同样删除末端节点，形成 Folksonomy 概念体系，并按自顶向下，从左至右的规则编码。从 Folksonomy 概念体系中找出主外延亦为 r_m 的概念节点，整理出该节点的所有内涵，节点的每条内涵均对应为一个标签 f_j；

4）定义数据结构 $f_j(n)$，n 表示 Folksonomy 概念体系中标签 f_j 包含的所有资源数；定义数据结构 $f_{jk}(n) \rightarrow f_{jl}(n)$ 表示 Folksonomy 概念体系中标签 f_j 间的限定关系；

5）以主外延 r_m 为媒介，将 Folksonomy 概念体系中形成的枝叶 $f_{jk}(n) \rightarrow f_{jl}(n)$ 和 $f_j(n)$ 嫁接到 Taxonomy 概念体系节点 C_n 的内涵上；

6)若 C_n存在多个 r_m，则对每一个 r_m同时进行 3-5 的操作；

7)依次遍历 Taxonomy 概念体系中所有 C_n，即可完成 tax-folk 语义映射。

结合图 7-5、图 7-6，以资源 r_5为例，在 Taxonomy 概念体系中，其概念节点是 C_5，其映射过程如图 7-8 所示：

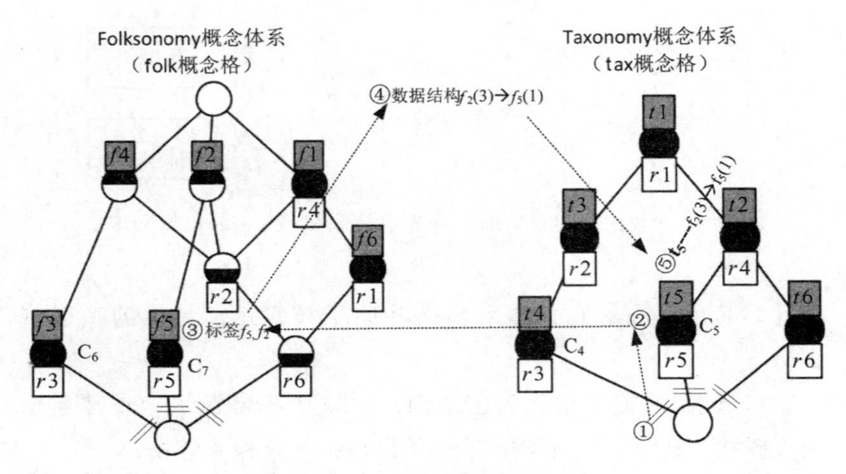

图 7-8　一个概念节点映射示例

(4)形成 tax-folk 混合导航知识之树

根据 tax-folk 语义映射规则，完成 Taxonomy 概念体系和 Folksonomy 概念体系中所有待映射概念节点的映射后，就可以构建 tax-folk 混合导航知识之树，实现对社会化标注系统资源的混合分类式再组织。理想的 tax-folk 混合导航树涵盖三部分，如图 7-9 所示。第①部分是导航树的主体架构，即树干和树枝，其原型是专家分类法的分类词及其关系；第②部分是嫁接到导航树架构上的枝叶，即弱枝(体现逐级限定关系的标签组合)和树叶(标签)，其原型是大众分类法中的标签组和标签；第③部分是导航树的末梢，即树的果实，其原型是社会化标注系统资源。当然，知识之树中的资源可通过 tax 渠道和 folk 渠道两种链接渠道链接到 tax-folk 混合导航树上。从资源组织和导航结构上看，tax-folk 混合导航树充分吸纳了专家分类法和大众分类法的优势，既建立了标签与分类词之间的关系，又聚合出了标签与标签之间的关系，更重要的是它可以同时使用两种渠道聚合资源，并以知识之树的可视化形式展现结果，既建立了社会化标注系统与专家分类法的语义关联，又恰能对接用户需求，提供一种“折中”的数字资源分类导航服务。

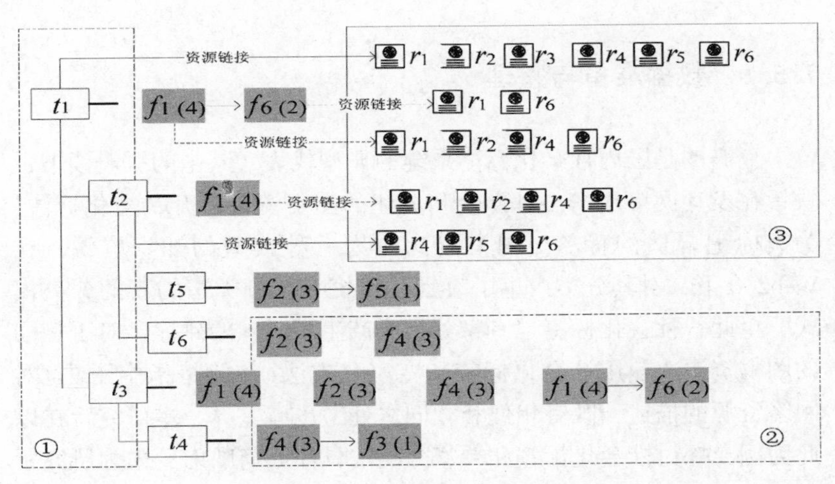

图 7-9　tax-folk 混合导航树

(5)输出与评价

输出与评价是基于形式概念分析的社会化标注系统与专家分类法语义映射模型的收尾阶段，该阶段的核心任务包括：①结果形式化描述。可以根据需求，选择合适的数据描述语言将 tax-folk 混合导航树进行特定地形式化的描述；②结果输出。将构建好的 tax-folk 混合导航树集成或应用到某个特定的社会化标注系统平台中，将其作为混合导航的基础工具投入使用，满足用户多样化的资源检索、浏览及导航需求；③结果评价。成立由专家和用户构成的评价小组，建立合适的评价指标体系，选择具有代表性的关键评价指标，对构建过程、输出结果及其特别是应用状况进行科学客观的评价。④反馈修正。对 tax-folk 语义映射模式的完善，需要在使用和评价的基础上不断反馈、修正，尤其是对映射规则进行改良。

7.5 一个例证：豆瓣“读书”标签与《中图法》的映射

7.5.1 数据准备与整理

豆瓣网是国内社会化标注系统的典型代表，其中的豆瓣读书板块旨在发动网络用户，对喜爱和关注的图书资源展开社会化标注，为其标记合适的标签。图书资源作为一种典型的知识资源，在 Web2.0 下，对其分类产生了有别于传统专家分类法的新的分类模式，至此，社会化标签与专家分类法产生了激烈的碰撞。对于相同的图书资源，使用社会化标签和专家分类法（在此特指中图法）对网络资源的描述，既有相似和相同之处，也有差异。本研究旨在以此为例，探讨社会化标签和专家分类法具体如何映射，来为研究所提出的社会化标注系统与专家分类法映射模式展开佐证。

为了确保实验数据的质量，本研究以豆瓣读书中的“豆瓣五万至十万人读过”的图书资源为实验对象①，如图 7-10 所示。这些图书资源被用户标记的频率最多，每个图书资源所张贴的标签已趋于饱和，能够代表用户对其进行社会化标注的最终结果。

一方面，从“豆瓣五万至十万人读过”中随机选取 50 余条图书资源记录，以每条图书资源被标记 10 个左右社会化标签测算，预计获取高质量标签数据 300～500 条。每条资源的社会化标签可通过网络爬虫工具自动获取，其结果可保存在 excel 数据表中，也可导入到数据库方便进一步处理。另一方面，针对上述图书资源的专

① 豆瓣读书. 五万至十万人读过[EB/OL]. [2018-08-07]. http://book.douban.com/.

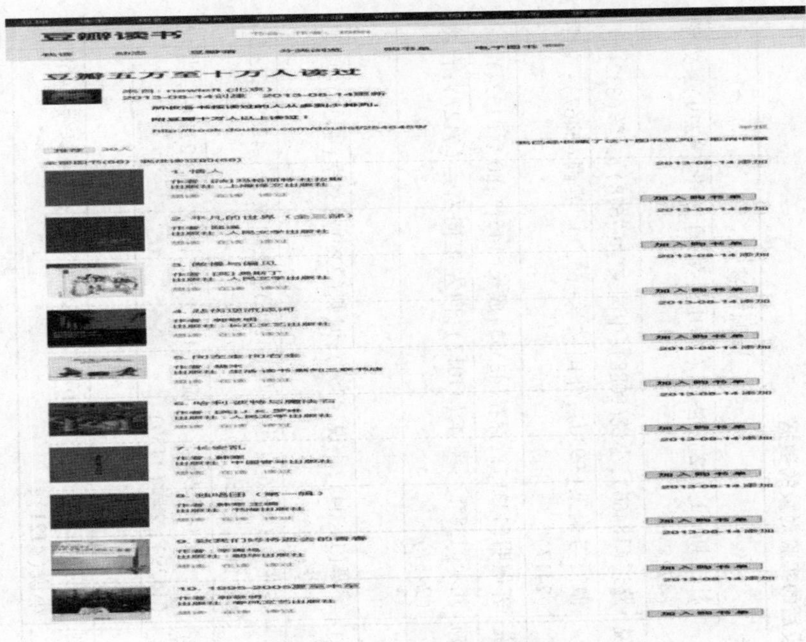

图 7-10 一个豆瓣读书的实例

家分类法数据获取及处理，考虑到要保证图书资源分类的科学性，本研究先获取了书籍的 ISBN 号，然后在中国国家图书馆检索系统①利用 ISBN 号获取其分类号，并利用中图分类号查询资源的分类词。为处理数据方便，在不影响结果的前提下，本研究查询到三级分类词为止，获取总分类词总数约 50 个。在上述资源的标签处理上，经过标签合并、清洗后，只保留每条资源标注前四位至五位的标签。经数据准备阶段后获取的数据如表 7-1 所示。

7.5.2 概念格构建及概念格分析

同时获得精炼后的豆瓣读书 50 条资源记录的大众分类法数据

① 中国国家图书馆联机公共目录查询系统[EB/OL].[2018-08-07]. http://opac.nlc.gov.cn.

表 7-1 经数据准备阶段后的实验对象的数据

编号	资源名称	中图分类号	资源的专家分类法	资源标签
r1	情人	I565.45	文学>各国文学	杜拉斯(17152)；法国(7491)；外国文学(5339)；文学(4725)
r2	平凡的世界(全三部)	I247.57	文学>中国文学>小说	路遥(18466)；小说(9088)；中国文学(7678)；文学(3321)
r3	傲慢与偏见	I561.44	文学>各国文学	傲慢与偏见(9930)；外国文学(6529)；英国(3467)；文学(2417)
r4	悲伤逆流成河	I247.57	文学>中国文学>小说	郭敬明(12315)；青春(4335)；成长(1461)；80后(1324)
r5	向左走·向右走	J228.2	艺术>绘画>中国绘画作品	几米(13858)；绘本(11017)；向左走向右走(7127)；台湾(2437)
……	……	……	……	……
r30	他的国	I247.57	文学>中国文学>小说	韩寒(11854)；小说(4354)；讽刺(2369)；文学(1435)；中国文学(945)
r31	茶花女	I565.44	文学>各国文学	茶花女(4846)；小仲马(4745)；外国文学(4285)；法国(2211)；文学(2174)；
r32	黄金时代	I247.53	文学>中国文学>小说	王小波(13996)；小说(4164)；中国文学(2719)；当代(1529)；文学(1139)
……	……	……	……	……
r50	艾比斯之梦	I313.45	文学>各国文学>戏剧文学	科幻(8953)；日本(9867)；山本弘(568)；日本文学(468)；小说(4121)；

集和专家分类法数据集之后，本研究将两类数据集分别装载到ConExp工具中，按照本章第四节所述的形式背景构建规则，就可获取到相应的Folksonomy形式背景和Taxonomy形式背景，在此不再重复演示。

相应地，分别将Folksonomy形式背景和Taxonomy形式背景转换成folk概念格和tax概念格，就可在此基础上展开概念格分析。概念格分析时，对照tax概念格和folk概念格可以发现，主外延相同的tax概念节点和folk概念节点从概念含义上存在相似性，换言之，对于相同或相近的图书资源及图书资源集合，用来描述这些资源及资源集的社会化标签及专家制定的分类词存在着较强的相似性、相近性和相关性，例如，对于tax概念格中的资源群{*r*1，*r*2，*r*3}，其资源描述分类词集为{文学}，在folk概念格中存在与其相同的资源描述标签集{文学}。

7.5.3　Tax-folk语义映射

在概念格分析基础上，对照tax-folk语义映射阶段和tax-folk导航树构建阶段的操作流程对上述数据进行操作，即可得出实验结果。鉴于软件能够展示的窗口大小受限，本研究在此截取出tax-folk语义映射的部分过程片段如图7-11所示，最终的tax-folk导航树的结果片段如图7-12所示。

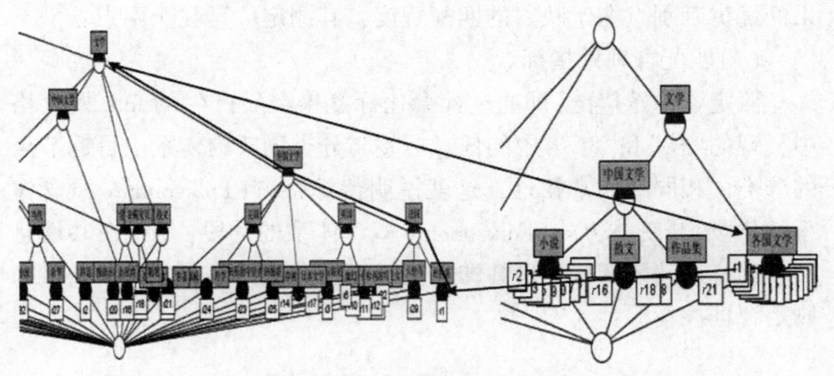

图7-11　豆瓣读书的tax-folk语义映射(以*r*1为例)

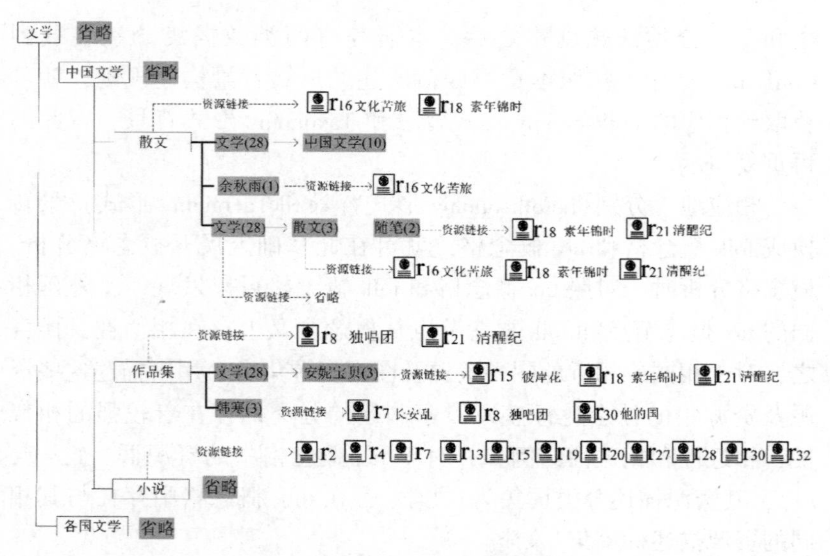

图 7-12　tax-folk 导航树的结果片段

7.5.4 实验结论及评价

社会化标注系统与专家分类法语义映射结果的评价本身是个较为复杂的难题，涉及诸多方面的因素。从抛却次要因素抓主要矛盾的角度看，本研究认为，社会化标注系统与专家分类法语义映射效果的优劣判别点在于映射的匹配程度，其测定关键在于两点：

(1)匹配合理性指标

假定资源嫁接链(即通过社会化标签聚类后产生的 folk 概念格中呈现的“枝”和“叶”)中的任意标签与分类词架构体系中目标节点的分类词相同或非常相近，这就说明待嫁接方(Folksonomy 概念体系的片段)与受体方式(Folksonomy 概念体系的片段)是存在共性且契合的，这就是嫁接合理性的体现。本研究认为可用(公式 7.1)来测定合理性指标：

$$A = \frac{n}{N} \qquad \text{(公式 7.1)}$$

(公式 7.1)中，A 为合理性指标，n 为嫁接链中任意标签与受体方中分类词相同的资源数，N 为参与嫁接的资源总数。A 越趋近于 1，则合理性越高。

(2)匹配精准性指标

假定每一条嫁接的“标签组限定关系”与分类词架构中受体方的“分类词限定关系”能完全拟合或接近拟合，则说明这种嫁接是精准，这就是嫁接精准性的体现。本研究认为可用(公式 7.2)来测定精准性指标。

$$R = \frac{\text{FIT}(I)}{\text{FIT}} = \frac{|\text{标签组限定关系} \cap \text{分类词组限定关系}|}{|\text{分类词组限定关系}|}$$

(公式 7.2)

(公式 7.2)中，R 为精准性指标，FIT(I)指标签组逐级限定关系与分类词组逐级限定关系交集的数目，FIT 指嫁接受体方分类词组逐级限定关系的总数目。R 越趋近于 1，则精准性越高。

以上述两个关键指标的测度公式为基准，可以对本实验中所涉及的 tax-folk 语义映射的最终效果进行测度。经计算，本例中合理性指标 $A=44/50=0.88$(注：主外延为 $r4$，$r5$，$r7$ 的节点为不合理嫁接)，精准性指标 $R=3/5=0.6$(注：分子中交集为“文学-中国文学”“中国文学-小说”“文学-外国文学”，分母中分类词组限定关系有“文学-中国文学”“文学-外国文学”“中国文学-小说”“中国文学-散文”“中国文学-作品集”)，从合理性指标和精准性指标看，实验结果较为可信。

通过实验可以看出，建构在社会化标注系统与专家分类法语义映射基础上的 tax-folk 混合导航树，相比于单纯使用专家分类法的资源组织模式及单纯使用社会化标签的资源组织模式而言，其凸显出来一些优点：首先，这种依托于 tax-folk 语义映射的新方案，既改善了专家分类法仅能用分类词描述和揭示资源，带来的语义颗粒粗放且不能反映用户个性化认知的局限性，又使得大众分类法的标签之间具有了层次关系，改善了大众分类法扁平化造成弱语义的缺陷。其次，tax-folk 混合导航的两类资源链接(分类词资源链和标签资源链链接)既有内容上的相关性，同时又各具特色，分类词资源链反映专家对资源导航的认知结果，标签资源链反映用户对资源导航的认知结果。最后，tax-folk 语义映射使得社会化标注系统的资源组织模式形成了极具空间感的“树干-树枝-树叶-果实”的可视化展示，为用户浏览、导航、查询、获取、利用社会化标注系统资源提供了更为便捷有效的方式。

8　形式化的指引：社会化标注系统与本体的语义映射

8.1　语义映射动因及目标：自然语言语义到机器语言语义

本体是共享概念模型的形式化规范说明。作为一种规范度高、语义丰富、机器可读的信息组织方式，本体能够较好地满足新网络环境下信息组织的需求，提供形式化的信息资源组织模式，因而逐渐从众多的信息组织方式中脱颖而出。本体与其出现之前的知识组织系统相比而言，其典型的特征有两点：一是形式化，其采用机器语言表达语义，又能为知识工程师或领域专家所阅读使用；二是能够自定义丰富的本体语义，并借助公理和推理规则实现语义推理。

将社会化标注系统与本体建立语义映射，其动因也与本体的两个典型特征息息相关。一方面映射建立之后，标签所能揭示的语义，不再局限于自然语言语义，而是过渡到机器语言语义；另一方面，本体所能揭示和表达的丰富的规范化语义，正是对传统意义上标签语义的规范、完善和补充。

围绕社会化标注系统与本体建立语义映射的问题，国内外有大批的学者已作出诸多奠基性的研究：学者们关注社会化标签能否用以构建本体及如何用以构建本体。

(1)在利用社会化标签用以构建本体的合法性和合理性方面。社会化标签是否能够作为本体构建的术语曾经受到过学界部分学者的争议，但经历过数十年的争议和辩论后，越来越多的学者认识到两者之间天然的互补性，例如 Yadav U 就指出社会化标注系统存在标签歧义问题，利用本体可以很好地解决上述不足，并实现标签推荐①。另外，学者们更关注利用社会化标签构建本体的科学性和合理性，例如 Alruqim M 等认为以用户兴趣和需求为导向的社会化标签可以弥补专家所构建的本体用户满意度低的缺陷②，Qassimi 也认为利用本体可以解决社会化标注系统标签冗余和标签模糊问题，最重要的是社会化标注系统可以丰富本体③。马费成等人通过对我国图情领域社会化标签的研究热点展开分析，也认为应该拓展社会化标签与本体的结合④。Chen W 等的研究成果论述得更为深刻，认为 Folksonomy 是生成本体的潜在知识源，Folksonomy 在本体构建的术语收集、概念关系确立、属性实例填充、规则建立等环节都具有积极的贡献，最重要的是，可以用 Folksonomy 的基本层次概念来生成本体⑤。

综上，国内外学者都普遍倡导要充分发挥社会化标签与语义本体之间的互补性，认为可借助 Folksonomy 标签的群体性来确保本

① Yadav U, Kaur J, Duhan N. Semantically related tag recommendation using folksonomized ontology[C]//2016 3rd International Conference on Computing for Sustainable Global Development (INDIACom). IEEE, 2016: 3419-3423.

② Alruqim M, Aknin N. Bridging the Gap between the Social and Semantic Web: Extractindomain-specific ontology from folksonomy[J]. King Saud University-Computer and Information Science, 2019, 31(1): 15-21.

③ Qassimi S, Hafidi M, Lamrani R. Enrichment of ontology by exploiting collaborative tagging systems: a contextual semantic approach[C]//2016 Third International Conference on Systems of Collaboration (SysCo). IEEE, 2016: 1-6.

④ 李旭晖，李媛媛，马费成. 我国图情领域社会化标签研究主要问题分析[J]. 图书情报工作，2018，62(16)：120-131.

⑤ Chen W, Cai Y, Leung H, etal. Generating ontologies with basic level concepts from folksonomies[J]. Procedia Computer Science, 2010, 1(1): 573-581.

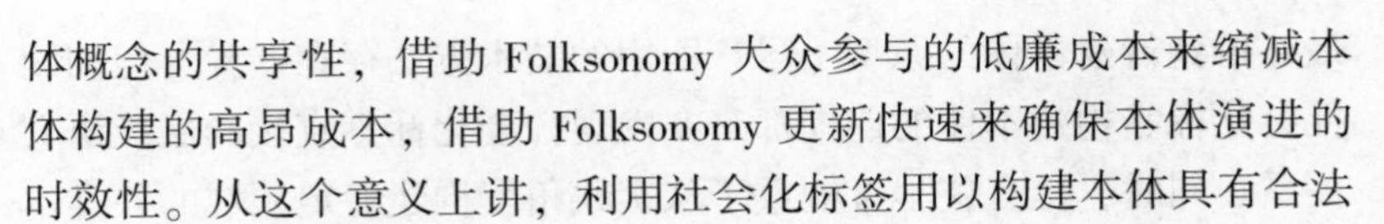

体概念的共享性，借助 Folksonomy 大众参与的低廉成本来缩减本体构建的高昂成本，借助 Folksonomy 更新快速来确保本体演进的时效性。从这个意义上讲，利用社会化标签用以构建本体具有合法性和合理性。

(2)在如何利用社会化标签构建本体方面，国内外学者也达成了一些共识。采用这种方式构建本体，能较好地体现网络环境下本体术语的新颖性，有效地弥补了依托受控词表构建本体的主要缺憾，但从扁平化无等级的标签集中确定合理规范的本体概念及概念关系却成为此类本体构建的难点。基于此，学者们在理论层面上尝试运用多种方法构建本体，如利用 3E 技术构建 folksonomized ontology①②、运用 SCA 聚类算法获取本体概念结构③、利用 FCA 和标签构建领域本体④或利用 FCA 实现异构资源本体的构建⑤、利用标签-概念映射方法构建本体⑥，利用 UMLS 实现社会化标注系统与本体的映射⑦等。以上种种研究都凸显出利用社会化标签构建本体是在方法上是可行的，其一般思路是先利用统计及聚类方法发现标签语义，进而建立标签与本体建模元语之间的语义映射关系，

---

① Alves H, Santanch A. Folksonomized ontology and the 3E steps technique to support ontology evolvement[J]. Web Semantics: Science, Services and Agents on the World Wide Web, 2012, 18(1): 1-12.

② Wang S, Wang W, Zhuang Y. An ontology evolution method based on folksonomy[J]. Journal of Applied Research and Technology, 2015, 13(2): 177-187.

③ Dou Y, He J, Liu D. A method for ontology construction derived from folksonomy[J]. International Journal of Services Technology and Management, 2012, 18(1): 88-101.

④ 张云中. 一种基于 FCA 和 Folksonomy 的本体构建方法[J]. 现代图书情报技术, 2011(12): 15-23.

⑤ 邱璇, 李端明, 张智慧. 基于 FCA 和异构资源融合的本体构建研究[J]. 图书情报工作, 2015, 59(2): 112-117.

⑥ 白华. 利用标签-概念映射方法构建多元集成知识本体研究[J]. 图书情报工作, 2015, 59(17): 127-133.

⑦ 王永芳, 郜杨芳. UMLS 语义网社会化络在标注系统中的应用研究[J]. 图书情报工作, 2017, 61(1): 89-99.

最终得到待建本体的原型。尽管所用的技术方法存在差异，但利用社会化标签构建本体的前提都是要发现社会化标签直接的层级语义关系。同时，也有些学者侧重于从实践角度构建特定领域的各类本体，诸如尝试通过网络文学标签构建网络文学书目本体原型①或构建文献混合本体②、通过在线商品分类体系构建商品本体③、运用潜在语义分析和标签构建健康本体④、通过用户生成的注释图像标签构建视觉本体⑤等，所建的本体多依赖于特定社会化标注系统的核心标签集构建而成。就本体构建的结果而言，国内外学者大多倾向于构建具有折中和融合意味的 tag ontology、folksonomized ontology 等，这种本体并非关注于某个领域的全部概念体系，而是侧重于特定社会化标注系统的资源组织概念体系，建成的本体多将其应用到社会化标注系统中作为导航之用。

综上，在把握国内外关于社会化标注系统与本体建立语义映射相关研究现状的基础上，本研究重新审视了两者建立语义映射的动因，一是完成社会化标注系统语义关系表达从自然语言向机器语言的转变和过渡，二是完成社会化标注系统单一语义关系向本体丰富语义关系的演变。在社会化标注系统中，通过借助语义本体在形式化程度高、语义规范、概念语义关系丰富、支持精准检索等方面的优越性，可以对社会化标注系统中标签语义进行规范化梳理和校正，并将符合作为本体构建术语选择标注的社会化标签集遴选出

---

① 吴琼，袁曦临. 基于 Folksonomy 的网络文学书目资源本体构建[J]. 图书馆杂志，2013(7)：27-31.

② 陈丽娜. 基于混合本体的文献分类研究——以计算机学科为例[J]. 图书馆理论与实践，2016(3)：52-56.

③ 蒋银，常娥. 基于淘宝网分类体系的数码产品本体构建研究[J]. 图书馆理论与实践，2017(3)：44-48.

④ Choi Y. Supporting better treatments for meeting health consumers' needs: Extracting semantics in social data for representing a consumer health ontology [J]. Information Research an International Electronic Journal，2016，21-28.

⑤ Fang Q , Xu C , Sang J , etal. Folksonomy-based visual ontology construction and its applications[J]. IEEE Transactions on Multimedia，2016，18(4)：1-5.

来，作为社会化标注系统的资源语义本体构建的核心术语，最终实现利用标签构建社会化标注系统本体、利用所建本体对社会化标注系统资源展开再组织。这样的转变使得社会化标注系统知识组织系统从自然语言语义为主的形态，过渡和转向了以机器语言语义为主的形态，使得社会化标注系统中的语义关系呈现方式更为丰富。

因而，本研究中社会化标注系统与本体建立语义映射的主要目标，是利用社会化标签建构适用于社会化标注系统的资源语义本体，进而利用该本体指导并规范社会化标注系统标签语义，最终提高社会化标注系统资源语义检索的效率。特别值得一提的是，本章中所指本体，并非一般意义上的领域本体，而特指社会化标注系统的资源语义本体，简称资源本体。资源本体强调对资源的内外部特征知识建模，主要服务于网络平台下(特别是社会化标注平台)基于资源本体的知识检索或基于资源本体树的知识导航，其适用面虽较窄，但对解决网络环境下资源的语义检索问题具有很大意义。

8.2 语义映射原理：从 Folksonomy 概念体系到 Ontology 概念体系

社会化标注的过程其实就是用户对资源自由添加标签的过程，在这个过程中形成了以用户集 U，资源集 R，标签集 T 为基础的三元关系模型 Tagging：(U，T，R)，一个 u-t-r 三元关系表示用户 u_m 对资源 r_j 添加了标签 t_i。在本研究的研究视域下，三元关系模型中起关键作用的是标签集和资源集，用户集的主要作用在于根据用户标记频率确定高频标签集及其对应资源集。

从认知的角度看，社会化标注的过程是对系统资源认知的过程，标签的本质是对网络资源外部特征或内容特征的描述。因而，就特定社会化标注系统中的高频标签集而言，其中标签的功能可大致划分为两类：一是描述资源内容特征的内容特征标签：主要用于描述网络资源内容中蕴含语义的一类标签，一般占比较高。二是描述资源外部特征的外部特征标签：主要用于描述网络资源作者、载体、编码等外部属性的一类标签，一般占比较低。

标签集涵盖了对资源外部特征和内容特征两个维度的描述，体现了用户群体对社会化系统中资源共享概念知识的基本认知，同时又是用户在社会化标注系统中组织和检索资源的媒介，因而，经过精炼的标签集可以作为资源本体构建的核心术语集。进一步而言，选用从社会化标注系统中遴选出的标签集-资源集作为数据源构建资源本体具有两点优势：一方面，选择精炼标签作为构建本体的术语更贴近用户且符合用户的资源描述及检索习惯，且精炼标签突出对资源内外特征的揭示，更契合于用户检索时关注资源内外特征的要求；另一方面，使用标签集-资源集作为数据源更强调标签与资源的对应关系，这种关系正是资源本体中“概念-实例”或“属性-实例”关系的体现，这弥补了一般性本体构建中重视概念而忽略实例的不足。

社会化系统与资源本体之间的映射，其关键是如何解决占主体地位的资源内容标签集及其对应资源集向资源本体的映射问题。实质上，内容特征标签集中标签之间的语义关系最为模糊、稀疏、复杂，要将其映射到资源本体，就必须通过社会化标注系统语义发现使标签语义清晰化。相反，外部特征标签集及其资源集向资源本体的映射，因为分类明确相对较为容易，工作量小，可由领域专家人工映射完成。

本研究将标签集和资源集一方称为已知空间(二元组)，将待建资源本体称为求解空间(五元组)，映射的本质就是建立二元组和五元组的联系。本研究认为，两者的映射关联应依托图 8-1 所示的架构建立：①运用社会化标注系统语义发现，获取 Folksonomy 概念体系；②以资源本体视角为导向对 Folksonomy 概念体系进行分析和解读，识别和析取概念标签、概念标签关系、属性标签和资源；③将析取的概念标签、标签关系、属性标签、资源分别映射为待建资源本体概念(即本体类，下同)、概念关系、概念属性、概念实例；④提取本体公理及推理规则，最终由本体的概念、属性、实例、公理及推理规则形成本研究所需构建的资源本体。

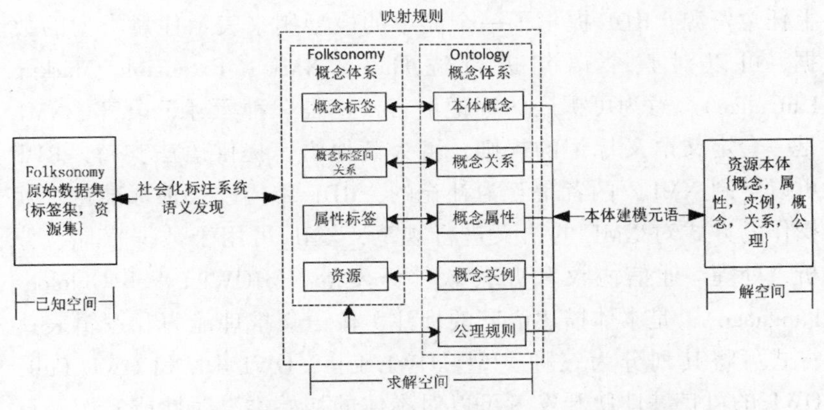

图 8-1　社会化标注系统与资源本体的映射示意图

8.3　实现语义映射的辅助工具：Protégé 及本体描述语言

常用本体构建工具主要有 Protégé、OntoLingua、OntoSaurus、0ilEdit、WebOnto 等六种，其中最为成熟和最常用的本体构建工具是 ProtéGé。ProtéGé 是由斯坦福大学编写开发的一个本体编辑器，界面简洁、易于用户学习使用。Protégé 采用树形层次的目录结构来显示，用户可通过点击相应的导航项目来添加本体的类、属性、实例等要素，且方便用户编辑。Protégé 工具相较于其他本体构建工具具有多重继承性、一致性检查和很强的可扩展性等优势，且易于使用，更新速度快、功能不断得到完善，本研究最终选择 Protégé4.1 作为电影领域本体的开发工具。

本体形式化描述语言是在本体构建过程中用于描述和表达知识本体的工具，作为本体表示的一种方式，语言的选择是非常重要的。当前，常用的基于 Web 的本体描述语言主要有：①RDF (Resource Description Framework)、RDFS(RDF Schema)：即资源描述框架，是 W3C 在 XML 基础上推荐的一种标准，可用于表示网络上任意资源，RDF 提出了一个简单的模型用来表示任意类型的数据，可以对整个语句进行说明。② XML（Extensible Markup Language），意为可扩展的标记语言，也是一种元标记语言，XML 是一套定义语义标记的规则，可为其他语言提供语法支持，RDF 可以定制 XML，两者是互为补充的，RDF 希望以一种标准化、互操作的方式对 XML 的语义进行规范，XML 可用于数据存储、分析、处理、通信协议和办公软件开发等。③ OWL（Web Ontology Language），是本体描述语言的标注，按语义推理能力和逻辑表达方式可将其划分为三种类型：OWL Lite、OWL DL 和 OWL Full，OWL 的可扩展性使开发者可以对本体的初始类、属性或实例进行再次扩展定义，使本体框架可以不断得到完善。

8.4 社会化标注系统与本体的语义映射模型

在厘清社会化标签与资源本体的映射关系的基础上，本研究提出社会化标注系统与本体的语义映射模型的主要思路：①从社会化标注系统中提取资源的高频标签集和资源集，通过标签清洗和标签合并获取精炼的标签集和相应的资源集，并划分为内容特征标签集-资源集和外部特征标签集-资源集两类；②将内容特征标签集-资源集装载到相应形式背景，通过逐级迭代的方式完成标签集-资源集关系向逐级本体架构的映射，得到资源本体原型（内容特征部分）；③将外部特征标签集-资源集使用专家分析和架构复用的方式映射到资源本体原型上；④在 Protégé 环境下由专家修改及完善资源本体原型中的概念和概念关系、属性、实例，补充本体的公理和推理规则，得到完整的资源本体，最终利用 Protégé 工具实现资源本体的形式化表示；⑤利用所建资源本体实现社会化标注系统资源语义检索或资源导航。

根据该思路，本研究构建了社会化标注系统与本体的语义映射模型，以阐明二者映射中的各个关键环节，模型如图 8-2 所示。

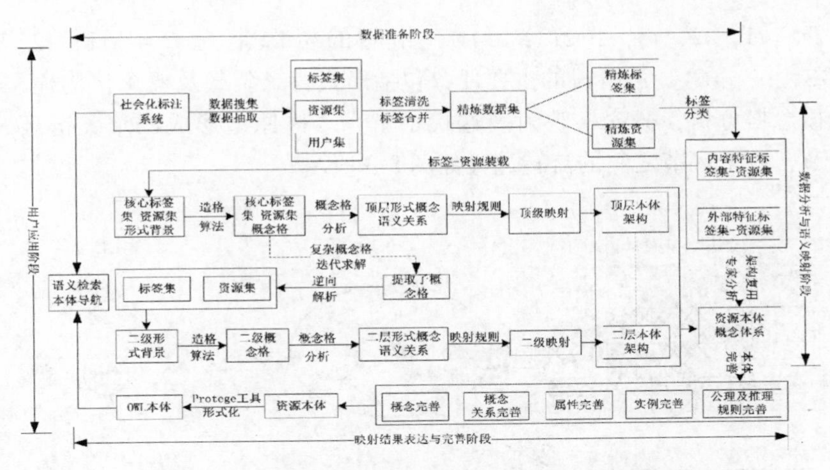

图 8-2　社会化标注系统与本体的语义映射模型

8.4.1　数据准备阶段

数据准备就是数据搜集和数据预处理的过程。数据搜集的主要任务是从选定的社会化标注系统中提取已经趋于稳定的资源集及其对应的用户集和标签集。数据预处理的内容主要涵盖标签清洗和标签合并。标签清洗是将与资源不匹配的、书写错误的标签修正或剔除掉，标签合并是将同一个资源中出现的多个，表达意思却完全一样的标签进行合并。另外，本体强调的是共享性，因此还需要剔除与频率较低小众标签，进而得出精炼的标签集-资源集。最后，对精炼数据集中的标签集进行分类，本研究将其分为内容特征标签集和外部特征标签集。

8.4.2　数据分析与语义映射阶段

8.4.2.1　内容特征标签集-资源集向资源本体概念体系的映射：基于概念格分析

为阐述方便，在此先设定数据准备阶段后得到的核心标签集为

T=｛$t1$，$t2$，$t3$，…$t13$，$t14$｝，相应的资源集为 R =｛$r1$，$r2$，$r3$，…，$r6$｝。该阶段的主要任务包括形式背景装载及概念格构建、概念格分析、概念格映射及迭代求解、本体原型形成四个关键环节，四个环节之间的流转过程如图 8-3 所示。

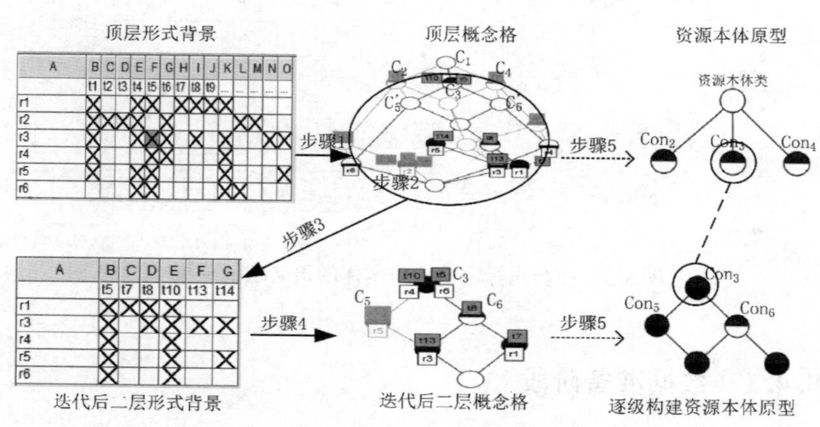

图 8-3　内容特征标签集-资源集向资源本体概念体系的映射

(1)形式背景装载及概念格构建

利用形式概念分析理论，把精炼得到的内容特征标签集-资源集〈R，T〉填充到二元表中，以标签集为概念属性，以资源集为概念实例，以"×"代表标签-资源的对应关系，形成顶层形式背景。概念格构建指利用造格算法或概念格构造工具(本研究使用 conexp1.3)将上述构建出的顶层形式背景二元表转化为相应的概念格。

(2)概念格分析

概念格分析旨在提取出概念格中每个节点的概念标签、属性标签、标签关系以及对应的资源集，最终形成 Folksonomy 概念体系。以图 8-3 所示的顶层概念格中的 C_3 节点为例，根据形式概念的标准表达式"概念名称(｛概念内涵集｝，｛概念外延集｝)"可将其表达为"C_3概念名称(｛t_5，t_{10}｝，｛r_1，r_3，r_4，r_5，r_6｝)"，其父节点为 C_1，兄弟节点是 C_2，C_4，下位概念是两个根据形式概念分析理论生成的隐含概念。概念格分析中，概念节点的命名是关键。C_3 节点中，

若标签 t_5 能高度概括节点 C_3 所表示的形式概念，则标签 t_5 就可视为概念标签，节点名称可用“标签 t_5+后缀＊”的方式命名，其他标签（如标签 t_{10}）则为属性标签，标签 t_5 和标签 t_{10} 的关系可视为概念-属性关系，概念节点对应的资源集为 $\{r_1, r_3, r_4, r_5, r_6\}$；反之，若不存在标签能高度概括节点 C_3 所表示的形式概念，则需领域专家协助为该节点命名，标签 t_5 和标签 t_{10} 都为属性标签，概念节点对应的资源集为 $\{r_1, r_3, r_4, r_5, r_6\}$。

（3）概念格映射及迭代求解

概念格映射是在概念格分析的基础上建立 Folksonomy 概念体系向资源本体概念体系的映射。映射规则如下：节点名称映射为资源本体概念；节点内涵映射为资源本体概念的属性；节点外延映射为资源本体概念的实例；节点关系映射为资源本体概念关系。以节点 C_3 的映射为例，命名为“t_5+＊”的节点名称可映射为资源本体概念，属性标签 t_{10} 可映射为资源本体概念“t_5+＊”的属性，节点外延集 $\{r_1, r_3, r_4, r_5, r_6\}$ 可映射为资源本体概念“t_5+＊”的实例，其与上位节点 C_1 的关系可映射为资源本体概念间的父类-子类关系。映射后的资源本体概念体系为 $O=(C, R, A, I)$，其他节点的映射可同理完成。

迭代求解：当形式背景中的标签集、资源集量级较大，所得概念格往往相对复杂，标签聚类之后会产生大量的隐含概念（如图 8-3 中 C'_5 和 C'_6）。实践中隐含概念直接向本体概念映射时往往存在概念命名困难、节点过多、节点层级结构复杂等缺陷，为此本研究引入了迭代映射机制。迭代方式采用逐级建格、逐级映射的处理方案，一方面回避了一次建格生成大量隐含概念不易映射的难题，另一方面，迭代映射仅仅是将一次构建概念格中产生的“爷-孙”关系拉近为“父-子”关系，本质上并没有影响标签间的上下级属分关系。以图 8-3 中迭代映射为例，隐含概念 C'_5 和 C'_6 的映射可通过迭代机制完成，先在顶层概念格中以隐含概念的父节点 C_3 为界提取子概念格，经逆向解析获取迭代后二层形式背景并生成迭代后二层概念格，此时，节点 C_3 的子节点变为 C_5，C_6，且迭代后所得二层概念格较之原概念格命名更简单、节点更少、节点层级结构更简单清晰。

(4)资源本体概念体系的形成

经过上述三个环节，完成内容特征标签集-资源集中所有元素向资源本体概念体系 $O=(C, R, A, I)$ 中四个元素集上的映射，实现资源本体核心概念及概念层级关系确立、资源本体概念属性和资源本体概念实例的添加，就可得到资源本体原型。

8.4.2.2　外部特征标签集-资源集向资源本体概念体系的映射：专家分析或本体复用

外部特征标签集-资源集映射的主要任务是将数据准备阶段形成的外部特征标签集及其相应资源集映射到资源本体上。该映射过程需要领域专家的协助完成，先根据外部特征标签集中的标签由专家人为设置相应的资源本体概念(一般包括时间、人物、机构、制作技术、地区、语言、载体……)，进而在这些资源本体概念下设置二级甚至三级类，也可复用已有的通用本体中的相近本体①，作为本体概念、本体概念的属性或者实例。该部分映射完成后即可得到完整的资源本体原型。

8.4.3　映射结果表达与完善阶段

社会化标注系统与本体之间语义映射结果表达与完善阶段的主要任务包括资源本体完善和形式化表示两部分。

资源本体完善的重点环节是由专家对本体公理及推理规则进行补充。资源本体的公理集包括一些永真断言，例如资源本体概念之间的继承关系、等同关系、不相关关系等。根据知识和公理得出的推理规则是扩展和电影资源内容特征或外部特征相关知识的重要依据，主要用于完善资源本体知识的外延和检测维护资源本体的一致性。另外也可由专家对资源本体中的概念、概念关系、属性、实例

① 高小龙，朱信忠，赵建民，等. 电影本体的构建与一致性分析[J]. 计算机应用，2014，34(8)：2192-2196.

根据需求进行合理的补充，如同义概念补充（以标签合并为依据）、对象属性（用以约束资源本体概念和概念之间关系，服务于本体推理）完善等。

资源本体的形式化是指利用 ProtéGé 构建并描述资源本体，并将其转换为相应的形式化编码的过程。ProtéGé 提供了可视化的本体构建环境，并且可以完成本体形式代码的自动化生成。

8.4.4　用户应用阶段

利用建构的社会化标注系统资源本体组织社会化标注平台中的网络资源，或建立基于语义的社会化标注系统检索平台，提供基于深度语义的资源检索方案；或建立基于本体的社会化标注系统资源导航，提供社会化标注系统导航新模式。

8.5　一个例证：豆瓣“电影”标签与电影资源本体的映射

科学技术的发展使电影制作展示愈发精良，电影种类层出不穷，电影资源逐日剧增。同时，电影网站已成为电影资源介绍、发布、推送、观看及评论的主流平台，利用社会化标签对电影资源进行标注也已成为新网络环境下电影资源组织的主流方式。这种新的电影资源组织方式允许用户自由地根据自我认知对电影资源添加标签，具有高度的自由性、便利性等优势，在我国广受电影迷喜爱的“豆瓣电影”网站就采用了这种组织方式。实践中，利用社会化标签组织电影资源并非有利无弊，由于用户认知程度的差异，使标签在使用过程中不可避免地出现规范性弱、语义模糊、同义和多样等问题①，因而在海量电影资源的淹没下，提高用户检索电影资源的

① 熊回香，邓敏，郭思源. 国外社会化标注系统中标签与本体结合研究综述[J]. 情报杂志，2013，32(8)：136-141.

效率已成为急需解决的问题，利用豆瓣“电影”标签与电影资源本体的映射或能成为求解问题的有效对策。

8.5.1　实验准备

(1)数据获取

本研究选取社会化网络社区-豆瓣电影 TOP250 榜单作为实验对象，该榜单最能体现豆瓣用户对电影资源的喜好程度、标记频度和检索热度，且榜单中的资源集标签相对稳定性高，适合获取质量较高的实验数据。本研究以榜单中排名前 50 位的电影资源作为数据源，以 2018 年 11 月 18 日为数据采集时间，采用八爪鱼数据采集器逐条获取电影资源及其高频标签集，并将整理后的原始数据集按照资源-标签的对应序列存储到 excel 表格中，获取电影资源 50 条，初始高频标签共 498 个。

对电影资源进行标注的高频标签集进行统计分析后发现，用于描述电影类型、题材、观影感受等电影资源内容特征的标签约占统计数据的 74.5%，用于描述电影上映时间、演职人员等电影资源的外部特征约占统计数据的 25.5%。以“豆瓣电影”中电影资源“肖申克的救赎”为例，其高频标签集为 T = {美国，信念，励志，自由，人性，经典，人生，1994，犯罪}，除标签美国、1994 外，其他标签皆属于第一类。

(2)数据精炼

数据精炼旨在通过标签清洗和标签合并获取精炼数据集。精炼数据集的标准主要体现在：①标签语义清晰、无歧义；②标签形式规范统一；③标签分布合理：内容特征标签与外部特征标签比例符合二八原则。以电影资源“天空之城”的原始标签集{宫崎骏、天空之城、宫崎駿、日本动画、日本、二次元、动画、宫崎峻、动画片}为例，标签“宫崎峻”因书写有误需要清洗修正；标签组“宫崎骏、宫崎駿”因异体字需合并为“宫崎骏”，标签组“日本动画、动画、动画片”因同义或近义需合并为“动画”。数据精炼后资源数仍为 50 条，高频标签剩余 396 个。最终的精炼数据集如表 8-1 所示。

表 8-1　电影资源-标签精炼数据集(部分)

电影资源	常用高频标签								
辛德勒的名单	剧情	人性	历史	经典	伤亡	战争	1993	美国	——
触不可及	喜剧	2011	温情	法国	剧情	温情	搞笑	温暖	——
肖申克的救赎	剧情	信念	励志	自由	人性	经典	人生	1994	美国
千与千寻	温情	温暖	动画	成长	二次元	人性	经典	日本	2001
霸王别姬	爱情	同性恋	人生	情感	剧情	经典	人性	文艺	1993
阿甘正传	剧情	人性	成长	信念	人生	励志	经典	搞笑	喜剧
这个杀手不太冷	经典	情感	爱情	人性	动作	温情	犯罪	剧情	温暖
机器人总动员	科幻	温暖	幻想	生态	动画	温情	情感	爱情	童话
……	……	……	……	……	……	……	……	……	……

8.5.2 实验过程

(1)内容特征标签集-资源集向电影资源本体概念体系的映射

根据表 8-1 所示的内容特征标签集及资源集构建形式背景，以标签集作为概念属性，以资源集作为概念实例形成二元表，利用概念格构造工具或造格算法将上述形式背景转化为顶层概念格，如图 8-4 所示。

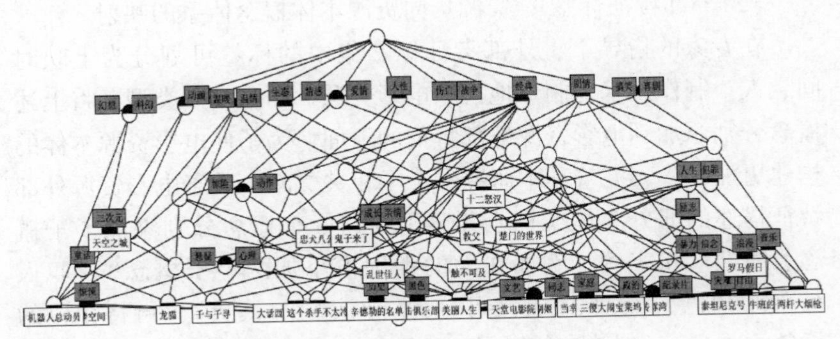

图 8-4　形式背景转化成的顶层概念格(部分)

依次按照概念格分析、概念格映射及迭代求解等环节对顶层概念格进行处理，最终得到的电影资源本体原型架构，如图 8-5 中区域 1“电影资源内容特征”部分所示。另外，映射后的部分本体属性和实例分别如图 8-5 中区域 2 和区域 3 所示。

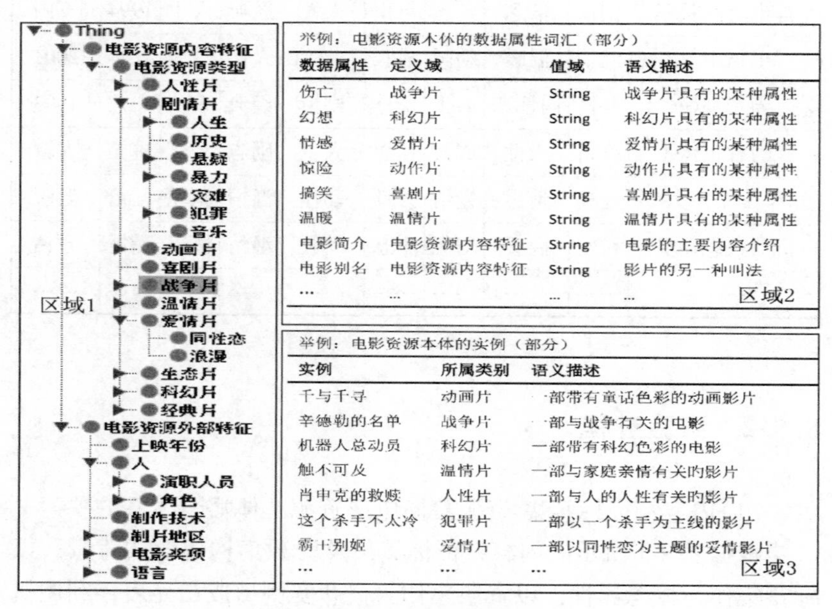

举例：电影资源本体的数据属性词汇（部分）

数据属性	定义域	值域	语义描述
伤亡	战争片	String	战争片具有的某种属性
幻想	科幻片	String	科幻片具有的某种属性
情感	爱情片	String	爱情片具有的某种属性
惊险	动作片	String	动作片具有的某种属性
搞笑	喜剧片	String	喜剧片具有的某种属性
温暖	温情片	String	温情片具有的某种属性
电影简介	电影资源内容特征	String	电影的主要内容介绍
电影别名	电影资源内容特征	String	影片的另一种叫法
…	…	…	…

举例：电影资源本体的实例（部分）

实例	所属类别	语义描述
千与千寻	动画片	一部带有童话色彩的动画影片
辛德勒的名单	战争片	一部与战争有关的电影
机器人总动员	科幻片	一部带有科幻色彩的电影
触不可及	温情片	一部与家庭亲情有关的影片
肖申克的救赎	人性片	一部与人的人性有关的影片
这个杀手不太冷	犯罪片	一部以一个杀手为主线的影片
霸王别姬	爱情片	一部以同性恋为主题的爱情影片
…	…	…

图 8-5　电影资源本体原型(部分)

(2)外部特征标签集-资源集向资源本体概念体系的映射

在专家的指导下，外部特征标签集中的标签可划分为上映时间、人、制作技术、制片地区、电影奖项、语言 6 个类型，将上述概念分别添加到电影资源外部特征的下面。为了使电影资源本体的构建更加科学、完善，本研究参考了相关文献中关于电影资源外部特征描述的部分本体架构，又分别为这 6 个概念分别添加了子概念、属性、和实例。例如在人的类别下添加两个子概念“演职人员”和“角色”，演职人员又可分为“导演”和“演员”，再将相应的标签添加到该分类结构下，得出的结果如图 8-5 中区域 1“电影资源外部特征”所示。

(3)映射结果表达与完善——电影资源本体的完善与形式化

本例中所涉及的电影资源本体完善主要包括本体概念完善、对象属性完善、公理及推理规则完善，如表8-2所示。

表8-2　电影资源本体的完善示例(部分)

本体概念	完善方式	语义描述	
战争片	同义概念“军事片”	亦称“军事片”，以战争史上重大军事行动为题材的影片	
同性恋	同义概念“同志”	由于语言的发展演变出的新意同性恋	
对象属性	定义域	值域	语义描述
采用技术	电影资源类型	制作技术	制作电影采用某种特殊技术
出演影片	演员	电影资源类型	演员出演某影片
执导影片	导演	电影资源类型	导演执导某影片
采用对白语言	电影资源类型	对话	电影人物对话使用某种语言
采用字幕语言	电影资源类型	字幕	电影屏幕上显示某种语言
扮演角色	演员	角色	演员在电影中扮演某角色
荣获奖项	电影资源类型	电影奖项	电影获得某奖项
上映时间	电影资源类型	上映年份	影片的具体上映年份
公理/规则	语义描述		
公理1	(?ardf:subClassOf ?b),(?b rdf:subClassOf ?c)=>(?a rdf:subClassOf ?c)		
公理2	(?ardf:subPropertyOf?b),(?brdf:subPropertyOf?c)=>(?ardf:subPropertyOf ?c)		
规则1	(?电影资源 MRO:演员?演员),(?演员 MRO:扮演角色 ?角色)=>(?角色 MRO:属于电影?电影资源)		
注释:“MRO”表示电影资源本体;“?”表示任意;“,”表示并列条件“=>表示推理			

在本体开发平台 ProtéGé4.1 中逐次添加上述过程中形成的电影资源本体概念及概念层级结构、属性(包括对象属性和数据属性)、实例，最终得出电影资源本体。图 8-6 展示了 ProtéGé4.1 中电影资源本体的概念、概念关系、属性(对象属性和数据属性)、实例等关键要素。图 8-7 从资源语义的视角展示了电影资源“这个杀手不太冷”的语义关系。由于 ProtéGé 本身不具备添加推理规则的功能，可在 Racer 及 jena 等推理机中添加推理规则进而实现电影资源本体推理功能。

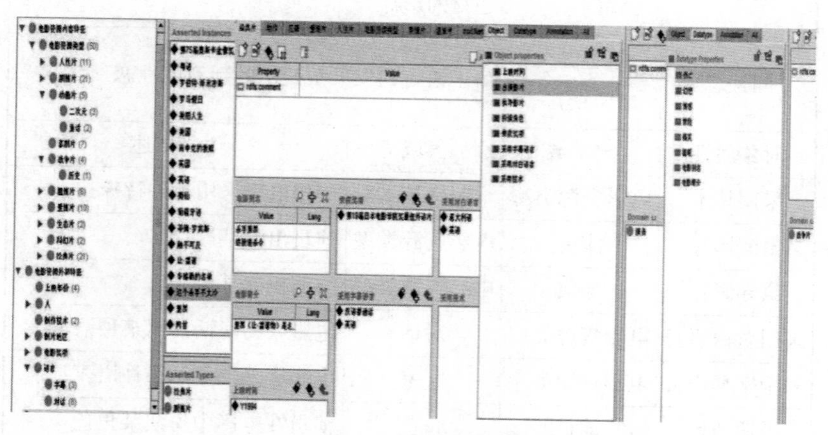

图 8-6 Protégé4.1 中电影资源本体概貌

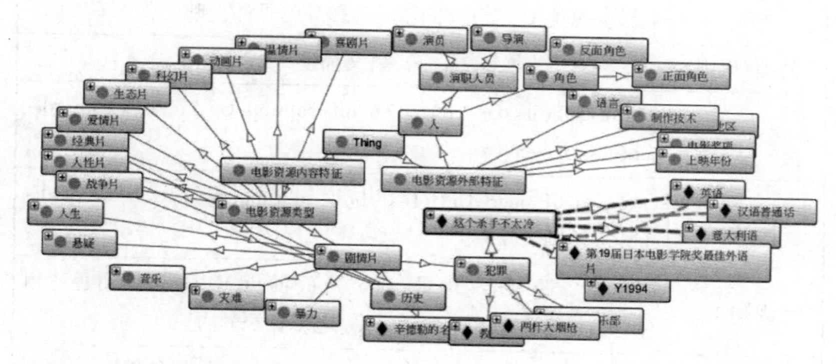

图 8-7 社会化标注系统中某影片电影资源本体中的语义关系

8.5.3 实验结果分析

根据实验可以看出，本研究提出的社会化标注系统与电影资源本体映射方案具有可行性和可操作性，建构在映射方案基础上的电影资源本体，解决了社会化标注系统中若干语义问题。

(1)建构在社会化标注系统与本体语义映射基础上的电影资源本体，其与标签间的语义无缝对接，可以实现两种知识组织系统的语义互通和互操作。电影资源本体从标签中遴选术语，综合考量了术语选择的颗粒度、新颖度，兼顾粗细语义粒度且吸纳了网络新术语。电影资源本体的术语源于用户对电影资源描述的社会化标签，除却粗颗粒术语外，还包括如“剧情”“历史”等中等颗粒的术语及“励志”“悬疑”“同性恋”等精细颗粒的术语。另外其术语吸纳了网络中涌现出的新词汇，例如“二次元”，兼顾粗细语义粒度且吸纳了网络新术语。

(2)电影资源本体揭示了更深层的电影资源语义。建构在社会化标注系统与本体语义映射基础上的电影资源本体，其并不苛求对全局知识的描述，而仅仅着眼于对电影资源内外部特征知识的揭示，只涉及资源内部特征和资源外部特征2个顶层类目，但语义层级的总深度达到了5级，为社会化标注系统平台中资源提供了专深、丰富、完善的语义描述。

(3)建构在电影资源本体上的用户服务更有针对性、更契合用户习惯。建构在社会化标注系统与本体语义映射基础上的电影资源本体，其术语遴选充分考虑了用户的标注习惯和检索习惯，更贴近用户的用词习惯，基于此资源本体的检索模式既可以支持分类浏览，又可以很好地支持关键词检索。另外，电影资源本体强调对电影资源的内外部特征知识建模，主要服务于网络平台下(特别是社会化标注平台)基于电影资源本体的知识检索或基于电影资源本体树的知识导航，其虽适用面较窄，但对解决网络环境下电影资源的语义检索问题更具针对性。

9　新的导航模式：社会化标注系统与主题图的语义映射

9.1　语义映射动因及目标：从标签云图到主题地图

采用社会化标注的方式组织数字资源优势明显，诸如集体智慧、更新及时、自由灵活、用户体验感强等，但标签语义规范性差、标签结构扁平化等固有缺陷导致的导航与检索问题也接踵而至①。传统的社会化标注系统里，资源的导航问题通常由设计直观、视觉冲击感强的标签云来展示和解决，标签云是一套相关的标签以及与此相应的权重，权重影响使用的字体大小或其他视觉效果，典型的标签云有30~150个标签。标签云图具备的优势鲜明，但缺陷同样鲜明：一是其导航结构仍然呈现扁平化，对标签间的关联缺少揭示，不利于用户对数字资源的浏览、查找；二是其虽然拉近了与用户的距离，但作为导航工具而言，背后缺少规范化、形式化、准确的数字资源组织模式作为支撑，因而对于社会化标注系统的资源导航而言，由标签频率高低形成的标签云图越来越难以胜任社会化标注系统的资源导航工作。

① Rath H. Topic maps：templates，topology，and type hierarchies［J］. Acoustics Speech & Signal Processing Newsletter IEEE，2000(2)：45-64.

社会化标注系统主题图的出现为解决社会化标注系统语义问题提供了另一条开辟性的道路，已成为学界诊治社会化标注系统中基于标签匹配实现资源检索与导航系列痼疾的一剂良药。主题图的核心三要素是主题(topic)、关联(association)和资源出处(occurrence)，通过精准描述主题及主题之间、主题与资源之间的形式化语义关系，可形成直观的可视化导航图，其规范化、形式化、准确性、可视化等优点与标签形成了鲜明的互补特色，可以推测两者的结合是解决数字资源社会化标注系统缺陷行之有效的方案，而实质上已有诸多学者照此思路展开了一些有特色的研究①②③④，尝试从不同角度建立标签与主题图之间的映射关系。本研究旨在参考国内外既有研究的基础上，重构社会化标注系统三元组向主题图三要素之间的映射方案，尝试采用社会网络分析、形式概念分析等量化工具，使得建立社会化标注系统与主题图间映射的过程更为科学、严谨且尽量弱化主观性，以期利用主题图揭示更精准的语义和展示更精确的导航。

实质上，国内外已有一些从这个思路出发的探索性研究，形成了一批可以借鉴的研究成果，这些文献关注的核心问题有如下两点：

(1)主题图能否拨开标签云的天空？这是一个源自 TMRA2007 会议的一个形象比喻⑤，其本质是探讨主题图和社会化标注系统结合的可行性，换言之，这是建立主题图和社会化标注系统的前提和基础。该类研究多从社会认知、技术实现等角度探讨二者的结合问

① 陈婷，胡改丽，陈福集，等. 社会化标注环境下的数字图书馆知识组织模型研究——基于标签主题图视角[J]. 情报理论与实践，2015，38(3)：63-70.

② 胡娟，程秀峰，叶光辉. 基于主题图的学术博客知识组织模型研究[J]. 图书情报工作，2012，56(24)：127-132.

③ 项兴彬. 建筑企业知识标签主题图构建研究[J]. 信息系统工程，2016(4)：96-97.

④ Liu J T, Fang R M. Research on the Visualization of Nanyin Characteristic Resources Based on Topic Maps[C]. ACSR-Advances in Comptuer Science Research，2018：358-362.

⑤ Cleaning the skies：from tag clouds to topicmaps[EB/OL]. [2018-04-29]. http://www.topicmaps.com/tm2007/lavik.pdf.

题，例如 Hendel D① 从社会和认知角度对主题图在社会网站中的应用进行考察，肯定了主题图与标签结合的可行性；陈婷②则从知识组织、语义关联和技术互补等角度肯定了标签与主题图结合的可行性。国内外学者均普遍认可采用二者结合的方式优化数字资源组织。

（2）主题图如何拨开标签云的天空以建立二者映射？关于如何利用标签主题图结合，国内外学者采用的方法及应用的领域呈现多样化：Fujimura K③ 在博客导航系统中采用数据挖掘技术，用主题图对大规模的标签云进行整理和序化以揭示标签关系；熊回香④和邓敏⑤在标签分类的基础上抽取主题类型并主观赋予主题关联以实现豆瓣电影标注系统中的主题图构建；夏立新等⑥在知识专家学术社区构建领域介绍了 Fuzzy 标注系统中利用主题图实现标签互联的方案；项兴彬⑦对工程建设中的标签资源进行了主题类型、关联、资源指引定义，建立起标签-主题图的资源组织模型。Wang H C⑧

---

① Hendel D，Kuzhabekova A，CHAPMAN W. Mapping global research on international higher education[J]. Research in Higher Education，2015，56(8)：861-882.

② 陈婷，胡改丽，陈福集，等. 社会化标注环境下的数字图书馆知识组织模型研究——基于标签主题图视角[J]. 情报理论与实践，2015，38(3)：63-70.

③ Fujimura K，Iwata T，Hoshide T，etal. Geo topic model：Joint modeling of user's activity area and interests for location recommendation [C]//ACM international conference on web search & data mining. New York：ACM，2013：375-384.

④ 熊回香，邓敏，郭思源. 标签主题图的构建与实现研究[J]. 图书情报工作，2014，58(7)：107-112.

⑤ 邓敏. 基于主题图的标签语义挖掘研究[D]. 武汉：华中师范大学，2014.

⑥ 夏立新，张玉涛. 基于主题图构建知识专家学术社区研究[J]. 图书情报工作，2009，53(22)：103-107.

⑦ 项兴彬. 建筑企业知识标签主题图构建研究[J]. 信息系统工程，2016(4)：96-97

⑧ Wang H C，Chiang Y H，Huang Y T. Consider social information in construction research topic maps[J]. Electronic Library，2018，36(2)：220-236.

在数据收集、元素抽取的基础上使用开放目录项目并融合社交信息，建立了新型的主题图以服务知识管理。

综上，既有研究提供了非常有价值的求解框架，但从语义映射的角度而言，也仍然有尚未解决好的问题，主要包括：①主题类型的遴选多采用标签分类基础上参考既有分类标准自定义主题类型，由此方式产生的主题类型语义粒度粗放；②主题关联关系的确定多依赖主观，缺少客观的分析过程及参照标准；③资源指引往往被忽视，缺乏资源集向资源指引的映射。换言之，概念体系中"外延"要素的映射过程未被凸显；④主题类型和主题的定义侧重于对信息资源外部特征的描述，忽视了对资源内容特征的揭示。

回归到源点来看，国内外学者关注"主题图能否拨开及如何拨开标签云的天空？"的疑问，从本质上讲，就是对建立社会化标注系统与主题图语义映射动因的深层思考。主题图作为一种建立在形式化语言基础上的新的导航模式，为社会化标注系统提供了另一种完全不同于标签云图的资源导航新模式。

鉴于此，本研究认为两者映射的最大动因就是为社会化标注系统资源导航提供了从标签云图向主题地图转变的可能性。必须要坦诚承认的是，当前网络环境下，将主题图作为网络信息资源组织、整合、导航工具成为越来越多学者的首选，利用主题图实现昆曲网络资源导航①、妈祖文化信息资源展示②、非物质文化遗产数字资源整合③、安全科学领域期刊论文展示④、情感分类及特征提取⑤

① 许鑫，霍佳婧. 面向文化旅游开发的非遗信息资源组织——以昆曲为例[J]. 图书馆论坛，2019，39(1)：33-39.

② 曾佳雯. 基于主题图的台湾文化旅游信息资源组织研究——以妈祖文化为例[J]. 图书馆研究与工作，2018(6)：25-29.

③ 施旖，熊回香，陆颖颖. 基于主题图的非物质文化遗产数字资源整合实证分析[J]. 图书情报工作，2018，62(7)：104-110.

④ Li J，Hale A. Output distributions and topic maps of safety related journals[J]. Safety Science，2016，82：236-244.

⑤ Xia LX，Wang ZY，Chen C，Zhai SS. Research on future-based opinion mining using topic maps[J]. Electronic Library，2016，34(3)：435-456.

等典型应用已经不胜枚举，主题图所提供的以浏览导航和检索导航为核心的知识导航机制及以知识推荐为核心的知识服务模式①，为新网络环境下的知识导航与知识服务指明了全新的方向。在此背景下，社会化标注系统的资源整合与导航，便不能以单一的标签云图为满足，而应该与当前最主流的网络资源导航模式相适应，从这个角度上讲，实现基于主题图的社会化标注系统资源导航势在必行。

建立社会化标注系统与主题图的语义映射的目标在于建立社会化标注系统各要素与主题图各要素之间的对应语义关系，也就是 Folksonomy 概念体系到主题图概念体系之间的语义映射，从而实现对社会化标注系统资源的再组织，在对社会化标注系统资源形式化描述的基础上提供浏览导航、检索导航等社会化标注系统资源导航的新方式。

9.2 映射原理：从 Folksonomy 概念体系到主题图概念体系

社会化标注系统与主题图的语义映射，可抽象为建立社会化标注系统{标签集，资源集}集合向主题图{主题，关系，资源指引}之间的映射，其本质是建立从 Folksonomy 概念体系到主题图概念体系的概念映射。

社会化标注系统与主题图的语义映射的要点如下：一是要素升维。社会化标注系统{标签集，资源集}集合的本质是二元组，而主题图{主题，关系，资源指引}集合的本质是三元组。所以必须借助 Folksonomy 概念体系，将原始的社会化标注系统{标签集，资源集}集合升维后再与主题图{主题，关系，资源指引}建立映射。

① 杜智涛，付宏，李辉. 基于扩展主题图的网络“微信息”知识化实现路径与技术框架[J]. 情报理论与实践，2017，40(12)：75-80.

升维的解决方案前文已有阐释，不再赘述。二是结果表达。映射关系建立后，需选用合适的语义表达工具，对映射结果进行形式化表达，从而对接用户服务的需求。

国内外同类研究建立此映射的一般思路是将标签分类进而映射为主题类型及主题，主观性分类产生的标签间关系映射为主题关系，资源的 URI 标识映射为资源指引。本研究在文献述评中也提及了目前这种主流映射方式的局限，为了弥补上述局限，本研究拟定了新的映射方案：

(1)采用先聚类再分类的处理方式以自底向上的聚类代替主观性自顶向下的分类，完成标签向主题类型及主题的映射，使得主题划分更科学，语义粒度更细致。

(2)采用以概念关系分析的客观方式提取主题间关系，以代替人为自定义的主题关系，完成标签关系向主题关系的映射，使得类属、相关等关系的确立更客观。

(3)给出详尽的聚合资源指引方案，完成资源集向资源指引的映射，使得资源能以聚合的形式展示和导航。

综上，社会化标注系统与主题图的语义映射的基本原理如图 9-1 所示。

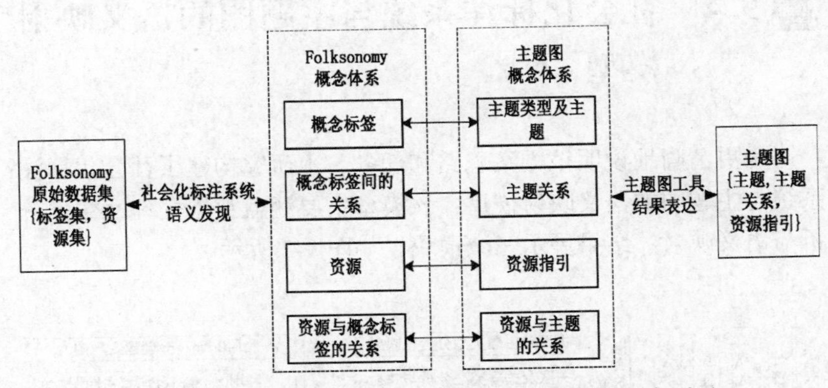

图 9-1　社会化标注系统与主题图的语义映射的基本原理

9.3 实现语义映射的辅助工具：Ontopia

目前较为主流的主题图构建工具有 TM4J、tinyTIM、XTM4XMLDB 和 Ontopia。主题图的构建工具是为主题图应用程序及其开发人员提供的主题图创建、维护、存储、展示等功能的工具。目前国外已开发的主题图技术工具主要分为三大类型：主题图引擎、主题图编辑器以及可视化工具。

目前已有的主题图引擎包括：Omnigator、TM4J、Perl XTM；主题图编辑器包括：TMTab、Topincs、TM4L Editor Viewer；可视化工具包括：XSiteable、TMview、StarTree、TM3D。在主题图技术工具中，大多数只包含主题图的一项功能，但也有包含主题图引擎、主题图编辑器及可视化工具为一体的工具，即 Ontopia 公司开发的 Ontopia Knowledge Suite(简称 OKS)就是集主题图引擎、主题图编辑器和主题图可视化工具为一体的主题图工具，其是目前最完善、功能最齐全的开源主题图工具。本研究将使用此软件进行基于主题图的社会化标注系统资源聚合的研究。

9.4 社会化标注系统与主题图的语义映射模型

为更清晰地说明该方案思路和任务，本研究构建了社会化标注系统与主题图的语义映射模型，该模型主要涵盖数据处理、数据分析与语义映射、结果展示三个模块，如图 9-2 所示。

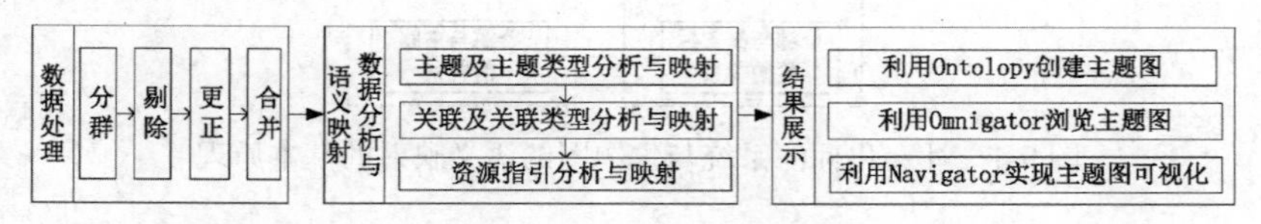

图 9-2　社会化标注系统与主题图的语义映射模型

9.4.1 数据处理模块

数据处理模块旨在将社会化标注系统中抽取出的{资源集，标签集，标签-资源关系集}展开预处理，为数据分析与语义映射模块奠定基础，数据预处理的关键环节包括分群、剔除、更正和合并：①分群：本研究侧重从资源内容特征的角度建立社会化标注系统与主题图的映射，因而需先将标签按照描述资源外部特征和内容特征进行区分，描述资源内容特征的标签集是本研究着重关注的数据对象；②剔除：将无标签描述的资源及一些无意义或无效的标签去除；③更正：错拼、错写的标签修改；④合并：英文缩写、单复数、大小写、人名地名的合并。

9.4.2 数据分析与语义映射模块

数据分析与语义映射模块旨在获取的精炼数据集基础上利用特定的分析方法展开主题及主题类型分析与映射、关联关系分析与映射和资源指引分析与映射，建立{资源集，标签集，标签-资源关系集}向{主题类型集，主题关系集，资源指引集}的映射关系。

数据分析与语义映射模块的功能实质包含了两个环节：一是结合映射问题先通过“基于形式概念分析的社会化标注系统语义发现”建构 Folksonomy 概念体系，二是将 Folksonomy 概念体系与主题概念体系建立映射关系。

数据分析与语义映射模块既有对前文“基于形式概念分析的社会化标注系统语义发现”的继承，又有结合具体映射问题时的变革：不仅在建构 Folksonomy 概念体系的聚类方案上采用了分层逐级聚类的方式来提高聚类的准确度，而且结合主题图的要素重点和需要，所建构的 Folksonomy 概念体系不再关注属性标签及概念标签-属性标签关系。

(1) 主题及主题类型分析与映射

主题是主题图中描述知识的基本构成单元，是对客观事物的抽象化描述。主题可以划分为群，谓之主题类型，一个主题可以归属于一个以上主题类型。主题类型不仅可以从资源外部特征中提取，还可以从资源内容特征中抽象而出。社会化标注系统中的标签集兼顾对资源内外部特征的描述，因而，从中遴选和提取主题及主题类型是依托主题图实现社会化标注系统资源聚合的不二选择。

本研究侧重从资源内容特征的角度建立主题图，故重点以揭示资源内容特征的精练“标签-资源”数据集为数据源，采用“先聚类再分类”的处理思想，通过构建高频标签共现矩阵，进而利用社会网络分析工具判定标签间语义距离之远近亲疏，据此将标签集聚类为若干标签群，借以发现主题类型，如图 9-3 所示。本研究中高频标签的遴选与文献计量中高频关键词遴选方案异曲同工，在此不予赘述。另外，为保障聚合分析的正确性，本研究采用两种聚合工具——NetDraw 和 NodeXL 互为印证。综上，所遴选的高频标签可视为主题，聚合而出的标签群冠名后即为主题类型。

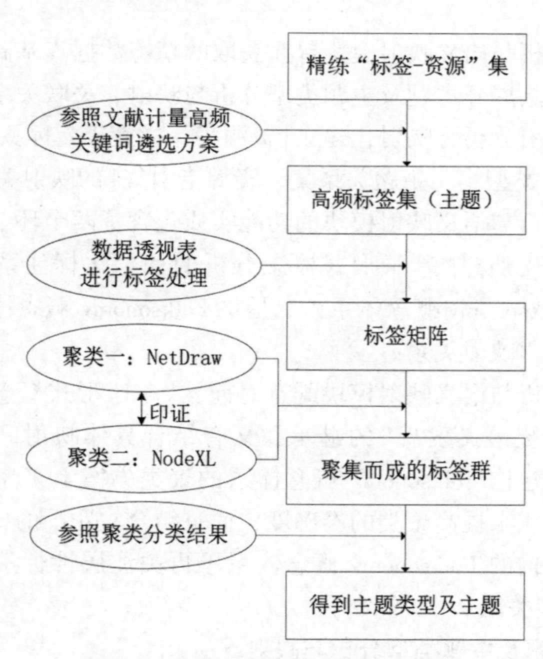

图 9-3　主题及主题类型发现与映射

(2)关联及关联类型的分析与映射

关联是揭示主题之间语义关系并连接相关主题形成完整的语义网络的关键要素，其设立以参考专家经验自定义语义关联为多见，但难脱主观之嫌。为此，本研究采用应用数学中的形式概念分析方法来识别判定主题间语义关系，使得分析过程更为客观。

接上步，以聚类后选定的一个主题类型(即聚类所得的某个标签群)及其所含主题(即标签群中所含标签)为数据源，将该主题类型所蕴含数据按照“标签-资源”的二元关系装载入形式背景，进而转换为概念格得到标签间的层级关系，其本质是利用聚类算法将具有相同主题的资源进行聚集，使得主题类型中的主题呈现出从无序到有序的结构。假定图 9-4 中所示的形式背景由某主题类型所含数据装载而得，标签 i 为形式概念的内涵，资源 j 为概念的外延，以“×”代表标签-资源的对应关系，可将其转换为图 9-4 所示的概念格。该概念格中，节点 1 与节点 2 为概念属分关系，可以此为依据推理主题 A 与主题 D 为属分关系；类似地，节点 2 与节点 3 的交集为节点 4，两者为相关关系，可据此主题 B 与主题 D 为相关关系。因而，以形式概念分析为工具，可从资源内容特征的角度揭示标签之间的包含、属分、相关等多种关联类型，此即是关联及关联类型分析与映射。

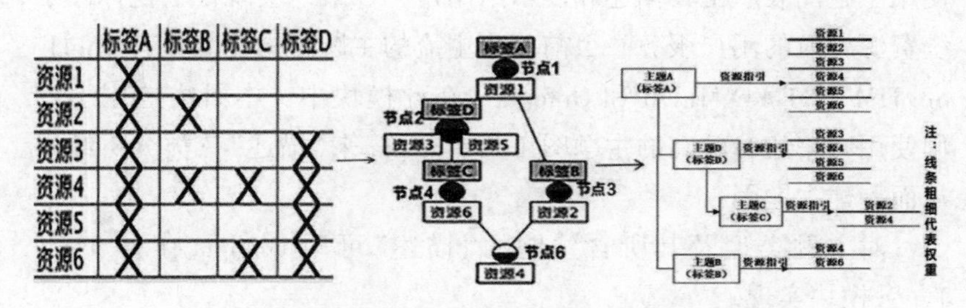

图 9-4　关联、关联关系分析和资源指引分析与映射

(3)资源指引分析与映射

资源指引是指确立主题及主题关联之后，在相应的主题下链接

资源实体的过程。资源实体是独立于主题图外的描述特定主题的网页、图片、数据、文本、视频等各种资源，可为社会化标注系统中的固有资源，亦可通过拓展链接社会化标注系统之外的资源，其一般采用 HTML、URI、Number、Datetime、String、Image 等资源指引类型来界定主题类型和资源实体的关系。本研究着重关注对社会化标注系统资源的权重指引，强调通过建立资源指引与标签资源集之间的映射关系，实现基于主题图的资源聚合与导航。以图 9-4 右半部分为例，确立主题关系后，不难发现作为外延的资源是存在层级关系的，依据形式概念分析理论，可将其解释为概念外延的逆向继承性。在资源检索时，这种逆向继承性可以用以描述所获资源的权重，供排序和优先推荐之用。举一例，未建立聚合式资源指引前，检索标签 D，可以检到资源 3，资源 4，资源 5 和资源 6，各资源权重相同；采用聚合式资源指引后，仍可检索到上述资源集，但资源权重有别，资源 3 和资源 5 的排序和推荐应优先于由逆向继承产生的资源 4 和资源 6。

9.4.3　结果展示模块

结果展示模块旨结合特定的主题图构建工具，将三类分析结果使用主题图表示工具描述和展示给用户，以最终实现社会化标注系统资源导航的用户服务。目前较为主流的主题图构建工具有 TM4J、tinyTIM、XTM4XMLDB 和 Ontopia。在此模块中，本研究选用学者们使用频率相对较高的主题图工具 Ontopia 来“描述”三类分析结果从而构建主题图：

对主题类型及其所含主题的“描述”可用 Ontopia 中的 Topic Types 模块实现。

对关联及关联关系的“描述”可用 Ontopia 中的 Association Types 模块创建，可描述的关联关系涵盖包含关系、属分关系、相关关系等。

对资源指引的“描述”可用 Ontopia 中的 Occurrence Types 模块

创建与对应主题相关的资源属性、资源类型和资源链接。

基于主题图的资源导航结果可通过 Omnigator 的主页面来展示，用户可直接浏览主题、关联关系、资源指引及其指引所给出的链接，并通过点击链接，到达相应的信息资源，从而将内部的主题、关联等和信息资源联系起来。基于主题图的资源导航结果亦可通过 Navigator 来实现主题图可视化，将主题与主题之间的关系形成一个用以表达语义的网状结构。通过对主题所表示出的关联进行追踪查询，可以了解更多相关资源，提高检索系统的查全率。

9.5　一个例证：NARA 的数字档案标签与主题图的映射

利用社会化标注系统组织数字档案资源是近年来档案实践领域兴起的资源组织新方案，美国 NARA 的公民档案标注系统即是此类实践活动中的最佳示范，受到了档案领域学者及档案爱好者的广泛青睐。采用社会化标注的方式组织数字档案资源优势明显，诸如集体智慧、更新及时、自由灵活、用户体验感强等，但标签语义规范性差、标签结构扁平化等固有缺陷导致的检索与导航问题也接踵而至，借助其他知识组织方法对标签语义进行优化，实现基于语义的数字档案资源聚合成为学者们破解该难题的共识①。

本研究以 NARA 数字档案标注系统的资源聚合为例，重构了社会化标注系统三元组向主题图三要素之间的映射方案，采用社会网络分析、形式概念分析等量化工具更加科学严谨地建立了从社会化标注系统三元组到主题图三要素的映射，从而确保利用主题图描述更精准的语义和展示更精确的导航。

① 白华. 利用标签-概念映射方法构建多元集成知识本体研究[J]. 图书情报工作，2015，59(17)：127-133.

9.5.1 数据获取与清洗

本研究主要以 NARA 数字档案馆中 Citizen Archivist Dashboard 板块的 tagging missions 英文标签资源作为数据源，用八爪鱼采集器抓取其中一个 tagging mission"Women at War"下用户对其 381 件档案标注的标签，到 2017 年 9 月 26 日为止共计 1836 个，本研究将获取的标签导入 Excel 表格中使用筛选、替换、查错、排序等功能进行分群、剔除、更正、合并等人工清洗操作，清洗规则见表 9-1，得到最终的档案记录数是 248 条，标签数是 1695 个。

表 9-1 数据清洗规则示例表

清洗顺序及依据	示例	操作
1 无标签的资源	Nationalarchives identifier = 44266358	删除 44266358 这条档案
2 管理员标签无实质含义标签	amam-ts1	删除仅有 amam-ts1 标签的档案
3 错拼	Wolrd War II	修正为 World War II
4 缩写、单复数、大小写	Women's Army Corps = WAC Women = woman	合并为 Women's Army Corps 合并为 women
5 人名、地名合并整理	Women Marines、Marines	合并为 Women Marines
最终结果记录数、标签数	记录数：248 标签数：1695	

标签清洗整理后，本研究借鉴文献计量学中高频关键词选取的思路提取出高频标签，如表 9-2 所示。词频筛选规则为：先取词频

2 以上的标签共计 92 个，词频中位数为 4，然后将词频 4 及以上的标签作为高频标签。

表 9-2 高频标签筛选表

序号	标签	词频	序号	标签	词频
1	women	110	23	recruiting	8
2	World War II	80	24	red cross	8
3	World War I	67	25	uniforms	8
4	women war workers	45	26	suffragists	7
5	posters	25	27	welding	7
6	nurses	20	28	World War II Posters	7
7	united states army	17	29	food	6
8	War posters	17	30	United States Navy	6
9	Women's Army Corps	16	31	Vassar College	6
10	American red cross	14	32	women in war	6
11	France	14	33	Women's Bureau	6
12	New York	14	34	ambulance drivers	5
13	African Americans	13	35	Food Administration	5
14	women's army auxiliary corps	13	36	hats	5
15	women workers	13	37	Patriotism	5
16	farming	10	38	Women in World War II	5
17	gas mask	10	39	women's history	5
18	flag	9	40	american flag	4
19	Munitions	9	41	Bermondsey	4
20	British	9	42	California	4
21	factory	8	43	civil war	4
22	feminism	8	44	coast guard	4

续表

序号	标签	词频	序号	标签	词频
45	food conservation	4	50	Massachusetts	4
46	homefront	4	51	national history day	4
47	Indiana	4	52	spars	4
48	machine guns	4	53	Washington D. C.	4
49	Marine Corps	4	合计	——	702

根据表 9-2 给出的高频标签，可得到标签是 53 个，总标签词频数为 702，然后使用 excel 里的数据透视表，得出 53 * 53 的共现矩阵(限于篇幅，只给出部分，如表 9-3 所示)。

表 9-3　标签共现矩阵(部分)

	African Americans	ambulance drivers	american flag	American red cross	Bermondsey	British	California	civil war	coast guard	factory	farming	feminism	flag	food
African Americans	13	0	0	0	0	1	2	0	0	0	0	0	1	0
ambulance drivers	0	5	0	0	0	0	0	0	0	0	0	0	0	0
american flag	0	0	4	0	0	0	0	0	1	0	0	1	4	0
American red cross	0	0	0	14	0	0	0	1	0	0	0	0	0	1
Bermondsey	0	0	0	0	4	1	0	0	0	4	0	0	0	0
British	1	0	0	0	1	9	0	0	0	0	0	0	0	0
California	2	0	0	0	0	0	4	0	0	0	0	0	0	0
civil war	0	0	0	1	0	0	0	4	0	0	0	0	0	0
coast guard	0	0	1	0	0	0	0	0	4	0	0	0	0	0
factory	0	0	0	0	4	0	0	0	0	8	0	0	0	0

续表

	African Americans	ambulance drivers	american flag	American red cross	Bermondsey	British	California	civil war	coast guard	factory	farming	feminism	flag	food
farming	0	0	0	0	0	0	0	0	0	0	10	1	0	0
feminism	0	0	1	0	0	0	0	0	0	0	1	8	1	0
flag	1	0	4	0	0	0	0	0	0	0	0	1	9	0
food	0	0	0	1	0	0	0	0	0	0	0	0	0	6

标签共现矩阵中，每个数字对应的是其行标签与列标签的共现次数，数字大小代表两个标签的关联关系的强弱。共现标签间的关联关系也间接体现了被其标注的档案资源的关联关系，通过对标签及标签间关系的分析，可实现基于主题图的 NARA 数字档案资源聚合。

9.5.2 数据分析与语义映射

(1)主题及主题类型分析与映射

本研究旨在通过聚类分析判定标签关系的强弱进而发现主题类型及其所包含主题，为确保聚类结果的精准性，本研究采用 NetDraw 和 NodeXL 两种聚类工具分别聚类、相互印证。

将前文所得 53 * 53 的共现矩阵导入 NetDraw 中，通过“分析(Analysis)”菜单中的“中心性测量(Centrality Measures)”功能，使用“Degree(描述特定节点到其他节点的直接联结数目)”作为测量要素，对所选高频标签在网络中的中心地位及标签间的语义亲疏展开聚类分析，可直观地看到 women、World War Ⅰ、World War Ⅱ、posters 四个大节点为本例的四个主题类型，与各主题类型有关联的高频标签为其所含主题，如图 9-5 左侧所示。同理，将标签共现矩阵导入 NodeXL 中，运用 NodeXL 聚类功能并选择相应聚类算法进行聚类分析，将标签集聚类为标签群，得到如图 9-5 右侧所示的四个标签共现关系类团，可以看出，其主题类型亦为 women、World War I、World War II、posters。综上，本研究将 women、World War I、World War II、posters 这四个关键标签作为“Women at War”这个 tagging mission 里标签的主题类型。由此，建立了 Folksonomy 概念标签与主题图中主题类型之间的映射关系。

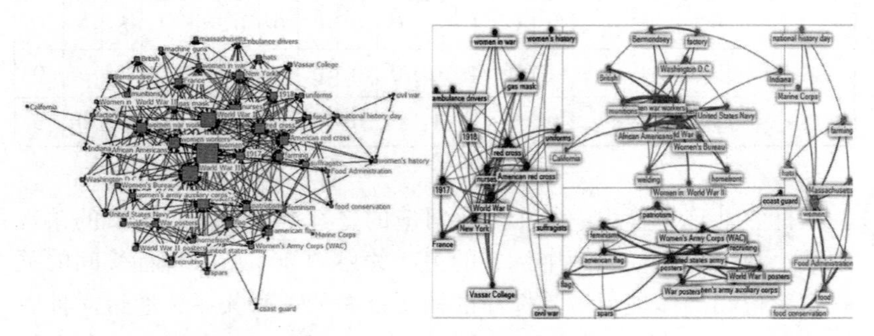

图 9-5　“Women at War”聚类结果对比分析

(2)关联及关联类型分析与映射

该阶段旨在分析所得的主题类型及主题间的关联关系与关联类型。以“posters”主题类型及其所涉及的主题为例，利用形式概念分析理论，将其所含主题集-资源集填充到二元表中，以主题为形式概念的内涵，以档案资源为概念的外延，以“x”代表主题-资源的二元关系，构建形式背景，然后利用概念格构造工具(conexp1.3)将上述形式背景转化为相应的概念格 Hasse 图，对主题实现层次化的聚类，如图 9-6 所示。本研究对该 Hasse 图中内涵和外延进行分析，总结归纳出三种关系：属分关系、包含关系、相关关系。举例来说，顶层的 posters 作为主题类型包含了所有主题，这就是包含关系；主题 flag 和主题 american flag 体现了形式概念的上下位继承关系，则主题 american flag 是主题 flag 的子主题，体现主题间的属分关系；主题 united states army 和主题 women's army corps 则是相关关系。其他关联关系就不一一赘述了。至此，本研究逐一建立了

Folksonomy 标签关系与主题图中主题关系的语义映射。

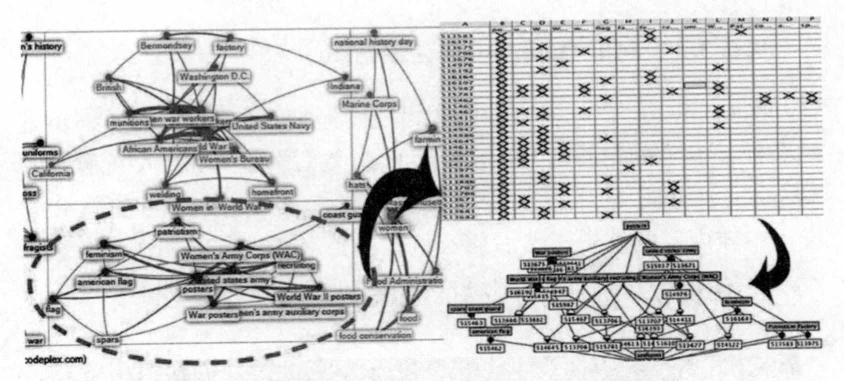

图 9-6　主题类型 posters 及其主题的 Hasse 图

(3)资源指引分析

将在上一步的基础上进行分析，在相应的主题下链接资源实体。仍以主题类型“posters”中的主题“flag”和主题“american flag”为例，根据前文分析结果，主题“american flag”的链接资源应为 515462、514947、513673、533765 共 4 件案卷，而主题“flag”的链接资源应为 31488352、26432783、6788430、533657、535600、515462、514947、513673、533765 共 9 件案卷，结合本研究所用形式概念分析理论可知，其中后 4 件案卷可视为从主题“american flag”处逆向继承得来。采用这种聚合式资源指引方式后，若以“flag”为检索词，其返回 9 项结果中，案卷 31488352、26432783、6788430、533657、535600 的排序应优先于其他 4 件案卷。至此，本研究建立了 Folksonomy 中资源与主题图中资源指引间的语义映射。

9.5.3　基于 Ontopia 创建关于 NARA 数字档案标注系统的主题图

本阶段利用 OKS 中的主题图编辑器 Ontopoly、浏览器

Omnigator、可视化(Ontopia Navigator)工具进行主题图的编辑、浏览与可视化，实现数字档案标注系统的资源聚合。

9.5.3.1 利用 Ontopoly 创建主题图

Ontopoly 分为本体(Ontology)编辑器和实例(Instances)编辑器两部分，本阶段先通过 Ontopoly 界面的类型索引页和类型配置页对“Women at War”的主题及主题类型、关联及关联关系和资源指引进行本体内容的编辑，然后用实例编辑器对各主题的实例进行编辑输入，从而实现主题图的创建，其结果如图 9-7 所示。

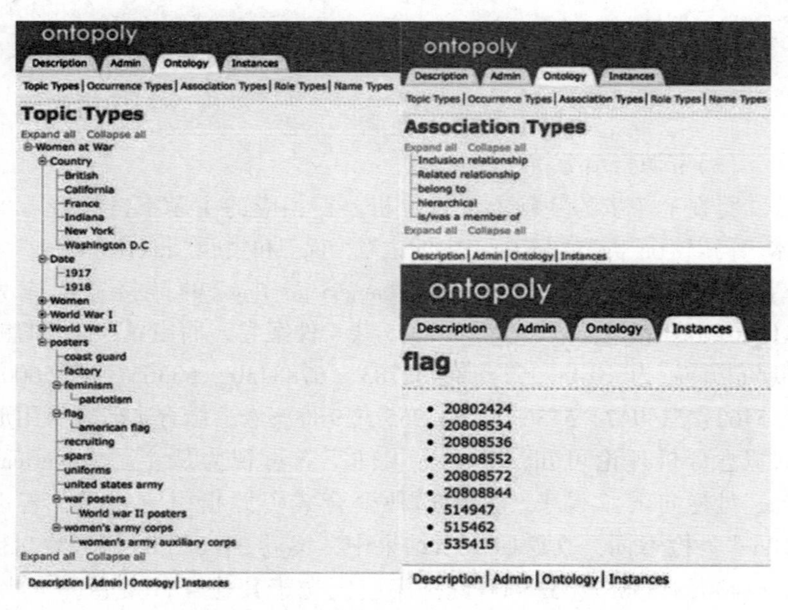

图 9-7 Ontolopy 创建的“Women at War”主题图

(1)使用 topic types 模块创建主题及主题类型，将 9.5.2 中分析出来的内容特征主题类型“women”“World War I”“World War II”“posters”和外部特征主题类型如年份、国家/地区等输入到该模块中并添加其相应的主题，在其主题配置和主题类型配置页面设置各自的属性；然后再使用实例(Instances)编辑器对各主题的实例进行编辑输入，如为主题flag添加对应的实例有国家档案馆标识号为20808534、20808572、20808844、20808536、20802424、20808552等案卷。

(2)使用Association Types模块创建关联及关联关系。可描述的关联关系涵盖包含关系、属分关系、相关关系等。以Posters中的flag为例，这个概念的下位概念有american flag，可在该模块中对其进行“属分关系”的编辑，其他的关系也可参照如此编辑。

(3)使用Occurrence Types模块创建与对应主题相关的资源属性和资源类型，如表9-4所示。举一例来说，可在主题flag的类型配置页面添加资源属性：简介、资源来源、类型名称、代表及含义，还可为其添加资源类型如HTML、Image及相关的资源链接。

表9-4　资源指引属性及其类型

主题类型	资源属性	资源类型
Country	简介、资源来源	HTML、URI、String、Image
Date	简介、资源来源、代表、	Number、Datetime
posters	简介、资源来源、类型名称、代表、含义	HTML、URI、Number、Datetime、String、Image
women	简介、资源来源、类型名称、代表、含义	HTML、URI、Number、Datetime、String、Image
World War I	简介、资源来源、类型名称、代表、含义	HTML、URI、Number、Datetime、String、Image
World War II	简介、资源来源、类型名称、代表、含义	HTML、URI、Number、Datetime、String、Image

9.5.3.2　利用Omnigator浏览主题图

基于主题图的资源聚合与导航结果可通过Omnigator的主页面

来展示，Omnigator ①浏览器是一个标准的 Web 界面，用户可直接浏览主题、关联关系、资源指引及其指引所给出的链接，并通过点击链接，到达相应的信息资源，从而将内部的主题、关联等和信息资源联系起来，如图 9-8 所示。该浏览界面以文本的方式显示了“Women at War”中“posters”关联类型和主题实例等。点击图中的 Subject Identifiers，可以链接到该“posters”标签所对应的网页。

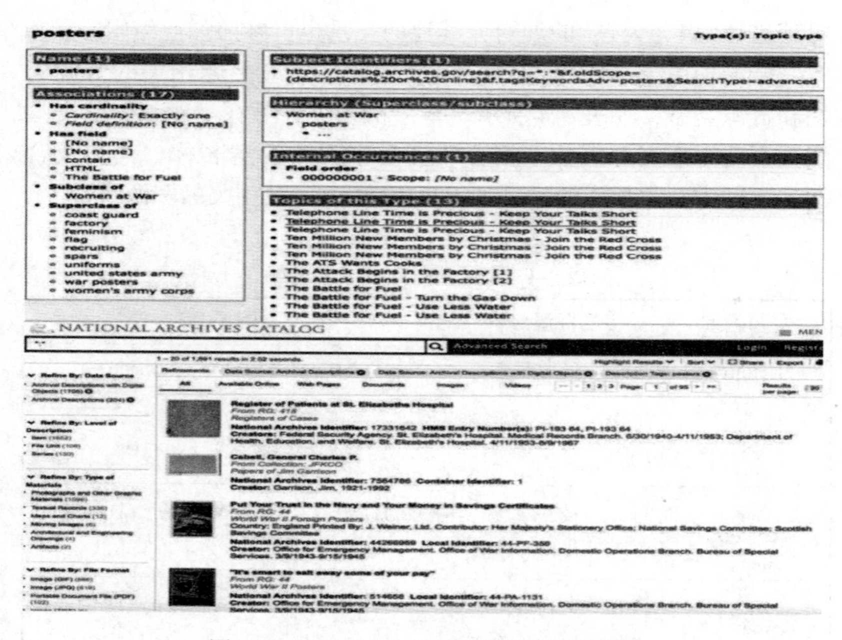

图 9-8　“World War I”主题类型浏览界面

9.5.3.3　利用 Navigator 实现主题图的可视化

主题图可视化是指用一个表达语义的网状结构来描述主题与主题间关联关系。图 9-9 是由 Ontopia Visual Navigator 可视化组件生

---

① Omnigator：The topic map browser［EB/OL］.［2017-05-05］. http://www.ontopia.net.

成的，以网状图的结构展示 NARA 数字档案标注资源间固有的和潜在的知识结构。图中每个主题上都有相关的数字，反映的是与该主题所关联的主题，例如主题 flag 右上方的 2 表示主题 flag 有两个相关联的主题，即主题类型 posters 和主题 american flag，用户可以根据需要选择主题进一步追踪查询，能提高检索过程中的查准率和查全率。主题图不仅能可视化地展示整个主题及主题类型，还能具体到关联及关联关系，甚至是每个关联关系所链接的主题。

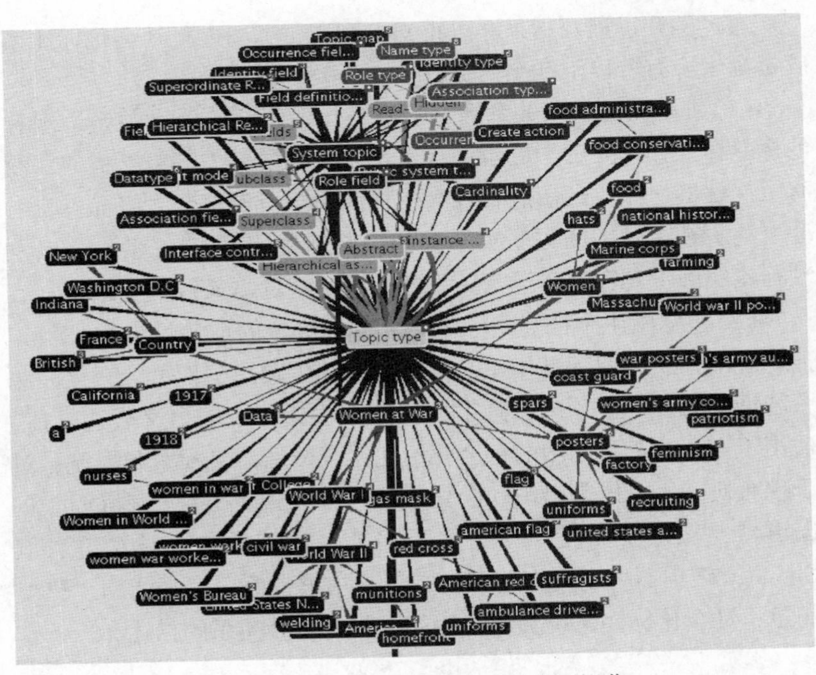

图 9-9　“Women at War”主题类型可视化

通过例证过程及结果可得知，在建立数字档案标注系统{标签集，数字档案资源集，标签-数字档案资源关系集}集合向主题图{主题，资源指引，关联}之间的映射过程中，即在进行主题图的三要素分析的过程中，已经体现了聚合的过程，通过社会网络分析工具析取所遴选的高频标签聚合出的主题类型；通过形式概念分析的概念格聚合标签，展示出标签间的层次关系，进一步体现了作为概念外延的数字档案资源的层次关系；通过资源指引的权重分析，重新排列整理数字档案资源，供排序和优先推荐之用，为用户提供个性化推荐服务。而整个主题图构建后，就可通过 Omnigator 的主页面来展示基于主题图的资源聚合与导航结果；亦可通过 Navigator 组件来实现主题图可视化，该组件形成的是一个网状结构图，而不是扁平、杂乱无章的标签云，该网状结构图展示了标签-资源的语义关系。

通过例证过程及结果亦可得知，利用主题图进行社会化标注系统资源聚合有着以下几个优势：

(1)主题图的关联关系揭示了扁平化标签间的语义关系。现有的标签体系如标签云，展示的标签都是平铺的，无等级结构的，没有层次性的，用主题图进行社会化标注系统资源聚合，将标签映射为主题，在主题图的关联关系模块“描述”标签间的关系，可以发现标签实际上是存在着语义关系的，让标签的语义粒度更细致。

(2)主题图用于社会化标注系统资源聚合的适用性方面。与其他传统的知识组织工具相比，本研究使用主题图实现了社会化标注系统资源聚合，主题图兼具了分类表和主题词表的语义表达功能，适用于实现基于主题图的社会化标注系统资源语义检索和导航；对于现有研究用本体来组织社会化标注系统来说，主题图有 Ontology 编辑器，从这个角度来说，主题图是一种简单的本体语言，其 Ontology 编辑器可以用来“描述”主题、关联关系、资源指引，已经满足了社会化标注系统资源中标签、资源及其关系的描述。

10 接轨新方向：社会化标注系统与关联数据的语义映射

10.1 语义映射动因与目标：资源关联、聚合与共享

社会化标注系统具有灵活多样、低门槛、大众化等优势，深受互联网用户喜爱；与此同时，语义模糊、知识结构稀疏、资源组织形式单一等固有缺陷，阻碍资源向序化程度更高、语义程度更丰富的方向发展，使得社会化标注系统在数字资源导航、语义检索和资源可视化显示等方面差强人意，导致社会化标注系统中海量数字资源的利用率依然较低。如何扬长避短，让社会化标注系统持续焕发生命力，以满足用户愈加多样化、个性化、专业化的信息需求，一直是社会化标注系统研究要面对的重要问题之一。

为弥补社会化标注系统的固有缺陷，实现社会化标注系统资源有效利用，有学者在数字资源多维度聚合的视角下①，展开本体、

① 马鸿佳，李洁，沈涌. 数字资源聚合方法融合趋势研究[J]. 情报资料工作，2015(5)：24-29.

主题词表等与社会化标注系统的融合机理及应用研究①②③；也有学者从知识组织系统的框架④入手，将社会化标注系统与 KOS 各知识组织方法相融合，如社会化标注系统与专家分类法⑤⑥⑦⑧、社会化标注系统与本体⑨⑩⑪⑫、社会化标注系统与元数据⑬等。然而，较少有学者进行社会化标注系统与关联数据映射研究。关联

① Gruber T. Ontology of folksonomy：A mash-up of apples and oranges[J]. International Journal on Semantic Web and Information Systems(IJSWIS)，2007，3(1)：1-11.

② Kim H L，Scerri S，Breslin J G，etal. The state of the art in tag ontologies：a semantic model for tagging and folksonomies [C]//International Conference on Dublin Core and Metadata Applications，2008：128-137.

③ 李超. 一种基于主题和分众分类的信息检索优化方法[J]. 情报理论与实践，2009 (10)：108-110.

④ Zeng M L. Knowledge organization systems (KOS) [J]. Knowledge Organization，2008，35(2-3)：160-182.

⑤ 贾君枝. 分众分类法与受控词表的结合研究进展[J]. 中国图书馆学报，2010(5)：96-101.

⑥ Hayman S，Lothian N. Taxonomy directed folksonomies：integrating user tagging and controlled vocabularies for Australian education networks[J]. Africa，2007，(8)：1-27.

⑦ Lorenzo S，Petra R，Nadia C. Tagsonomy：easy access to Web sites through a combination of taxonomy and folksonomy [C]//7th Atlantic Web Intelligence Conference. Berlin：Springer-Verlag，2011，(86)：61-71.

⑧ 张云中，杨萌. Tax-folk 混合导航：社会化标注系统资源聚合的新模型[J]. 中国图书馆学报，2014(3)：78-89.

⑨ 陈开慧. 本体与分众分类的融合模型研究[J]. 图书馆学研究，2013(5)：73-77，19.

⑩ 张云中，张丛昱. 专家分类法、大众分类法和本体的融合架构与演进策略[J]. 图书情报工作，2015，(23)：99-105.

⑪ 熊回香，廖作芳，蔡青. 典型标签本体模型的比较分析研究[J]. 情报学报，2011，30(5)：479-486.

⑫ 张云中. 一种基于 FCA 和 Folksonomy 的本体构建方法[J]. 现代图书情报技术，2011(12)：15-23.

⑬ Friedich M，Kaye R. Musicbrainz metadata initiative2. 1 [DB/OL]. [2018-10-04]. http://musiebrainz.org/MM.

数据是 KOS 的关键组成部分，是语义网的轻量级实现方式，也是数字资源关联维度聚合的重要方法，关联数据在数字资源导航、语义检索和资源可视化显示等方面具有优势。同社会化标注系统与其他知识组织方法融合与映射的研究一样，关联数据与社会化标注系统的融合与映射也应当作为可能方向之一，加以研究。本研究调研发现，国内外相关于该主题的研究大致分为理论与应用两个层面：

(1)理论研究层面

有学者在数字资源聚合研究的宏观背景下，勾勒出包含社会化标注系统和关联数据在内的多种聚合方法融合与映射的蓝图，阐述社会化标注系统与关联数据融合与映射对数字资源聚合及再组织所产生的意义。例如：马鸿佳等①将数字资源聚合方法融合的趋势概括为概念强化、语义强化、关联强化、应用强化和多维强化五个层次，其中，关联数据同社会化标注系统的融合与映射，在关联强化和应用强化层都具有优势。毕强等②构建了包含概念聚类、概念关联、知识关联三个层次的数字资源聚合方法体系，指出社会化标注系统与关联数据分别属于概念关联和知识关联层，并指出将三个层次融合应用有望形成综合化的数字资源多维度聚合方案。Christopher B 等③将语用思维视为协同标签及语义网的共同哲学基础，并指出融合并建立社会化标注系统与关联数据映射可提高标签利用价值。虽然没有具体描述社会化标注系统与关联数据的融合方案，但其研究视角为本研究提供了来自宏观研究背景的支持与指引。

也有学者尝试寻找融合社会化标注系统与关联数据的方法，并

① 马鸿佳，李洁，沈涌. 数字资源聚合方法融合趋势研究[J]. 情报资料工作，2015(5)：24-29.

② 毕强，尹长余，滕广青，王传清. 数字资源聚合的理论基础及其方法体系建构[J]. 情报科学，2015，33(1)：9-14.

③ Bruhn C，Syn S Y. Pragmatic thought as a philosophical foundation for collaborative tagging and the Semantic Web[J]. Journal of Documentation，2018，74(3)：575-587.

分析融合机理。例如：Kim L 等①、Passant A 等②阐述了通过标签本体实现社会化标注系统和关联数据协同工作的机理。然而，通过标签本体仅实现社会化标注系统标签、资源、用户及三者关系的 RDF 化，对社会化标注系统的语义强化程度依然较低，本质上并未改变社会化标注系统知识组织结构。这些研究提出的协同方法背后，是将本体作为社会化标注系统与关联数据融合“中介”的思想，这种思想为本研究提供了方法上的启迪与指引。

(2)应用研究层面

这类研究主要着眼于具体领域的数字资源，使用社会化标注系统和关联数据协同工作的方法，实现数字资源聚合及再组织。例如：王伟、许鑫③通过关键词提取和词频统计，构建了徽州文化数字资源标签云，并结合关联数据实现徽州文化数字资源的多维度聚合；Passant A 等④在标签本体的基础上提出 MOAT(Meaning of a tag)框架，通过社会化标注系统与关联数据协同工作，实现 Enterprise 2.0 平台资源聚合；García A 等⑤从 Delicious 平台金融领域标签中提取基本术语，用开放关联数据云中的词汇和数据丰富术语，构建金融领域本体，以实现数字资源聚合。这类研究旨在实现

---

① Kim H L, Passant A, Breslin JG, etal. Review and alignment of tag ontologies for semantically-linked data in collaborative tagging spaces[C]//Semantic Computing, 2008 IEEE International Conference on. IEEE, 2008: 315-322.

② Passant A, Laublet P. Meaning of a tag: A collaborative approach to bridge the gap between tagging and Linked Data[J]. LDOW, 2008, 369.

③ 王伟，许鑫. 融合关联数据和分众分类的徽州文化数字资源多维度聚合研究[J]. 图书情报工作，2015(14): 31-36, 58.

④ Passant A, Laublet P, Breslin J G, etal. A uri is worth a thousand tags: From tagging to linked data with moat[J]. Semantic Services, Interoperability and Web Applications: Emerging Concepts, 2011: 279.

⑤ Garcia S A, Garcia C L J, Garcia A, etal. Social tags and Linked Data for ontology development: A Case Study in the Financial Domain[C]//Proceedings of the 4th International Conference on Web Intelligence, Mining and Semantics (WIMS14). ACM, 2014: 32.

具体领域数字资源聚合，虽然提出社会化标注系统与关联数据协同工作的方法，但较少关注关联数据与社会化标注系统融合的机理，也没有形成完整的、结构化的方法和路线。

因此，本研究建立社会化标注系统与关联数据之间语义映射的动因在于利用关联数据实现社会化标注系统资源的资源关联、聚合与共享，提高资源的利用价值。本研究着眼于社会化标注系统，尝试寻找社会化标注系统与关联数据融合的方法，探寻一种社会化标注系统可能的发展方向，在此基础上建立社会化标注系统与关联数据之间的映射模型。

建立社会化标注系统与关联数据之间映射的最终目的在于能够实现基于关联数据的社会化标注系统资源组织。社会化标注系统资源组织的对象是社会化标注系统中的数字资源，包含标签集与资源集，通过深入分析这些数字资源及资源间关系，对社会化标注系统中的数字资源原有的组织结构进行优化或重组，最终形成新的资源组织结构，并将这种展示给用户，以支持社会化标注系统用户的资源检索及浏览需求。基于关联数据的社会化标注系统资源组织，则是通过关联数据实现社会化标注系统数字资源组织结构的优化，本研究按组织对象、组织过程、组织结果、目的或效用，将基于关联数据的社会化标注系统资源组织分为四个层次：基础层、分析层、组织层和应用层，并结合社会化标注系统与关联数据的映射模型的功能，形成了基于关联数据的社会化标注系统资源组织架构(如图10-1 所示)。

由图 10-1 可知，基于关联数据的社会化标注系统资源组织架构，由下至上可分为基础层、分析层、组织层和应用层四个层次；社会化标注系统与关联数据映射模型在资源组织中的主要功能为数据获取与精炼、基于社会化标注系统的本体构建和关联数据的发布。

(1)在基础层，社会化标注系统与关联数据映射模型发挥数据获取与数据精炼作用，将社会化标注系统的数字资源提取并精炼为标签集-资源集，为之后的分析提供支持。

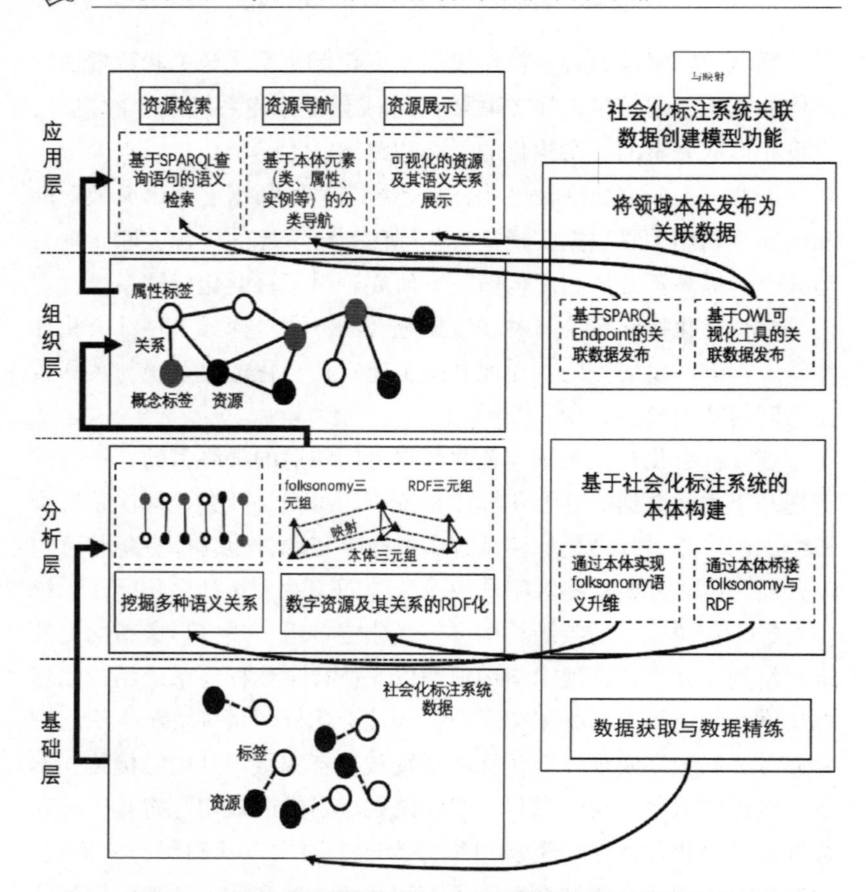

图 10-1　基于关联数据的社会化标注系统资源组织架构图

(2)在分析层，社会化标注系统与关联数据映射模型主要通过本体对 Folksonomy 的语义升维作用以及本体在 Folksonomy 与 RDF 映射中的桥接作用，实现社会化标注系统标签集-资源集的多种语义关系挖掘，并完成社会化标注系统数字资源的 RDF 化。

(3)组织层是基于关联数据的社会化标注系统资源组织结果，在分析层的基础上，通过语义本体丰富的语义关系以及 RDF 化所建立的广泛关联，形成了新的社会化标注系统资源组织结构，为应用层提供支持。

(4)在应用层，社会化标注系统与关联数据映射模型通过不同

的关联数据发布方式，为社会化标注系统的资源检索、导航和展示提供支持：同基于 SPARQL Endpoint 的方式发布，用户可使用 SPARQL 查询语句，对所需数字资源进行精确的语义检索；通过 OWL 可视化方式发布，可形成按本体要素分类的资源导航界面，也可形成如社会网络图的可视化图形界面，供用户浏览。

10.2 映射原理：从 Folksonomy 概念体系到 RDF 三元组

从知识组织的角度看社会化标注系统的灵魂是 Folksonomy。作为新兴的数字资源组织与聚合方法，Folksonomy 与关联数据各有优势与不足。Folksonomy 的优势可概括为：简单实用、分布协同、便捷性、时效性、灵活多样以及以用户为中心；其劣势可以概括为：规范度低、关联度低、受控性差、知识组织结构单一、语义模糊等。关联数据的优势可概括为：关联性强、易于识别与使用、语义丰富、形式化程度高、通用性和扩展性强；其劣势主要体现为：资源隐性关系揭示能力差、深层语义挖掘能力弱，且在封闭系统下难以实现资源聚合。

分析两者优劣势可知：利用关联数据强关联性和高度形式化的优势，实现标签的关联化和规范化、建立数据关联，使来自社会化标注系统的资源与其他来源资源形成一定程度的语义关联。虽然能在发挥各自的资源聚合优势的同时，一定程度弥补 Folksonomy 的劣势，但社会化标签受控性差、语义模糊、知识组织结构单一的问题依然存在。因此，为全面弥补 Folksonomy 的劣势，须引入一种语义准确清晰、语义关系丰富、结构多维、概念术语规范的聚合方法，作为 Folksonomy 和关联数据融合的"中介"，填补关联数据优化 Folksonomy 过程中的空缺，最终实现融合。

本体(Ontology)是一种形式化的对于概念体系的详细说明，也是一种能够进行知识与概念的语义揭示，对概念及其关系进行深层挖掘，以实现有效知识表达的数字资源聚合方法。其优势可概括为语义准确、概念清晰、深层语义挖掘能力强，概念及概念间关系丰富、多维性、知识化、开放集成等。本研究尝试使用本体作为融合“中介”，采用将社会化标签改造为领域本体的方式，改善 Folksonomy 的语义劣势，再将领域本体发布为关联数据，最终实现 Folksonomy 与关联数据的融合。

本研究将 Folksonomy 与本体的优劣势、关联数据的优势放置于坐标轴，如图 10-2 所示。

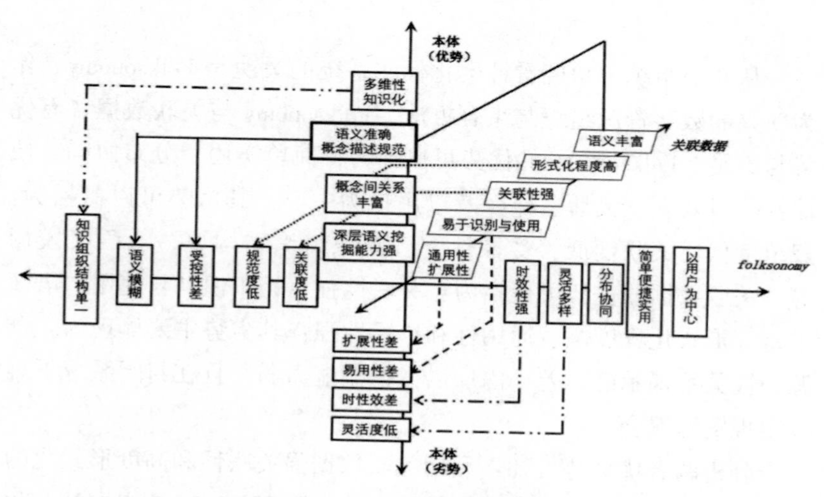

图 10-2　坐标轴优劣势分析图

图 10-2 显示：一方面，在 Folksonomy 与关联数据融合的优势区，关联数据的扩展性与易用性、Folksonomy 的时效性与灵活性将有效避免本体劣势对 Folksonomy 与关联数据融合的影响。另一方面，在 Folksonomy 与关联数据融合的互补区，本体知识组织结构的多维化、概念描述的规范化以及语义准确性的优势，弥补 Folksonomy 知识组织结构单一、受控性差、语义模糊的劣势，填补了关联数据对 Folksonomy 优化的空缺。

社会化标注系统数字资源可分为 Tags(标签)、Resources(资源)、Users(用户)，且对于数字资源及其关系的描述，用户数据作用体现在于建立两者的过程中，就资源描述结果作用甚微，因此 Folksonomy 的资源描述结果实质上是{标签、资源、标注(标签与资源的关系)}构成的三元组；同时，关联数据核心是 RDF(资源描述框架)三元组：Subject(主语)、Predicate(谓词)和 Object(宾语)。实现 folksonomy 和关联数据的融合需要实现二者的语义映射，即建立 folksonomy 三元组与 RDF 三元组的映射。然而，folksonomy 语义结构扁平，仅有标签和其标注资源一种语义关系，与 RDF 三元组建立语义映射也仅有一种情况：{标签-主语，标注-谓语，资源-宾语}。若要实现 Folksonomy 中隐含的更为丰富的语义关系与 RDF 三元组的映射，就需要将 Folksonomy 的语义结构升维，构建标签与标签、标签与资源、资源与资源等多种语义关系。考虑到本体建立于 RDF 之上，其数据描述结构已同 RDF 三元组建立映射，故将本体作“中介”，通过 Folksonomy 数据集与资源集建立领域本体，将 Folksonomy 的语义关系拓展为多组三元组：{概念标签，关系，概念标签}、{属性标签，关系，概念标签}、{属性标签，关系，属性标签}、{概念标签，关系，资源}，分别与本体三元组：{类，对象属性，类}、{数据属性，Attribute of，类}、{数据属性，对象属性，数据属性}、{实例，Instance of，类}建立映射；再通过本体与 RDF 描述的天然映射关系，实现 Folksonomy 三元组的 RDF 化，如图 10-3 所示。

综上，引入语义本体来实现社会化标注系统与关联数据的映射，主要是发挥了本体对社会化标注系统的语义升维作用，以及本体在社会化标注系统三元组与 RDF 三元组映射中的桥接作用。以下就这两方面进行分析：

(1)通过本体，实现社会化标注系统的语义升维

通过本体，实现社会化标注系统的语义升维，其核心是通过建立 Folksonomy 语义体系与本体语义体系间的语义映射，实现社会化标注系统的语义的挖掘。社会化标注系统的数字资源可分为 Tags

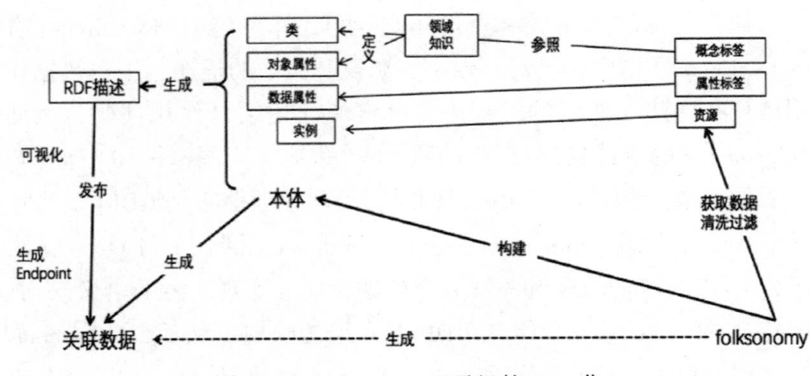

图 10-3 Folksonomy 三元组的 RDF 化

(标签)、Resources(资源)、Users(用户)，且对于数字资源及其关系的描述，用户数据作用在于竞选标签集和资源集，故 Folksonomy 的语义体系是以标签集和资源集为核心的。借鉴前文中的 Folksonomy 语义体系的建立方法，可将社会化标注系统的标签分为概念标签与属性标签，概念标签是用于描述被标注资源“关于什么”和“是什么”的一类标签；而属性标签则是用于描述被标注资源的“拥有者”“品质”等，以及“修饰标签的标签”这一类标签的总称。概念标签-属性标签-资源，形成了社会化标注系统的概念体系，其与现实世界中的概念体系的关系如图 10-4 所示。

图 10-4 显示，概念标签可用于表示现实世界概念体系中的概念，属性标签和资源则可分别表示概念内涵与外延。而对应现实世界中概念与其内涵的关系、概念与其外延的关系、概念与概念的关系等语义关系，社会化标注系统中的语义关系可以分为{概念标签-属性标签}关系、{概念标签-资源}关系、{概念标签-概念标签}关系、{属性标签-属性标签}关系、{属性标签-资源}和{资源-资源}关系六种，其中{概念标签-资源}关系和{属性标签-资源}关系实质上是{标签-资源}关系，在社会化标注系统中属于显性关系，而其他几种关系均为隐性关系。

本体同样可以用于表示现实世界中的概念体系，本体以概念(类)表示现实世界的概念；以数据属性表示概念内涵，以实例

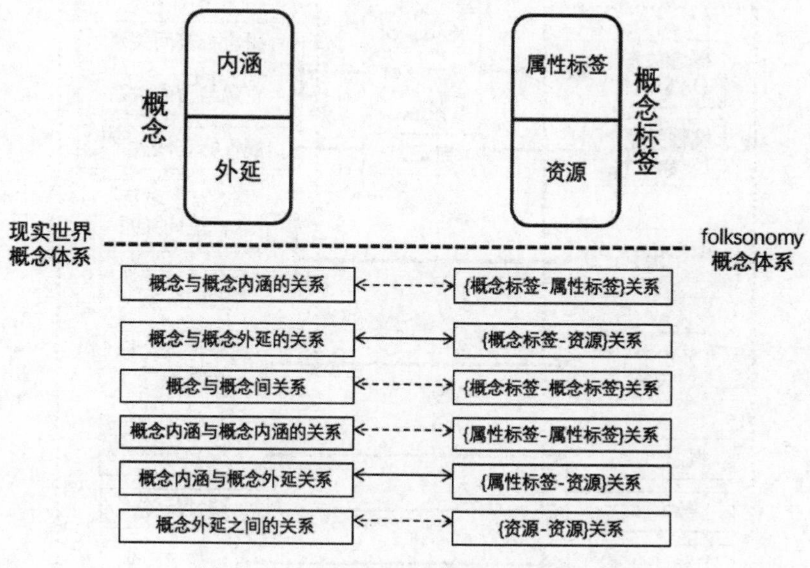

图 10-4 社会化标注系统的概念体系图

(个体)表示概念外延；以对象属性表示概念(类)与概念(类)的关系。实现社会化标注系统语义体系与本体语义体系的映射(如图 10-5 所示)，相当于实现了社会化标注系统中{概念标签-属性标签}关系、{概念标签-概念标签}关系、{属性标签-属性标签}关系由隐性向显性的转变；此外，本体支持使用对象属性定义不同概念(类)的实例(个体)之间的关系，这就使得{资源-资源}关系也实现了由隐性向显性的转变。至此，完成了对社会化标注系统的语义挖掘，使社会化标注系统中隐含的属种关系、同义或近义等多种语义关系得以浮现，最终实现了社会化标注系统的语义升维。

(2)本体在社会化标注系统三元组与 RDF 三元组映射中的桥接作用。

抛开用户集，社会化标注系统的资源描述结构实质上是{标签、标注(标签与资源的关系)、资源}构成的三元组；关联数据核心是 RDF(资源描述框架)三元组：{Subject(主语)、Predicate(谓

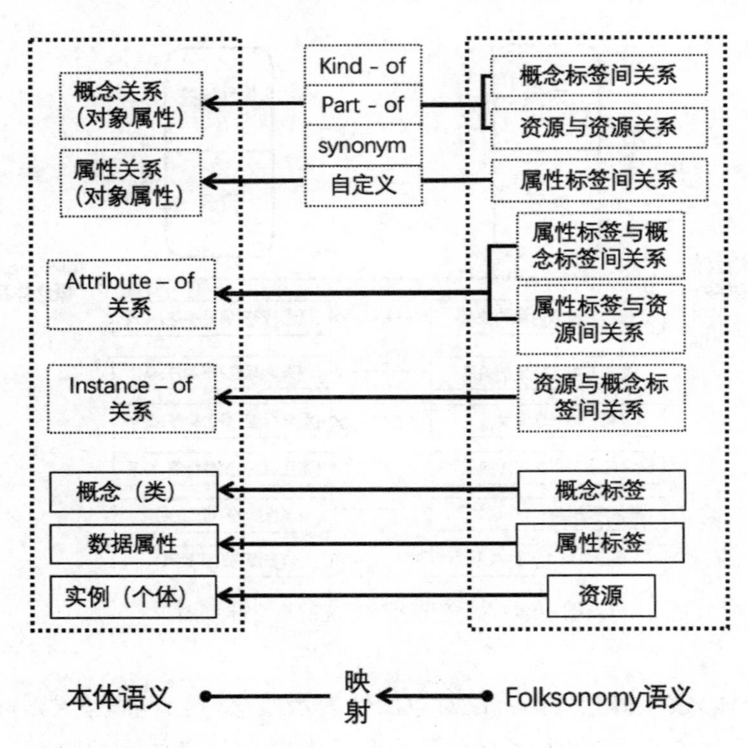

图 10-5　社会化标注系统与本体的语义映射图

词)、Object(宾语)}。实现社会化标注系统与关联数据的映射本质是要实现社会化标注系统三元组与 RDF 三元组的映射。然而，如上文所述，Folksonomy 语义结构扁平，仅有标签和其标注资源这一种显性语义关系，直接与 RDF 三元组建立映射也仅有一种情况：{标签—主语，标注—谓词，资源—宾语}。虽然可以定义这种映射，并将社会化标注系统中的数字资源 RDF 化，但是这种 RDF 化既没有为社会化标注系统中的数字资源建立广泛的链接，也没有挖掘出社会化标注系统中丰富的隐性语义关系，若将此方式 RDF 化的数字资源发布为关联数据，相比社会化标注系统的传统的应用方式(如标签云)，无法在提供用户资源导航、浏览、资源可视化展示等方面形成关联数据本该具有的巨大优势，也难以为用户提供多样化和个性化的语义检索支持。

通过社会化标注系统数据集建立领域本体，可将社会化标注系统的语义关系（如上文所述的六组）全部显性化，并表示为三元组形式：{概念标签，关系，概念标签}、{属性标签，关系，概念标签}、{属性标签，关系，属性标签}、{概念标签，关系，资源}，分别与本体三元组：{类，对象属性，类}、{数据属性，Attribute of，类}、{数据属性，对象属性，数据属性}、{实例，Instance of，类}建立映射。而对于{属性标签，关系，资源}三元组，可通过本体的推理功能建立，例如，定义了{实例，Instance of，类}三元组：{I1，Instance of，C1}，又定义了{数据属性，Attribute of，类}三元组：{DP1，Attribute of，C1}，则可以推理得新的三元组：{I1，Attribute of，C1}，其语义描述为：若 I1 为概念（类）C1 的实例，数据属性 DP1 为概念 C1 的属性，则可推理得出：数据属性 DP1 是实例 I1 的属性；对于{资源，关系，资源}三元组，可由本体定义对象属性的功能得到，例如，定义了两个{实例，Instance of，类}三元组：{I1，Instance of，C1}和{I2，Instance of，C2}，又定义了与之对应的{类，对象属性，类}三元组：{C1，OP1，C2}，则可以自定义三元组{I1，OP1，I2}，其语义描述为：若定义了 OP1 为由概念 C1 向 C2 的对象属性，又有概念 C1 与 C2 分别有实例 I1、I2，则可以进行定义：OP1 为由实例 I1 向 I2 的对象属性。

由于本体建立于 RDF 之上，其多个三元组已同 RDF 三元组建立映射，通过社会化标注系统数据，建立领域本体，桥接社会化标注系统多个三元组与 RDF 三元组：{主语，谓词，宾语}（如图 10-6 所示），从而实现社会化标注系统中数字资源的 RDF 化，并在对社会化标注系统语义升维的基础之上，使社会化标注系统中多组语义关系显性化，为社会化标注系统中数字资源建立了广泛的链接，也为社会化标注系统与关联数据映射模型构建做好更充足的准备。

以下举例说明，通过构建领域本体，并使用本体作为映射桥

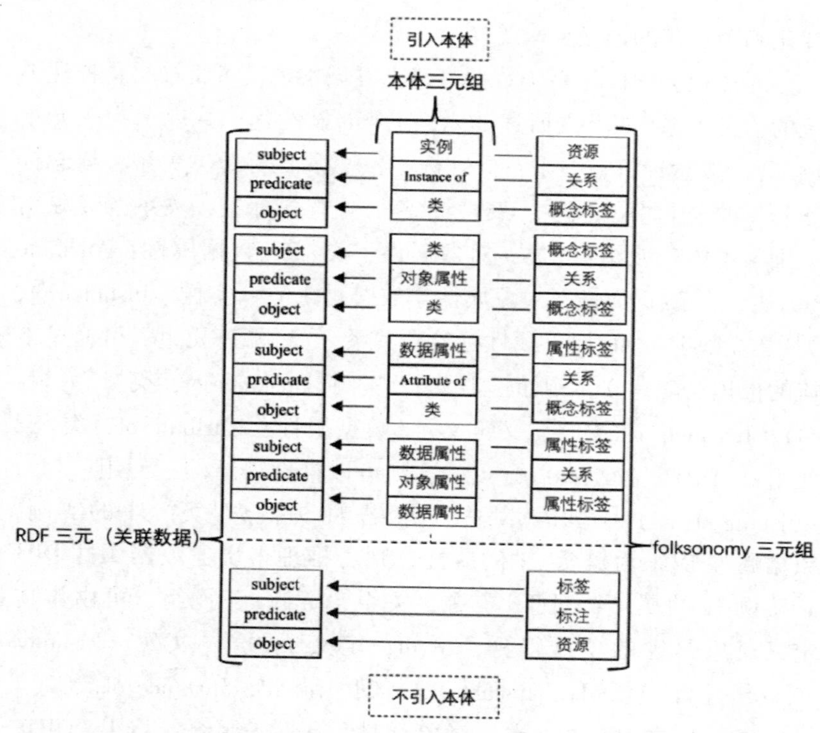

图 10-6　社会化标注系统、本体及 RDF 三元组的映射关系图

接，实现社会化标注系统的关联数据创建过程（如图 10-7 所示）。

假设社会化标注系统中有资源 R1，其对应的标签为 T1（概念标签）、T2（属性标签）。要实现该数字资源的关联数据创建，首先要建立标签-资源集与本体元素的映射：标签 T1 与本体类 C1 映射，标签 T2 与本体属性 P1 映射，资源 R1 与本体实例 I1 映射；然后为标签-资源集配备 URI：类 C1（标签 T1）为 http:// ontology/c1，属性 P1（标签 T2）为 http:// ontology/p1，实例 I1（资源 R1）为 http:// ontology/I1；最后，通过领域本体与 RDF 描述的天然联系，实现标签-资源集的 RDF 链接。

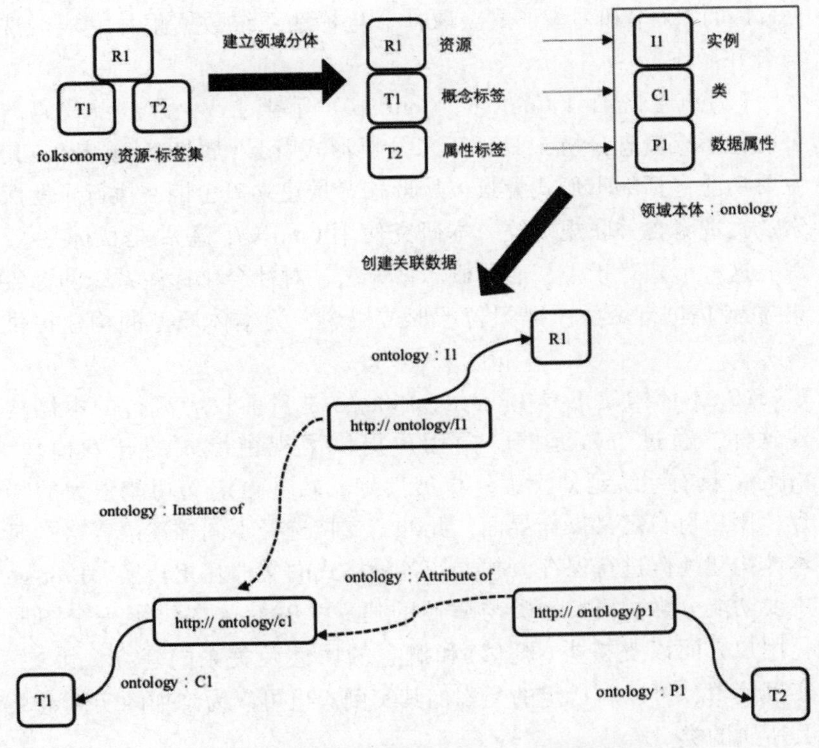

图 10-7　社会化标注系统的关联数据创建示例

10.3　实现语义映射的辅助工具：LODE、Virtuoso 和 WebVOWL

实现从社会化标注系统的标签到关联数据的语义映射需要多工具配合使用，在数据采集和清洗过滤阶段本研究使用八爪鱼采集器和 Excel，在本体构建阶段使用 Conexp、Protégé，在由本体生成关联数据阶段使用 LODE、Virtuoso 和 WebVOWL。

(1)八爪鱼采集器和 Excel。八爪鱼采集器是用户可自定义数据采集规则的网络爬虫软件，其用户界面友好，操作简单，配合

Excel 可以文本和列表形式获取社会化标注系统数据集并完成清洗与合并操作。

(2)概念格工具 ConExp。ConExp 是基于 JAVA 开放源代码的可视化形式概念分析工具，用来分析形式背景(属性-对象表)。其主要功能包括编辑形式背景、从形式背景建立概念格、执行属性探索及发现隐含关联规则等。本研究使用 ConExp，主要是从标签-资源表这一形式背景中，通过概念格算法，对社会化标注系统的标签集-资源集进行聚类，得到若干形式概念，为本体原型的构建提供参考。

(3)本体构建工具 Protégé。Protégé 是目前较为流行的本体构建软件，通过 Java 运行，向用户提供了视窗形式的开发模块。Protégé 具有系统延伸性强、扩展性好，软件自定义功能强大的特点，用户可自定义操作界面；此外，支持选择不同描述语言格式对本体构建代码进行保存，并支持各种格式的文档互相转换。Protégé 主要功能分为：第一，类与属性的建立，Protégé 提供了一个图形化用户界面以支持类(概念)和概念的属性及关系的建立；第二，实例编辑，可以对特定的类添加其实例，也可以为添加的实例定义其所属的类。

(4)OpenLink Virtuoso。它是结合了传统关系数据库管理系统、对象关系数据库、虚拟数据库、RDF、XML、Web 应用程序服务器和文件服务器功能的开源“通用服务器”，其 LinkData 服务可将本体的 RDF 数据以图数据结构形式存储，通过自带的 SPARQL 支持组件，自动建立 SPARQL Endpoint，允许用户通过 SPARQL 查询语句进行查询，并以 URL 列表的形式返回查询结果；OpenLink Virtuoso 无法直接在浏览器中运行，需要下载并安装应用程序，从本地运行。

(5)LODE (Live OWL Documentation Environment)。LODE 是一种自动从 OWL 本体描述文件中提取类，对象属性，一般公理和命名空间声明等的网络 OWL 可视化工具，可以通过浏览器运行。将本体要素以 RDF 三元组的格式进行列表展示，可使社会化标注系统中的多种语义关系清晰呈现，以供用户浏览，并在 HTML 页面

中以嵌入式链接进行导航。

(6) WebVOWL (Web-based Visualization of Ontologies)是用于实现本体交互可视化的网络应用程序，也属于OWL可视化工具。通过基于Java的OWL、2VOWL组件，利用待转换本体的JSON文件自动获取本体的类、对象属性、数据属性、实例等要素，生成可视化图形界面。WebVOWL可以识别OWL和RDF形式的本体描述文件，其可视化图形是以网络图为基础的，将本体中的类与实例视为网络图的节点，将类与实例的关系以及类间的属种关系用虚线边表示，将类与类间的自定义关系用实线边表示，以对应的对象属性命名；以颜色区分的边和节点连接类节点，以此表示类的数据属性。WebVOWL可以通过浏览器在线运行，使用简单，有利于用户直观地了解本体概貌。

10.4 社会化标注系统与关联数据的语义映射模型

将上述关于社会化标注系统关联数据生成的方法、步骤、工具等整合，形成社会化标注系统与关联数据的语义映射模型(如图10-8所示)。

10.4.1 模型解析

模型主体由三层构成，最底层为方法层，阐释社会化标注系统与关联数据映射的核心：Folksonomy、本体和RDF的描述结构映射；中间层为步骤层，是社会化标注系统与关联数据建立语义映射的技术路线，包含Folksonomy与本体的语义映射方案、Folksonomy数据构建领域本体的方案以及将本体映射(发布)为关联数据的方案，顶层为工具层，包含社会化标注系统关联数据生成的各工具和使用步骤。模型主体下方为补充区，以表格和文字形式对每一层的信息进行补充说明。

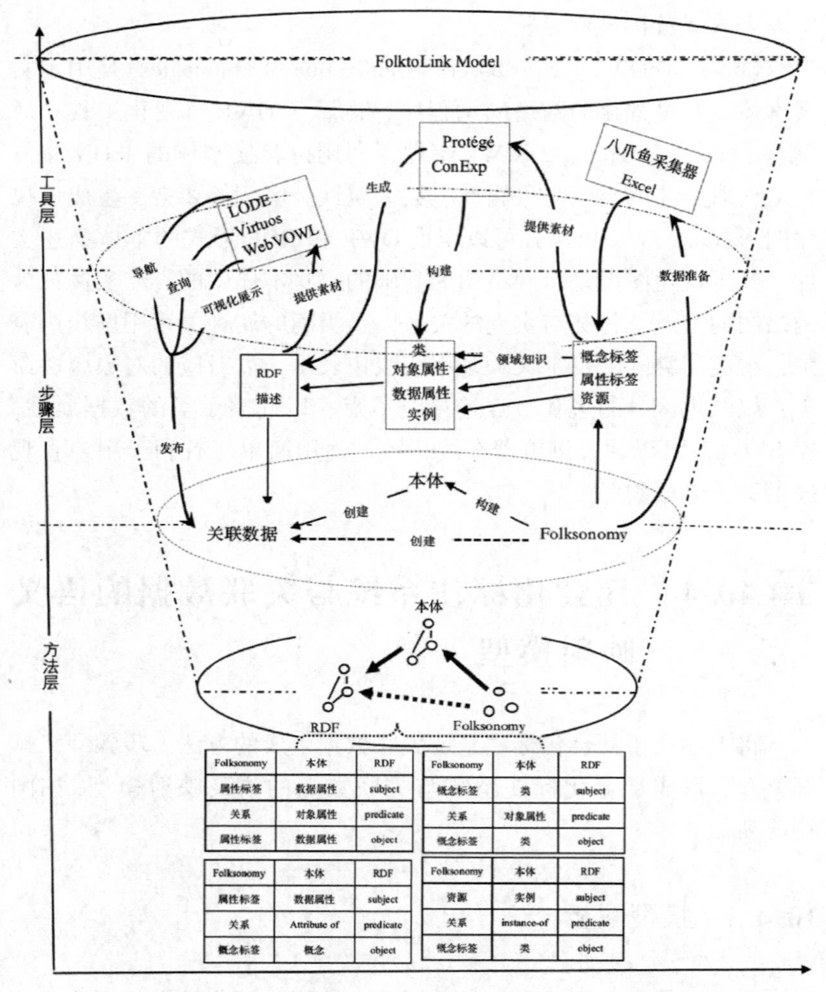

图 10-8 社会化标注系统与关联数据的语义映射模型

（1）方法层

社会化标注系统与关联数据的映射，需要将 Folksonomy 多组三元组与关联数据的核心，即 RDF 三元组——Subject（主语）、Predicate（谓词）和 Object（宾语）建立映射，仅建立 Folksonomy 三元组与 RDF 三元组的映射，无法显示标签与标签、标签与资源等的

关系。模型引入本体，借助本体的“类”“对象属性”“实例”等描述结构，先将 Folksonomy 的标签和资源分为多个三元组(如方法层下方表格所示)，通过这些三元组与本体三元组的映射，借由本体三元组与 RDF 三元组的天然映射，一方面，将 Folksonomy 与 RDF 数据描述结构的映射问题转化为通过 Folksonomy 数据建立领域本体问题，实现 Folksonomy 中众多语义关系的挖掘；另一方面，将 Folksonomy 的关联数据发布问题，转化为领域本体的关联数据发布问题，可利用如 LODE、OpenLink Virtuoso 等开源发布工具，降低发布的技术难度。

而通过 Folksonomy 建立本体需要建立 Folksonomy 语义系统与本体语义系统的映射。实现语义映射，首先需要将 Folksonomy 的标签分为概念标签和属性标签，将概念标签所示概念、属性标签所示属性以及资源分别与本体语义系统中的概念、属性和实例建立映射，在此基础上分别建立概念标签间关系同多种本体概念关系、概念标签与资源关系同本体 instance-of 关系、属性标签与概念标签关系同本体 attribute-of 关系之间的映射。

(2)步骤层与工具层

这两层联系紧密，联通两层的有向箭头表示步骤与工具的互动。第一步为社会化标注系统资源获取与清洗过滤，首先使用网络爬虫工具(八爪鱼采集器)进行标签和资源的获取，并将资源以文本形式保存到 Excel 表格中；然后使用 excel 的合并去重等功能清洗和过滤数据，将数据分为概念标签、属性标签和资源三类，并以表格形式储存。第二步为领域本体构建，首先使用 Conexp 将第一步提供的 Folksonomy 数据进行聚类，为概念及其关系选取提供知识，依据领域知识和领域专家协助，确定概念及概念间关系，从而定义类与对象属性；然后通过属性标签和资源定义数据属性、建立实例，通过本体工具 Protégé 完成本体构建，并生成本体的 RDF 描述文件，完成 Folksonomy 数字资源的再组织和 RDF 化。第三步是将构建好的领域本体发布成关联数据，使用 OpenLink Virtuoso 导入本体的 RDF 描述文件，可将 RDF 三元组以图数据结构储存并自动建立 SPARQL Endpoint，通过第三方站点进行 SPARQL 查询可返回包含 RDF 三元组列表的 HTML 网页。至此，已将领域本体映射(发布)为关联数据，为使其显示更直观、利于用户阅读和使用，可通过 LODE 自动提取 RDF 描述文件中的类，对象属性，一般公理等，并且以本体三元组列表形式的 HTML 网页展现；也可通过 WebVOWL 导入 RDF 描述文件，自动在线生成网络图形式的可视化图形界面。

社会化标注系统与关联数据的语义映射模型，结构化地阐释了由本体实现社会化标注系统数据的再组织、RDF 化，并最终生成关联数据提供图形化界面和查询入口的原理、方法、步骤和工具等，为 Folksonomy 与关联数据的融合指示了一个方向，提供了一种技术上可操作的方案。

10.4.2 社会化标注系统与关联数据映射的实施步骤

(1)数据准备

数据准备可以分为数据获取及数据预处理两个步骤。社会化标注系统的标签集数据多以文本形式存在，而资源集数据，按具体资源的类型不同而不同，可能存在文本类型、图片类型或音视频类型等，所以在数据采集阶段，对于标签集，可以使用网络爬虫工具对标签文本进行采集；对于资源集，由于数据类型及来源多样，可采用网络爬虫工具采集该资源的 URL 作为资源的唯一代表。数据预处理阶段主要进行标签清洗与标签合并，以获得精炼的数据集。通过修改或剔除含有错别字、与资源不符的标签，合并含有同义关系、异体字、同一概念不同语言翻译等表达含义相同的多个标签，得到拼写正确且语义清晰、准确的精炼标签集，最后将从社会化标注系统中获取的精炼标签集初步分为核心标签集与边缘标签集。核心标签集主要是描述资源内容特征的标签集，边缘标签集则主要是描述资源部分外部特征或用户自身感受等的标签集。

(2)本体原型构建

本体原型构建，采用形式概念分析法，聚类核心标签集-资源集，为本体主要概念和类间关系的确定提供参考，再通过参照领域知识、领域专家协助，最终构建领域本体原型。具体的操作步骤如下：

首先，将精炼的标签集-资源集装填入形式背景中，即以资源集作为形式概念外延，以标签集作为形式概念属性，在资源-标签的二元表中，以“X”表示标签集与资源集间的标注关系，通过概念格工具形成形式概念；然后通过参照领域知识或在领域专家的协助下，确定形式概念的概念名、概念内涵等要素的用词，最后，进行形式概念与本体原型的映射，形式概念(概念名)映射为本体的类(类名)、形式概念内涵映射为本体的数据属性、形式概念中的父-子关系，映射为本体中的“SubClassof”关系。

例如，获取精练数标签集 $T=\{t1, t2, t3, \cdots, t10\}$、资源集 $R=\{r1, r2, r3, r4, r5\}$，如图 10-9 所示：首先将数据集 $\{T, R\}$ 装填入形式背景，通过概念格工具(本研究选用 ConExp)，生成形式概念集 $C=\{C1, C2, C3, C4, C5, \cdots\}$，以形式概念 $C4$ 为例，根据形式概念“概念名({概念内涵集}，{概念外延集})”的表达方式，$C4$ 节点的表达为：$C4$ 的概念名($\{t3, t6\}$，$\{r2, r3, r4\}$)，

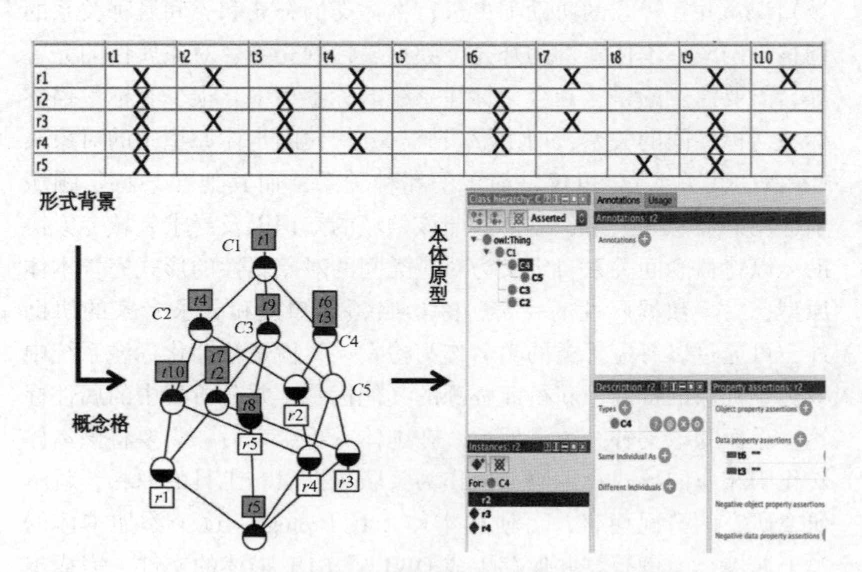

	t1	t2	t3	t4	t5	t6	t7	t8	t9	t10
r1	X	X		X			X		X	X
r2	X		X	X		X				
r3	X	X	X			X	X		X	
r4	X		X	X		X			X	X
r5	X							X	X	

图 10-9　标签集-资源集构建本体原型的方法图

其父概念为 C1 节点所示形式概念，兄弟概念为 C2、C3 节点所示形式概念，子概念为 C5 节点所示形式概念，是概念格算法分析产生的隐含概念；然后进行 C4 节点的命名，如果其标签集{t3，t6}中，有标签可以高度概括该节点所示形式概念，则以该标签作为节点 C4 的概念名称，若无标签可以高度概括该节点所示形式概念，则需要参照领域知识或请专家协助命名节点 C4 所示形式概念，假设专家协助下将 C4 节点的概念名称确定为“C4”，则未被用于概念名的标签用于表示概念 C4 的内涵，资源集{r2，r3，r4}用于表示概念 C4 的外延集；最后，构建本体原型，以形式概念节点集 C1、C2、C3、C4、C5 为例，概念 C4 可映射为本体的类“C4”，其与概念 C2、C3、C4、C5 的关系(父子关系、兄弟关系)可映射为对应的本体类间关系，C4 概念的标签集{t3，t6}映射为本体类“C4”的数据属性“t3”和“t6”，其资源集{r2，r3，r4}映射为本体类“C4”的实例集“{r2，r3，r4}”。

(3)本体完善及本体形式化

本体完善阶段，加入边缘标签集-资源集为原始材料，参照领域知识、并在专家的协助下，进行本体类的补充和类间属种关系的调整与修改、本体实例的补充、数据属性的完善、对象属性的完善等。需要注意的是，社会化标注系统的标签集中，很少有标签描述标签与标签间的关系，而由形式概念分构建的本体原型中的对象属性(概念间关系)，也仅是简单的属种关系，而其他在某特定领域中适用的概念间关系，需要参照该领域的知识以及寻求领域专家协助，以将概念间关系自定义为对应类间的对象属性的形式完善本体原型；对于数据属性的完善，除参照领域知识和寻求专家的协助外，可通过以待完善类的类名作为检索词，检索社会化标注系统中该标签标注的资源，获得此资源的其他标签，并分析其中的属性标签，进而为该类补充数据属性。在本体完善结束后，需要将该本体转化为相应的形式化编码，以作为关联数据发布工具的原料，就本研究研究的情况而言，可使用本体工具 Protégé，逐个添加本体的类、属性、实例等，并保存生成 OWL 或 RDF 描述的文件，完成本体的形式化编码。

(4)由领域本体创建并映射到关联数据

本研究设计的由领域本体生成关联数据的方法，可分为两类：一类是通过 SPARQL Endpoint 将领域本体数据发布为关联数据；第二类是使用 OWL 可视化工具，将本体数据发布为关联数据。以下分别进行分析。

①通过 SPARQL Endpoint 将领域本体数据发布为关联数据。首先将形式化编码的领域本体存储于本地的数据库中，并为其建立可供外部访问和查询的端点 SPARQL Endpoint，然后通过关联数据的前端应用工具，为特定信息生成 URIs，以此支持外部访问和查询。在此类方法发布工具中，OpenLink Virtuoso 较为出色，它集成了可将本体 RDF 描述存储的数据库功能，并带有 SPARQL Endpoint 端点和查询关联数据的前端用户界面，支持导入形式化后的本体文件，自动生成关联数据。通过 SPARQL Endpoint 将领域本体数据发布为关联数据不但提供了外界站点访问关联数据的端点，也提供了用户通过查询语言进行语义检索的功能支持。

②使用 OWL 可视化工具将本体数据发布为关联数据。OWL 可视化工具可自动识别本体的 OWL 描述，并自动提取本体中的类、对象属性、数据属性、实例等元素，生成可视化的用户界面，为用户提供浏览和导航。使用 OWL 可视化工具将本体数据发布为关联数据，需要先将本体形式化，以 OWL 描述格式保存本体文件，再将该文件导入到相应的工具中。本研究使用的 OWL 可视化工具是 LODE 和 WebVOWL，它们可通过浏览器在线运行，LODE 可生成 RDF 三元组格式的本体元素列表，并以网页连接的形式提供导航；WebVOWL 可生成网络形式的可视化用户界面，类、实例作为节点属性作为边的形式提供资源导航并展示领域本体。

综上所述，社会化标注系统与关联数据的语义映射步骤可简要概括为：首先从社会化标注系统中抓取标签集-资源集数据并进行精炼；然后以形式概念分析结果作为参考，参照领域知识和专家建议，建立社会化标注系统与本体间的语义映射，进而构建本体原型，在此基础上完善本体原型，再通过本体工具，生成本体 RDF、OWL 等描述文件，实现本体形式化，最后通过支持相关功能的工具，建立 SPARQL Endpoint，为第三方访问提供查询和支持，并将本体进行可视化发布。

10.5 一个例证：豆瓣“音乐”与电子音乐资源关联数据的映射

电子音乐(Electronic Music)作为当今新兴的音乐形式，通过互联网数字发布，其资源丰富，资源增速快，与之相关的新知识不断涌现，对电子音乐资源的合理组织有利于电子音乐资源的利用。目前，电子音乐资源的主要载体形式为专辑，专辑指一个或多个音乐作品的合集。本研究选取 folksonomy 社区——豆瓣音乐中的电子音乐专辑作为实验对象。

10.5.1 数据准备

数据获取：以用户标注次数最多 50 张专辑资源为数据来源，以 2018 年 11 月 4 日为数据采集时间，使用八爪鱼数据采集器逐条获取音乐专辑资源和对应的高频标签，将原始数据按资源集—标签集的对应序列存入 excel 表格中。该过程共获取音乐专辑资源 50 条，原始高频标签 400 个。

数据精练：通过标签清洗与合并获得语义清晰、无歧义的精练标签数据集。以音乐专辑“Ultra”的原始标签集｛Depeche Mode, Electronic, 英国, New-Wave, synth-pop, 电子, Electronica, Synth-Pop｝为例，标签“Electronica”因拼写有误，需要修正和清洗(正确拼写为 Electronic)；标签“Electronic”“电子”因同义需合并为“Electronic”；标签“synth-pop”“ Synth-Pop”因异体字需要合并为“Synth-Pop”。精练后数据集为 50 条，标签集为 291 个，其中核心标签 230 个，大致可分为表示音乐风格、时间与地区三类，约占总标签数的 79%；边缘标签 61 个，约占总标签数的 21%。

10.5.2 构建电子音乐资源本体

(1)电子音乐资源本体原型构建

本研究构建电子音乐资源本体，主要采用形式概念分析与领域专家支持结合的方法。首先，以资源集作为形式概念外延集，以核心标签集为形式概念内涵集构建二元表(如图 10-10 所示)，形成形式背景。

A	B	C	D	E	F	G	H	I
	Electronic	Dance	Indie	Pop	Synth-Pop	J-Pop	Dream-Pop	Indie-Pop
Maybe I'...	X			X				
The Fame...	X	X		X				
Poker Face	X	X		X				
Sweep Of ...	X							
Portishead	X							
This Is Ha...	X							
The Man-...	X							
Bionic	X			X				
我的滑板鞋	X							
Kids	X		X	X				X
The Only ...	X		X					
New Eyes	X			X				
Beautiful ...	X							
Awake	X							
Twilight	X							
Nova Heart	X							
Good Mor...	X							
Baby I'm ...	X	X						
Nightmare	X			X				
The Fame...	X	X		X				
Memories...	X			X				
It's on Eve...	X							
Beacon	X		X					
Ultimate	X				X			
Ultra	X				X			
JPN	X					X		
Roses	X			X	X			
Head First	X							
Starships	X			X				
The Road	X			X				

图 10-10 资源集-核心标签集二元表(部分)

利用概念格构造工具 ConExp 将上述形式背景转化为概念格，如图 10-11 所示；然后，通过分析概念节点、参考领域知识以及领域专家协助相结合的方式，确定音乐资源标签集、资源集与本体原型的映射关系。以节点“House”为例，根据形式概念“概念名({概念内涵集}，{概念外延集})”的表达方式，该节点表示为“House({Electronic，House}，{NewEyes，Remedy，BeautifulTomorrow})”标签“House”高度概括该节点所表示的形式概念，因此以“House”作为该概念名称，其父节点为“Electronic({Electronic}，{Y & Y，…，WeAreOne})”，子节点为“Deep-House({Electronic，House，Deep-House，Chill-Out}，{BeautifulTomorrow}”，因此可以建立本体概念“House”，概念属性为{Electronic}(无其他标签可作为属性标签，其数据属性需要专家协助定义)，概念实例“{NewEyes，Remedy，BeautifulTomorrow}”，父概念为“Electronic”，子概念为“DeepHouse”，参考领域知识发现“Deep House”与 Chill-Out 均属于“House”音乐风格的分支，具有相关关系，因此，添加“Chill-Out”作为“Deep-House”的兄弟概念。

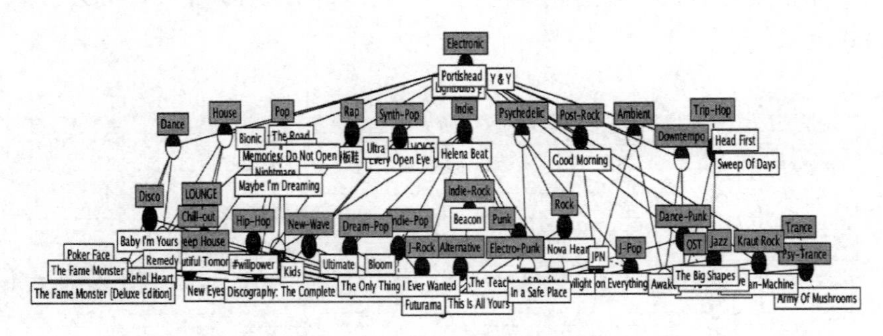

图 10-11　形式背景转化为概念格

此外，根据领域专家建议，为“Electronic”添加顶层父概念“音乐风格流派”，同理依次分析各个概念节点并完成本体原型的映射。最后，根据专家建议，从边缘标签集-资源集提取概念并与本体原型形成映射，添加“音乐构成要素”“器乐”“人声”“音乐资源外部特征”“专辑”“人员”等类，最终形成如图 10-12 所示的电子音乐资源本体原型。电子音乐资源本体的所有类、实例、对象属性、数据属性等要素列表，详见附录 2。

(2)电子音乐资源本体的完善

本实验涉及的电子音乐资源本体的完善(完善后的本体构架，详见附录 2)包含本体概念完善、对象属性及数据属性完善等。本体概念完善主要是添加已有概念的同义概念、调整本体原型中类间关系等；对象属性的完善则是参照领域知识并在专家的协助下定义众多类间关系；数据属性的完善是通过分析属性标签，并在专家的协助下为特定的类添加数据属性，并对类的实例添加具体的数据属

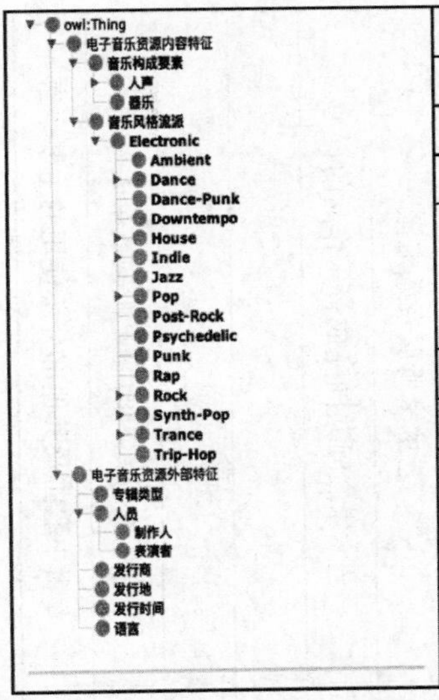

- owl:Thing
  - 电子音乐资源内容特征
    - 音乐构成要素
      - 人声
      - 器乐
    - 音乐风格流派
      - Electronic
        - Ambient
        - Dance
        - Dance-Punk
        - Downtempo
        - House
        - Indie
        - Jazz
        - Pop
        - Post-Rock
        - Psychedelic
        - Punk
        - Rap
        - Rock
        - Synth-Pop
        - Trance
        - Trip-Hop
  - 电子音乐资源外部特征
    - 专辑类型
    - 人员
      - 制作人
      - 表演者
    - 发行商
    - 发行地
    - 发行时间
    - 语言

电子音乐资源本体实例（部分）

实例	所属类	语义描述
The Album Leaf	表演者	美国双人乐队
Niki Minaji	表演者	美国女歌手
In a Safe Place	专辑	发行于 2004 年的 Post-Rock 风格专辑

电子音乐资源本体属性（部分）

属性	定义域	值域	语义描述
代表作品	音乐风格流派	专辑	某种风格的代表作
借鉴	音乐风格流派	音乐风格流派	某音乐风格借用另一种音乐风格的创作技法

图 10-12　电子音乐资源本体原型示例

性描述。本实验涉及的电子音乐资源本体的完善包含本体概念完善、对象属性及数据属性完善等，表 10-1 所示为电子音乐资源本体完善示例。

(3)电子音乐资源本体形式化

使用 Protégé 逐级添加电子音乐资源本体的类、对象属性、数据属性、实例等，并添加相应描述，然后将该本体转化为相应的形式化编码。本实验将电子音乐资源本体转化为 RDF 和 OWL 格式的文件以备后续发布使用。图 10-13 展示了资源“In a Safe Place”在本实验构建的本体中的丰富语义关系：“In a Safe Place”是一张电子音乐专辑(是类“专辑”的实例)，其所属的类“专辑”是“电子音乐外部特征”的子类，拥有兄弟类“人员”；通过对象属性“表演形式”“艺术家”“风格”和相对应的类“音乐构成要素”“人员”“音乐风格流派”中的实例“纯音乐”“India”“Post-Rock”，可以定义“In a Safe Place”的表演形式为“纯音乐”，艺术家为“The_ Album_ Leaf”，风格为“India”和“Post-Rock”；通过类“专辑”的数据属性“发行地”“发行商”“发行时间”等，可定义专辑实例“In a Safe Place”的发行

表 10-1 电子音乐资源本体完善示例

本体概念完善			
本体概念	完善方式	语义描述	
Psychedelic	同义概念"迷幻音乐"	因不同语言翻译产生的同义概念	
Chill-Out	同义概念"Lounge"	一种舒缓弛放的音乐风格，不同时期对该音乐风格的描述用词不同形成同义概念	
对象属性完善			
对象属性	定义域	值域	语义描述
风格	专辑	音乐风格流派	音乐作品的风格
流派	人员	音乐风格流派	艺术家所属音乐流派
合作	人员	人员	艺术家之间共同完成音乐作品的行为
数据属性完善			
数据属性	数据类型	定义域	语义描述
发行商	rdfs: Literal	专辑	发行专辑的商业机构或个人
语言	rdfs: Literal	专辑	专辑中歌曲及其他部分所使用的主要语言

地为“冰岛”，语言为“英语”，专辑类型为“Album”，发行商为“Sub Pop”，发行时间为“2004”，并将豆瓣网中该专辑的 URL 填写入其描述字段中，方便从互联网获得该专辑资源。

如下所示为音乐资源本体中实例“In a Safe Place”的部分形式化描述。

<!—— http://www.semanticweb.org/zym/ontologies/F2Ltest#In_a_Safe_Place ——>

<owl:NamedIndividual rdf:about="http://www.semanticweb.org/zym/ontologies/F2Ltest#In_a_Safe_Place">

<rdf:typerdf:resource="http://www.semanticweb.org/zym/ontologies/F2Ltest#专辑"/>

<艺术家 rdf:resource="http://www.semanticweb.org/zym/ontologies/F2Ltest#The_Album_Leaf"/>

<表演形式 rdf:resource="http://www.semanticweb.org/zym/ontologies/F2Ltest#纯音乐"/>

<风格 rdf:resource="http://www.semanticweb.org/zym/ontologies/F2Ltest#Indie"/>

<风格 rdf:resource="http://www.semanticweb.org/zym/ontologies/F2Ltest#Post-Rock"/>

<专辑类型>Album</专辑类型>

<发行商>Sub Pop</发行商>

<发行地>冰岛</发行地>

<发行时间 rdf:datatype="http://www.w3.org/2001/XMLSchema#integer">2004</发行时间>

<语言>英语</语言>

<rdfs:comment>资源地址</rdfs:comment>

</owl:NamedIndividual>

<owl:Axiom>

<owl:annotatedSourcerdf:resource="http://www.semanticweb.org/zym/ontologies/F2Ltest#In_a_Safe_Place"/>

<owl:annotatedPropertyrdf:resource="http://www.semanticweb.

org/zym/ontologies/F2Ltest#专辑类型"/>

<owl:annotatedTarget>Album</owl:annotatedTarget>

<rdfs:comment>全长专辑</rdfs:comment>

</owl:Axiom>

<owl:Axiom>

<owl: annotatedSource rdf: resource = " http://www.semanticweb.org/zym/ontologies/F2Ltest#In_a_Safe_Place"/>

<owl:annotatedPropertyrdf:resource = " http://www.w3.org/2000/01/rdf-schema#comment"/>

<owl:annotatedTarget>资源地址</owl:annotatedTarget>

<rdfs:commentrdf:resource = " https://music.douban.com/subject/1397477/"/>

</owl:Axiom>

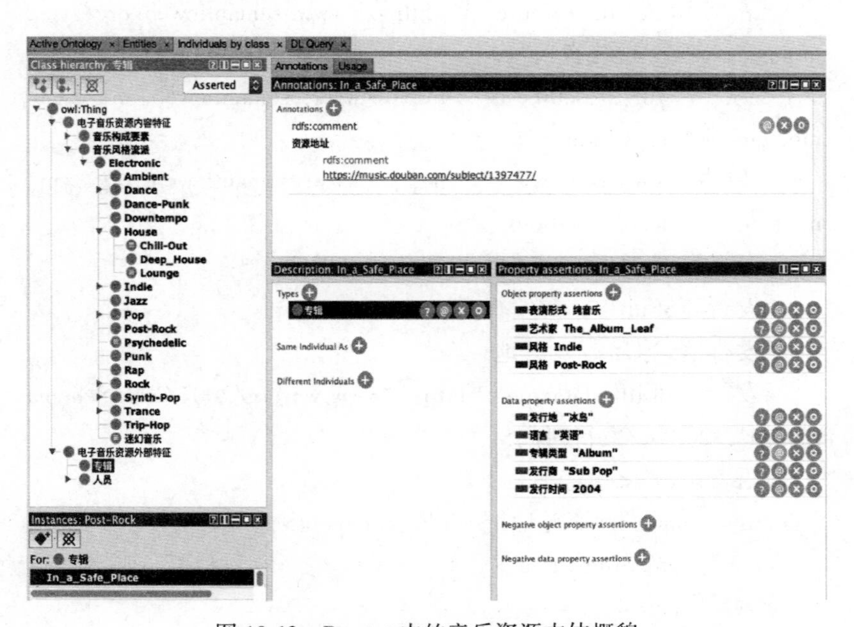

图 10-13　Protégé 中的音乐资源本体概貌

至此，通过 Folksonomy 资源集-标签集建立领域本体，利用本体原型的 RDF 描述基础，在揭示更多资源与标签间语义关系的同时，也实现资源集和标签集的 RDF 化，为 folksonomy 的关联数据发布提供了条件。

10.5.3　将电子音乐资源本体发布为关联数据

(1)基于 OpenLink Virtuoso 的关联数据发布及查询

OpenLinkVirtuoso 无法直接在在浏览器中在线使用，需要下载并安装应用程序，并在线获取使用授权用，启动应用程序后，通过点击其管理器功能，或通过在浏览器登录 Localhost：8890 端口，可进入到 OpenLinkVirtuoso 的登录界面，初始用户名与密码均为“dba”。OpenLinkVirtuoso 属于通过建立 SPARQLEndpoint 来发布关联数据的工具，而其最大的方便之处在于集成了用于转化和存储本体形式化描述数据的数据库组件、支持 SPARQL 查询的 SPARQLEndpoint 组件以及用以反馈查询结果的可视化界面。在 LinkedData 功能项下，将 Protégé 生成的电子音乐资源本体描述文件(OWL 或 RDF 描述)导入，可自动将该本体发布为关联数据，通过输入特定的查询语句可以返回本体 RDF 描述等信息，并以网页嵌入式链接列表形式呈现，例如输入查询语句“SELECT ?subject ?object WHERE { ?subject rdfs：subClassOf ?object }”，返回的部分结果如图 10-14 所示，以列表的形式展现了 RDF 的主语和宾语结构。

豆瓣音乐提供的“标签直达”功能，是输入单词以检索标签的资源查询方式，例如输入“冰岛”，则系统返回所有被标签“冰岛”标注的电子音乐专辑，点击其中的某张专辑，便会进入专辑的介绍页面，其中还要这专辑的其他高频标签，若点击其中一个标签，则系统会自动链接到该标签标注的专辑列表中。这样层层递进的资源查询路径，往往使用户迷失在海量的连接之中，检索行为也与检索目标产生较大分歧。相比豆瓣音乐提供的查询方式，本实验通过将语义升维后的豆瓣电子音乐资源发布为关联数据，并配备 SPARQLEndpoint 端点，用户可以依据自己实际检索需求，编写对

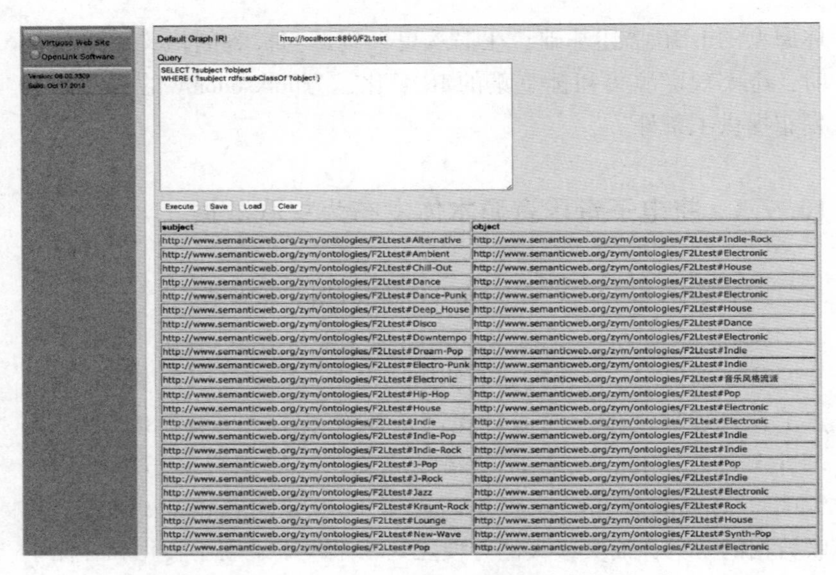

subject	object
http://www.semanticweb.org/zym/ontologies/F2Ltest#Alternative	http://www.semanticweb.org/zym/ontologies/F2Ltest#Indie-Rock
http://www.semanticweb.org/zym/ontologies/F2Ltest#Ambient	http://www.semanticweb.org/zym/ontologies/F2Ltest#Electronic
http://www.semanticweb.org/zym/ontologies/F2Ltest#Chill-Out	http://www.semanticweb.org/zym/ontologies/F2Ltest#House
http://www.semanticweb.org/zym/ontologies/F2Ltest#Dance	http://www.semanticweb.org/zym/ontologies/F2Ltest#Electronic
http://www.semanticweb.org/zym/ontologies/F2Ltest#Dance-Punk	http://www.semanticweb.org/zym/ontologies/F2Ltest#Electronic
http://www.semanticweb.org/zym/ontologies/F2Ltest#Deep_House	http://www.semanticweb.org/zym/ontologies/F2Ltest#House
http://www.semanticweb.org/zym/ontologies/F2Ltest#Disco	http://www.semanticweb.org/zym/ontologies/F2Ltest#Dance
http://www.semanticweb.org/zym/ontologies/F2Ltest#Downtempo	http://www.semanticweb.org/zym/ontologies/F2Ltest#Electronic
http://www.semanticweb.org/zym/ontologies/F2Ltest#Dream-Pop	http://www.semanticweb.org/zym/ontologies/F2Ltest#Indie
http://www.semanticweb.org/zym/ontologies/F2Ltest#Electro-Punk	http://www.semanticweb.org/zym/ontologies/F2Ltest#Indie
http://www.semanticweb.org/zym/ontologies/F2Ltest#Electronic	http://www.semanticweb.org/zym/ontologies/F2Ltest#音乐风格流派
http://www.semanticweb.org/zym/ontologies/F2Ltest#Hip-Hop	http://www.semanticweb.org/zym/ontologies/F2Ltest#Pop
http://www.semanticweb.org/zym/ontologies/F2Ltest#House	http://www.semanticweb.org/zym/ontologies/F2Ltest#Electronic
http://www.semanticweb.org/zym/ontologies/F2Ltest#Indie	http://www.semanticweb.org/zym/ontologies/F2Ltest#Electronic
http://www.semanticweb.org/zym/ontologies/F2Ltest#Indie-Pop	http://www.semanticweb.org/zym/ontologies/F2Ltest#Indie
http://www.semanticweb.org/zym/ontologies/F2Ltest#Indie-Rock	http://www.semanticweb.org/zym/ontologies/F2Ltest#Indie
http://www.semanticweb.org/zym/ontologies/F2Ltest#J-Pop	http://www.semanticweb.org/zym/ontologies/F2Ltest#Pop
http://www.semanticweb.org/zym/ontologies/F2Ltest#J-Rock	http://www.semanticweb.org/zym/ontologies/F2Ltest#Indie
http://www.semanticweb.org/zym/ontologies/F2Ltest#Jazz	http://www.semanticweb.org/zym/ontologies/F2Ltest#Electronic
http://www.semanticweb.org/zym/ontologies/F2Ltest#Kraunt-Rock	http://www.semanticweb.org/zym/ontologies/F2Ltest#Rock
http://www.semanticweb.org/zym/ontologies/F2Ltest#Lounge	http://www.semanticweb.org/zym/ontologies/F2Ltest#House
http://www.semanticweb.org/zym/ontologies/F2Ltest#New-Wave	http://www.semanticweb.org/zym/ontologies/F2Ltest#Synth-Pop
http://www.semanticweb.org/zym/ontologies/F2Ltest#Pop	http://www.semanticweb.org/zym/ontologies/F2Ltest#Electronic

图 10-14　Virtuoso 返回的 SPARQL 查询结果(部分)

应的 SPARQL 查询语句，通过 Virtuoso 的可视化用户查询界面直接获得所需信息的列表，避免了在大量无目的连接中徘徊甚至迷失；第三方应用也可以通过 SPARQLEndpoint 访问电子音乐资源本体，从而为用户的语义检索提供支持。

然而，在实践中，并非所有用户都能有清晰的检索目标、能使用准确的检索式得到所需信息，社会化标注系统中的大量用户在查询信息时，也依赖系统所提供的资源导航功能进行信息浏览。因此，为使社会化标注系统能够更全面、准确、多维度的为用户提供资源导航，本研究接下来通过 OWL 可视化工具实现电子音乐资源本体的关联数据发布，为社会化标注系统的资源导航提供支持。

(2)基于 LODE 的关联数据发布及资源导航

LODE 可以通过浏览器在线运行，其使用较为简单，只需将提前保存的电子音乐资源本体形式化描述文件上传，即可自动将该本体发布为关联数据，LODE 支持 OWL 或 RDF 描述，本研究导入电子音乐资源本体的 RDF 描述，LODE 以本体的类、属性、实例等的众多三元组形式呈现发布结果，如图 10-15 所示。

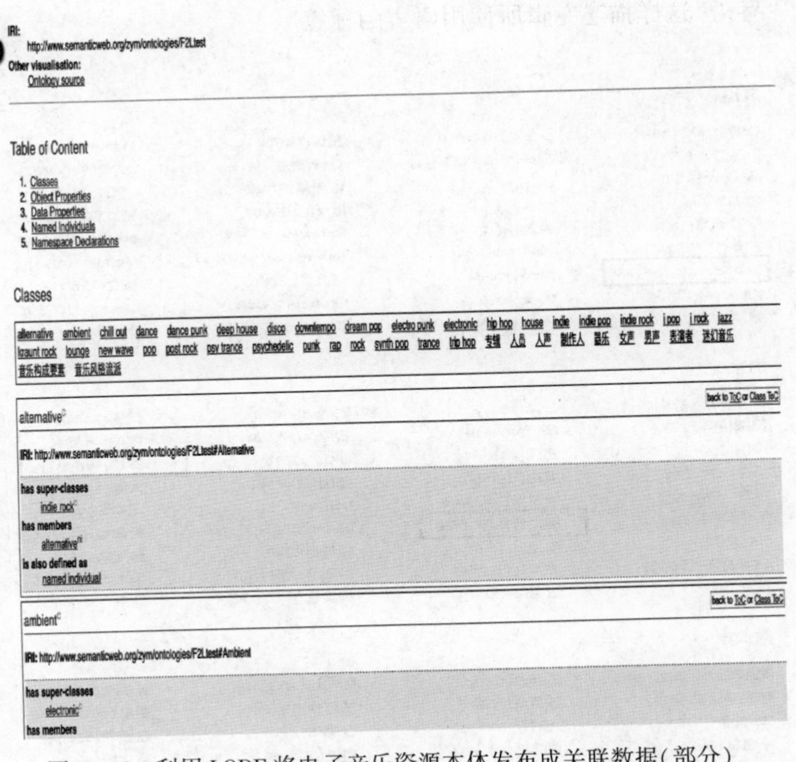

图 10-15 利用 LODE 将电子音乐资源本体发布成关联数据(部分)

豆瓣音乐提供的资源导航形式是“分类浏览”功能①，但仅仅将音乐资源的热门标签分为“风格”“国家/地区”“艺术家”三类(如图 10-16 所示)。但是各分类下的标签杂乱排布，而且出现了不应该属于这一分类的标签，例如：风格分类中的“Soundtrack”和艺术家分类中的“合集”应该属于描述专辑类型的标签，并非属于描述专辑风格或艺术家的标签；又如国家/地区分类，分类标准本身不清晰，无法得知国家/地区是指专辑发行地区还是专辑艺术家国籍抑或专辑所使用语言代表的国际和地区，因此出现了“华语音乐”

① 豆瓣网. 豆瓣音乐标签[EB/OL]. [2019-04-18]. https://music.douban.com/tag/? view=type.

“粤语”这样描述专辑所使用语言的标签。

风格 · · · · · ·

OST(1300489)	pop(783185)	民谣(765967)	indie(758059)
Folk(592277)	Electronic(587911)	流行(529394)	J-POP(488737)
rock(421399)	摇滚(412297)	电影原声(369990)	JPOP(346421)
R&B(293997)	post-rock(286415)	jazz(275590)	独立音乐(221078)
中国摇滚(183229)	纯音乐(177960)	Brit-pop(176387)	britpop(161302)
古典(151223)	电子(149830)	Alternative(141997)	Metal(140961)
Soundtrack(138749)	punk(132646)	经典(127256)	独立(126357)
classical(121887)	钢琴(109322)	hip-hop(108486)	newage(107595)
原声(101796)	Post-Punk(99231)	Soul(93955)	Darkwave(90345)

国家/地区 · · · · · ·

日本(1362670)	台湾(1227225)	欧美(834029)	美国(743484)
英国(477177)	华语(469596)	香港(466539)	内地(441043)
中国(256672)	韩国(233567)	UK(229898)	粤语(196497)
法国(135075)	英伦(123664)	德国(118456)	大陆(117953)
港台(104833)	爱尔兰(96736)	US(92897)	瑞典(89874)
国语(68943)	华语音乐(63009)	Japan(55252)	新加坡(54212)
HK(49738)	冰岛(43056)	挪威(42293)	台灣(41723)
日本音乐(38653)	意大利(32866)	西班牙(28413)	俄罗斯(27675)
马来西亚(27141)	法语(24303)	欧美音乐(21990)	北欧(19672)

艺术家 · · · · · ·

周杰伦(181264)	王菲(169708)	陈奕迅(168610)	陈绮贞(160989)
孙燕姿(158660)	五月天(154748)	苏打绿(137616)	梁静茹(101436)
Coldplay(97865)	久石让(87171)	张悬(81748)	蔡健雅(63858)
椎名林檎(63736)	范晓萱(59265)	窦唯(57406)	莫文蔚(56666)
Radiohead(55213)	Bach(54501)	GreenDay(53201)	LinkinPark(52805)
Beethoven(51767)	李志(49391)	合辑(47953)	王力宏(47356)
MyLittleAirport(46071)	S.H.E(45625)	许巍(45554)	Oasis(43641)
eason(43517)	张震岳(42907)	曹方(42567)	张国荣(42530)

图 10-16　豆瓣音乐的“分类浏览”导资源航界面图(部分)

相比豆瓣音乐资源导航模式，通过 LODE 发布为关联数据的电子音乐资源本体，可为用户提供更全面的内容展示以及语义更准确、清晰的资源导航。LODE 的用户界面中，第一级导航是“TableofContent”，其中包含了本体的类(Class)，对象属性(ObjectProperties)等导航项，点击任意项可跳转至该项对应的二级导航目录。以本体的类(Class)为例，继续介绍后续导航项：Class 目录下包含了本体中所有类的字顺排序导航项，点击任意导航项可跳转至该项对应的三级导航目录，例如点击类“Alternative”，则跳转至三级导航“Alternative”，其下以 RDF 三元组的形式列举了与类“Alternative”相关的所有实例(Named Individual)、类(Class)等，例如“Alternative”导航项下的第一个三元组{“Alternative” hassuper-class “Indie-rock”}，表示类“Alternative”的父类是“Indie-rock”。LODE 的导航路线与豆瓣网层层递进的导航路线相似，但由于电子音乐资源本体的语义支持，LODE 发布的关联数据在导航过程中依然保持语义清晰，且 LODE 的所有导航项处于同一页面中，可随时返回上级导航目录，大大降低了用户在浏览资源过程中迷失的可能性。

(3)基于 WebVOWL 的关联数据发布及可视化展示

WebVOWL 也属于 OWL 可视化工具，与 LODE 类似，WebVOWL 也可以通过浏览器在线运行，其使用便捷简单，只需将提前使用 WebVOWL 导入本体形式化描述文件，即可将自动将本体发布为关联数据，并生成生成可视化网络图，选择节点后，右侧可以显示对应的类、属性等的具体描述。WebVOWL 也支持将可视化发布的本体以 URL 形式保存和导出，以供第三方查询。本实验导入电子音乐资源本体的 OWL 描述文件，生成的部分可视化网络图如图 10-17 所示。网络图中，本体的类、对象属性、实例均以节点形式表示，类间关系使用不同的线型的边表示，并配以文字注释；数据属性也使用实线表示，但在颜色上加以区分，且配备文字注释。以节点“专辑”为例，选中节点后，通过右侧的信息栏，可知，该节点表示电子音乐资源本体的类，类名是“专辑”，该类包含 49 个实例，可通过点击信息栏中的具体实例，通过其 URL 打开资源地址；与节点“电子音乐资源外部描述”为父子关系，与节点“人员”间有名为“制作”“艺术家”“创作”的对象属性，与节点“音乐风格流派”间有名为“代表作品”“风格”的对象属性。节点“专辑”具有名为“发行地”“发行商”“发行时间”“语言”和“专辑类型”的数据属性，这些数据属性的数据类型均为“rdfs：Literal”。

社会化标注系统中资源的标签云形式呈现，是 Folksonomy 的重要应用之一，因豆瓣音乐未提供标签云形式的资源导航和浏览，

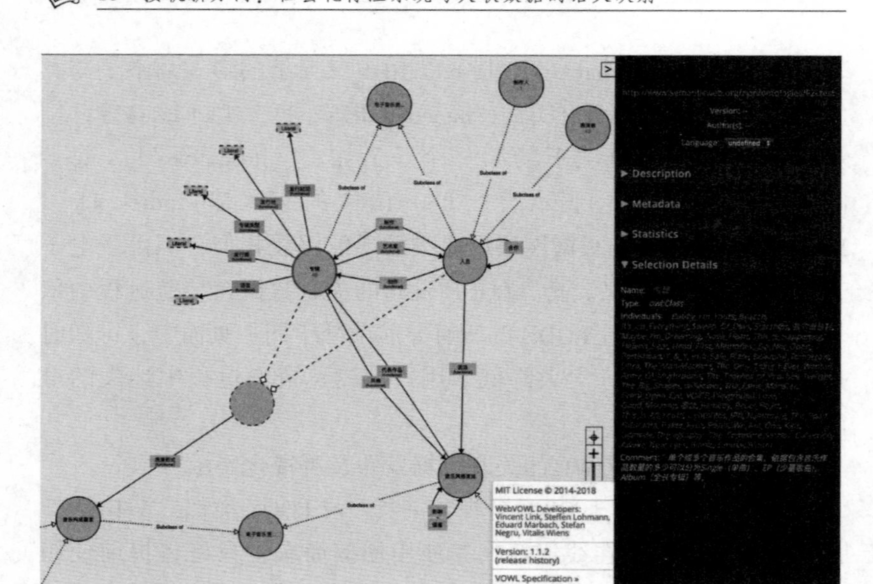

图 10-17　通过 WebVOWL 可视化发布的电子音乐资源本体概貌(部分)

本研究借另一个音乐类社会化标注平台——MusicBrainz 的标签云界面①，分析 WebVOWL 发布的关联数据在导航和浏览方面的优势。在 MusicBrainz 的标签云中，将用于描述音乐资源的标签以字顺排序依次列举，并通过字体大小表示标签的热门程度，即使用频次越高的标签显示字体越大(如图 10-18 所示)，这样的浏览方式，仅能发现热门标签，而无法表示 Folksonomy 的其他语义关系。在资源导航功能上，一方面，用户所需的检索入口与热门标签并非总是一致，因此对于使用非热门标签检索的用户，标签云实际增加了检索的难度；另一方面，当点击某标签后，系统随即离开标签云界面，返回该标签标注资源的分类浏览界面，当再点击该界面的其他导航项时，情况与上节所述的豆瓣音乐资源导航路线相似。因此，标签云的浏览及导航方式，既无法全面展示 Folksonomy 中的语义关系，也无法降低用户浏览过程迷失于茫茫信息的可能性。

① MusicBrainz. MusicBrainz 标签云界面[EB/OL]. [2019-04-18]. https://musicbrainz.org/tags.

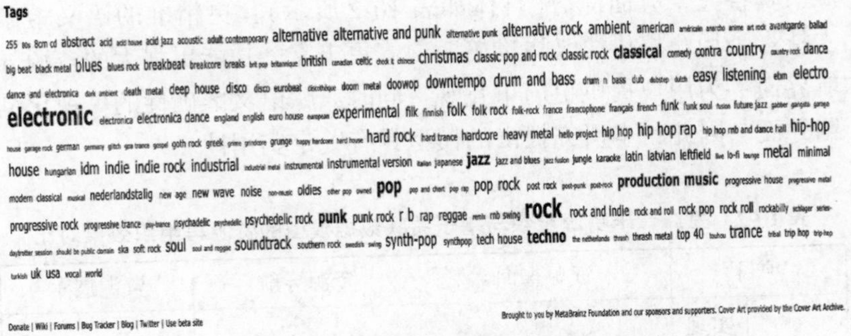

Tags

255 80s 8cm cd abstract acid acid house acid jazz acoustic adult contemporary alternative alternative and punk alternative punk alternative rock ambient american américain anarcho anime art rock avantgarde ballad big beat black metal blues blues rock breakbeat breakcore breaks brit pop britannique british canadian celtic chinese christmas classic pop and rock classic rock classical comedy contra country country rock dance dance and electronica dark ambient death metal deep house disco disco eurobeat discothèque doom metal doowop downtempo drum and bass drum n bass dub dubstep dutch easy listening ebm electro electronic electronica electronica dance england english euro house european experimental filk finnish folk folk rock folk-rock france francophone français french funk funk soul fusion future jazz gabber gangsta garage house garage rock german germany glitch goa trance gospel goth rock greek grime grindcore grunge happy hardcore hard house hard rock hard trance hardcore heavy metal hello project hip hop hip hop rap hip hop rnb and dance hall hip-hop house hungarian idm indie indie rock industrial industrial metal instrumental instrumental version italian japanese jazz jazz and blues jazz fusion jungle karaoke latin latvian leftfield live lo-fi lounge metal minimal modern classical musical nederlandstalig new age new wave noise non-music oldies other pop owned pop pop and chart pop rap pop rock post rock post-punk post-rock production music progressive house progressive metal progressive rock progressive trance psy-trance psychadelic psychedelic psychedelic rock punk punk rock r b rap reggae remix rnb swing rock rock and indie rock and roll rock pop rock roll rockabilly schlager series daytrotter session should be public domain ska soft rock soul soul and reggae soundtrack southern rock swedish swing synth-pop synthpop tech house techno the netherlands thrash thrash metal top 40 touhou trance tribal trip hop trip-hop turkish uk usa vocal world

Donate | Wiki | Forums | Bug Tracker | Blog | Twitter | Use beta site

Brought to you by MetaBrainz Foundation and our sponsors and supporters. Cover Art provided by the Cover Art Archive.

图 10-18　MusicBrainz 的标签云界面

相比标签云的浏览及导航形式，一方面，经过 WebVOWL 发布的关联数据，以网络图的形式，高度可视化的展现电子音乐资源本体，用户通过浏览网络图形式的本体，可获得对电子音乐领域知识的概貌性、直观性的认知；另一方面，WebVOWL 提供了两级导航结构，第一级以网络图中的节点和边为导航项，第二级以相应节点或边的描述信息栏中的部分信息为导航项，可根据配备的 URL 导向资源地址。虽然导航功能不及 LODE 强大，但相比于标签云形式的资源导航，具备语义更丰富准确、用户界面更直观、友好的优势。此外，WebVOWL 还提供用户自定义缩放、过滤、配色等功能，将难以读懂的本体形式化描述，转变为简单直观的网络图，一定程度上提高了用户的使用体验。

综上，本研究使用实证研究法，通过将豆瓣音乐平台中的电子音乐专辑资源发布成关联数据的实验，验证前文所提出的社会化标注系统与关联数据映射模型，并将发布结果与豆瓣音乐平台就资源查询、导航、可视化展示方面进行对比分析，以阐述基于关联数据的社会化标注系统资源组织方法，在实践中所具有的优势。实验结果表明：①通过模型提出的语义映射方案，成功借助豆瓣电子音乐专辑资源集-标签集构建电子音乐资源本体，通过模型提出的步骤与工具，实现了本体的关联数据发布，从而证明本研究提出的模型具有一定可行性。②相比豆瓣音乐原来基于标签的资源组织，通过基于关联数据的社会化标注系统资源组织方法组织后的电子音乐资源，具备三个方面优势(具体如表 10-2 所示)：更精准的语义检索支持；为用户提供语义更准确、内容更丰富、功能更强大的资源导航界面；为用户提供更简单直观，同时兼顾语义准确性的可视化浏览界面。因此，本研究提出的模型具有一定实用性。

表 10-2　豆瓣音乐资源组织与基于关联数据模型的资源再组织效果对比

项目		资源查询	资源导航	资源展示
基于标签的资源组织	实现方式	标签直达	分类浏览	标签云
	特点	基于自然语言、效率低下、不支持语义检索	类目较少且不准确、多页面递进式导航易使用户迷失	仅显示标签热门程度、无法体现标签间语义关系
基于关联数据的社会化标注系统资源组织	实现方式	基于 SPARQL 查询语句的资源检索(OpenLinkVirtuoso)	基于本体元素的资源导航(LODE)	可视化网络图(WebVOWL)
	特点	支持语义检索、效率高、可准确返回用户所需资源	单页面多层级导航、语义丰富且清晰准确、用户不易迷失	语义关系清晰准确且丰富、呈现方式直观、用户界面友好

11 倒逼与革新：呼之欲出的社会化标注系统语义互通互操作

11.1 倒逼：告别孤军奋战的社会化标签

纵观社会化标注系统的发展历程，其自 2004 年诞生，至今已近 17 年。其间，社会化标注系统历经几度兴衰，也曾风靡全球，涉及网页收藏、图片分享、音乐、电影、读书、科研等诸多之领域，经久不衰，遍及全球诸多之网站；也曾数次消沉，诞生诸多昙花一现式的社会化标注系统。

本研究整理了目前仍然运营良好的社会化标注系统，试图从语义提升角度剖析其得以运营至今的缘由，整理如表 11-1 所示。

表 11-1　现存社会化标注系统整理

社会化标注系统名称	平台网址	创立时间	平台主题及功能	所采纳的语义提升策略
CiteULike	http://www.citeulike.org/	2004 年	学术文献社会化标注系统	文献自身的语义规范优势

续表

社会化标注系统名称	平台网址	创立时间	平台主题及功能	所采纳的语义提升策略
豆瓣网	https://www.douban.com/	2005年3月	网络资源社会化标注系统	系统的语义规范机制：如基于数学统计模型的标签推荐引擎
Connotea	http://www.connotea.org/	2004年底	学术文献社会化标注系统	标签的语义规范优势(用户多为科研领域，使用词规范)
H2O Playlist	http://h2obeta.law.harvard.edu/	2007年	学术文献社会化标注系统	文献自身的语义规范优势
Flickr	http://www.flickr.com/	2004年2月	图片社会化标注系统	系统的语义规范机制：如规范标签提示等标签质量控制
pinboard	http://pinboard.in/	2009年底	网络资源社会化标注系统	系统的语义规范机制：如关键词提示
BibSonomy	http://www.bibsonomy.org/	2006年	网络资源社会化标注系统	系统的语义规范机制：如规范标签提示等标签质量控制
365Key	http://ww.365key.com	2004年10月	网络资源社会化标注系统	系统的语义规范机制：如规范标签提示等标签质量控制
LibraryThing	http://www.LibraryThing.com	2005年	图书社会化标注系统	文献自身的语义规范优势
Shelfari	http://www.Shelfari.com/	2007年	网络资源社会化标注系统	资源分类优势，如严谨规范的图书信息分类

续表

社会化标注系统名称	平台网址	创立时间	平台主题及功能	所采纳的语义提升策略
GoodReads	http://www.GoodReads.com/	2006 年	图书社会化标注系统	资源分类优势，如严谨规范的图书信息分类
WorldCat	https://www.worldcat.org	2001 年	学术文献社会化标注系统	系统的语义规范机制：如规范标签提示等标签质量控制
土豆网视频	http://www.tudou.com/	2005 年 4 月	网络资源社会化标注系统	系统的语义规范机制：如标签推荐机制
新浪博文	http://blog.sina.com.cn/	2005 年	网络资源社会化标注系统	系统的语义规范机制：如标签输入限制，如标签长度限制符号限制，数字限制
IT 博文	http://blog.it-eye.com/	2003 年	网络资源社会化标注系统	系统的语义规范机制：如标签输入限制，如标签长度限制符号限制，数字限制
Diggo	http://www.diggo.com	2005 年	网络资源社会化标注系统	系统的语义规范机制：如关键词提示
好书网	http://www.haoshu123.com/	2012 年	图书社会化标注系统	资源分类优势，如严谨规范的图书信息分类
aNobii	http://www.anobii.com/	2007 年	图书社会化标注系统	资源、标签分类优势，如严谨规范的图书信息分类和标签分类
Last.fm	https://www.last.fm/	2007 年	音乐社会化标注系统	系统的语义规范机制：如标签推荐机制

相应地，本研究也整理了一些昙花一现式的社会化标注系统，曾经辉煌，而后没落直至倒闭消失，也尝试剖析其没落的缘由，整理如表 11-2 所示：

表 11-2　倒闭社会化标注系统整理

社会化标注系统名称	平台网址	关闭时间	平台主题及功能	语义角度看没落原因
Delicious	http://del.icio.us/	2014 年 2 月 15 日	网络资源社会化标注系统	标签本身缺乏语义规范：如缺乏标签推荐机制、标签添加随意
diigo	http://www.diigo.com	2014 年	网络资源社会化标注系统	标签本身缺乏语义规范：如垃圾标签冗余
Furl	http://www.furl.com	不明	网络资源社会化标注系统	标签本身缺乏语义规范、缺乏标签推荐机制、垃圾标签冗余
Technorati	http://www.technorati	2006 年 5 月	网络资源社会化标注系统	网络资源组织较混乱
Blogbus	http://www.blogbus.com	2012 年	网络资源社会化标注系统	标签本身缺乏语义规范：如垃圾标签冗余、标签分类不明

总体来看，但凡至今仍能运营，持续的社会化标注系统，其共同特征都在于在倒逼下改革创新，告别了孤军奋战的社会化标签，不同程度地引入了相应的语义提升机制。

11.2　革新：概念驱动的社会化标注系统语义映射体系

语义是对资源的知识内容进行描述和揭示的必须手段。在社会化标注系统中，Folksonomy是语义体系的核心，是社会化标注系统语义描述与揭示的特色方法，其通过用户标注标签的形式揭示资源在内容、使用情景、主观感受和个人管理等方面的资源特征，大众参与、费用低廉、自由灵活但语义稀疏。除此之外，引入的元数据、同义词环、主题词、分类词、本体、主题图、关联数据等不同揭示资源语义的方式产生了不同深度、不同粒度的语义。

元数据主要描述资源的外部属性特征，语义结构简单明确，是资源描述的基本方式；同义词环以一组语义相对规范的同义词或近义词为基础，用于提高资源的查全率；主题词和分类词以受控词为基础，采用概念和概念关系表示知识的内在联系，语义颗粒度精细规范，提供一定程度上的语义扩展，逐渐被融入社会化标注系统资源语义揭示中；本体则用于更为精细的资源组织，可用精确、丰富的语义揭示资源，乃至实现跨社会化标注系统的语义互通和互操作；主题图以主题、关联和资源出处为要素，通过精准描述主题及主题之间、主题与资源之间的形式化语义关系，形成直观的可视化导航图；关联数据则借助形式化的RDF三元组，注重刻画数据之间的网络联系，将知识组织的语义深入到知识单元而非浮于文献。

剖析这些语义揭示方式的异同，重构社会化标注系统资源语义体系就变得至关重要，这既是理清社会化标注系统语义问题如何进一步革新的前提，也是实现社会化标注系统资源语义互通互操作的重要保障。

在归纳、对比和总结社会化标注系统资源的各种理论、方法与技术的基础上，结合语义学中的“语义网体系结构”等相关理论，本研究认为，一个完整的社会化标注系统资源语义体系应至少“资源层-符号层-知识表示层-映射层-逻辑推理层”五层架构，如图11-1

所示。

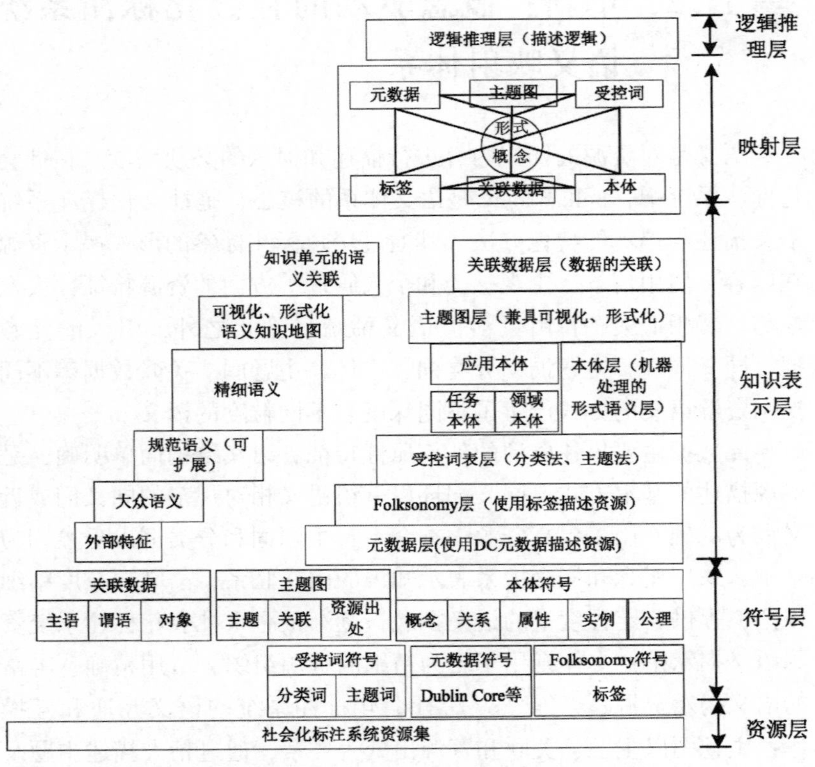

图 11-1　社会化标注系统资源语义体系(修正图)

资源层是社会化标注系统资源语义体系的最底层，包含了社会化标注系统的各种资源。

符号层是用特定符号来描述社会化标注系统中的资源，这些符号是多体系多元化的，包括 Folksonomy 的标签，元数据的 Dublin Core，同义词环的同义词，受控词的分类词、主题词，本体的领域、概念、关系、属性、公理，主题图的主题、关联和资源出处，关联数据的主谓宾三元组等。这些符号是相互独立的，但在统一的社会化标注系统资源语义体系下，它们之间必须实现相互的映射和互通。

知识表示层是重点，又可细分为一维语义层(元数据、同义词环、Folksonomy 也可归入此类)、二维语义层(分类法)、多维语义层(受控词表、本体、主题图、关联数据)等多个语义层次，各语义层次不应相互掣肘，而应互补，纳入一个有机体系，实现社会化标注系统资源语义在不同层次、不同粒度间的融合与交互。

映射层是指建立起不同知识表示和组织方式符号间的相互映射关系，这种映射关系的建立依托于最基本的知识表示单元——形式概念。映射层是整个社会化标注系统语义映射体系的核心，且本研究中主要依托形式概念分析实现，因而在此称为“概念驱动的社会化标注系统语义映射体系”。

逻辑推理层旨在建立相应的逻辑推理规则，并基于其下的各个层次进行资源聚合逻辑推理，实现资源语义深度和广度上的推理关联。

11.3 理想之光：社会化标注系统的语义互通互操作

社会化标注系统发展的理想之光，在于以概念驱动的社会化标注系统语义映射体系为前提，实现社会化标注系统的语义互通互操作。正如王军所言，网络环境下的知识组织系统，要将传统知识组织系统和新兴社会化组织工具集成在统一的术语注册与服务框架内，使二者相互补充、相互融合①。

如果说本研究前文主要关注的是任意 KOS 和社会化标注系统中 Folksonomy 之间的映射的话，那么本章本节，本研究将关注任意 KOS 之间以 Folksonomy 为媒介，实现 KOS 间的语义互通互操作。考虑到社会化标注系统中涉及的 KOS 众多，本研究在此仅选

① 王军，卜书庆. 网络环境下知识组织规范研究与设计[J]. 中国图书馆学报，2012(4)：39-45.

择代表性KOS，以阐明理想状态下呼之欲出的社会化标注系统语义互通互操作。

传统的知识组织方法中，最具代表性非专家分类法（Taxonomy）莫属，而新兴知识组织方法中，近年来被国内外学者广泛关注和青睐的是大众分类法（Folksonomy）和本体（Ontology）。新网络环境下，以Taxonomy、Folksonomy和Ontology为代表的三种方法在网络资源组织实践活动中一方面充分展现了各自的特色和优势：Taxonomy资源组织体系由专家制定，语义严谨；Folksonomy汇集用户智慧，自由灵活；Ontology形式化程度高，语义丰富。另一方面又暴露了各自难免的缺陷：Taxonomy形式化低，只表达层级语义；Folksonomy结构扁平，语义稀疏；Ontology成本高昂，维护费力。基于此，本研究尝试建构基于形式概念分析理论搭建三者的融合架构，实现新网络环境下专家分类法、大众分类法和本体的语义互通互操作。

11.3.1 概念驱动的T-F-O的语义互通互操作原理

11.3.1.1 概念驱动的T-F-O的语义映射

结合前文基础，本研究分别建立了Taxonomy、Folksonomy和Ontology三者与概念格之间的关系，在形式概念体系下剖析了Folksonomy的标签、Taxonomy的分类词表及Ontology的本体概念等诸多元素与形式概念及概念间的相互关系，如图11-2所示。

（1）Folksonomy向概念格的映射

Folksonomy体系向概念格的映射较为复杂，需要以经过预处理并遴选出的标签集做为形式背景的内涵集，以标签集对应的资源集为形式背景的外延集，进而构建Folksonomy形式背景并将其转换为概念格来完成。在生成的folk概念格中，原来呈散落态势的Folksonomy标签及相应资源变得具有层次性，原标签集中的概念标签（适合作为概念名称的标签）可映射为folk概念格节点的名称，属性标签（适合作为属性的标签）可映射为folk概念格概念节

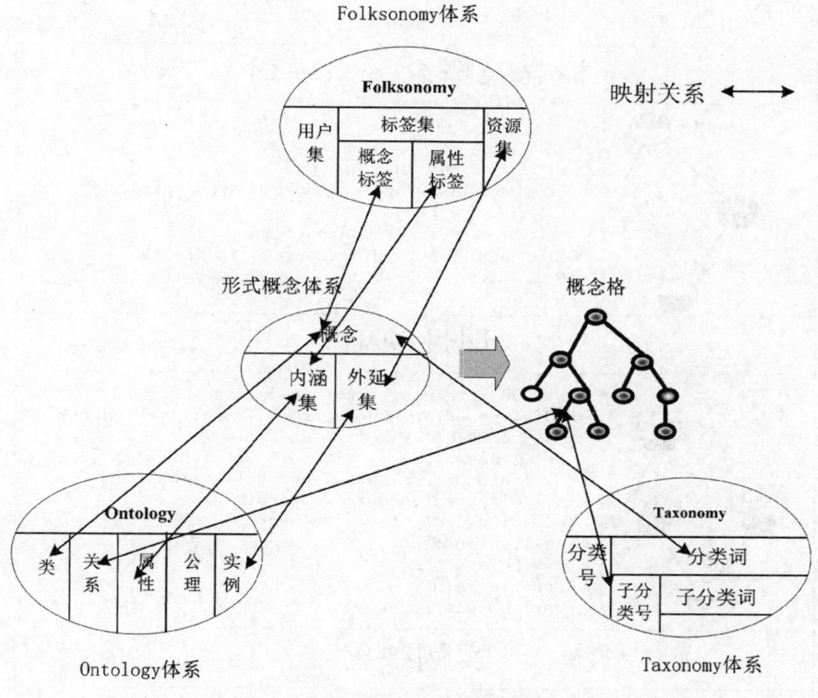

图 11-2　T-F-O 与概念格映射关系

点的属性集，相应的资源集可映射为 folk 概念格概念节点的外延集。

(2) Taxonomy 向概念格的映射

Taxonomy 体系向概念格的映射较为简单，分类词可映射为概念格中的概念节点，并作为相应的概念名称，分类词与子分类词的关系可映射为概念格中概念节点之间的关系。

(3) Ontology 向概念格的映射

Ontology 体系向概念格的映射尤为复杂，已有 Ontology 一般用 owl 等本体描述语言编写，因而该映射需要建立本体代码与概念格之间的对应关系，主要包括概念及概念关系映射、概念属性映射和概念外延映射三个主要环节，如图 11-3 所示。

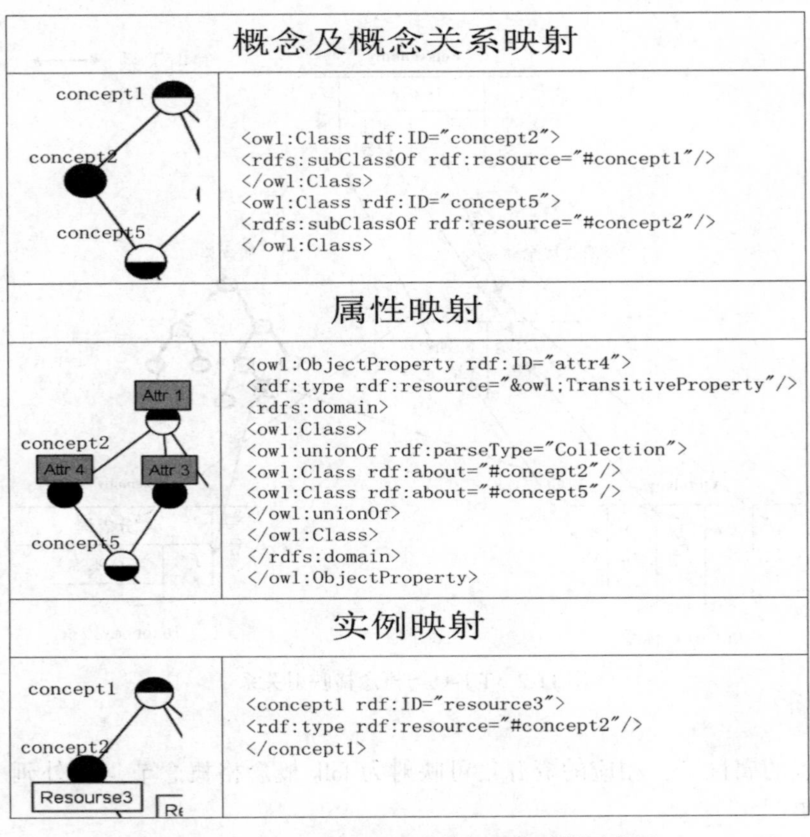

图 11-3　Ontology 代码向本体概念格映射示意图

11.3.1.2　T-F-O 与概念格映射的一个例证

为验证 T-F-O 与概念格映射具有科学可行性，在此以图书资源为对象举一例证。例证中，以豆瓣读书 top250 中的前 5 本作为实验对象，得出资源集为 R = {小王子，追风筝的人，围城，活着，挪威的森林}；相应地，Folksonomy 标签集由描述上述资源的高频标签组成；Taxonomy 数据集可根据上述资源的 ISBN 号从中国国家图书馆检索系统中获取中图分类号和分类词；本体数据来源于根据文献①提供的方法利用 Protégé 获取本体 owl 代码。初始数据集如表 11-3 所示：

表 11-3　T-F-O 与概念格映射初始数据集

<table>
<tr><th>资源名称</th><th>专家分类法
中图分类号
分类词</th><th>大众分类法
标签</th><th>本体
Owl 代码(部分)</th></tr>
<tr><td>小王子</td><td>I565.88 文学>各国文学>法国文学</td><td>童话、法国、经典、外国文学、小说、文学</td><td rowspan="5"><owl:ObjectProperty rdf:ID="当代">
<rdfs:domain rdf:resource="#当代文学"/>
</owl:ObjectProperty>
<owl:Class rdf:ID="文学"/>
<owl:Class rdf:ID="现代文学">
<rdfs:subClassOf rdf:resource="#中国文学"/>
</owl:Class>
<owl:Class rdf:ID="中国文学">
<rdfs:subClassOf rdf:resource="#文学"/>
</owl:Class>
<现代文学 rdf:ID="围城"/>|</td></tr>
<tr><td>追风筝的人</td><td>I712.45 文学>各国文学>美国文学</td><td>阿富汗、小说、人性、救赎、外国文学、文学</td></tr>
<tr><td>围城</td><td>I561.44 文学>中国文学>小说>现代作品</td><td>钱锺书、小说、中国文学、婚姻、现代文学、文学</td></tr>
<tr><td>活着</td><td>I247.57 文学>中国文学>小说>当代作品</td><td>余华、小说、中国文学、人生、当代、文学</td></tr>
<tr><td>挪威的森林</td><td>I313.45 文学>各国文学>日本研究学</td><td>村上春树、小说、日本研究学、爱情、外国文学、文学</td></tr>
</table>

① 吴琼，袁曦临. 基于 Folksonomy 的网络文学书目资源本体构建[J]. 图书馆杂志，2013(7)：27-31.

利用概念驱动的 T-F-O 的语义互通原理，可分别实现 Taxonomy 向概念格、Folksonomy 向概念格、Ontology 向概念格的映射，T-F-O 与概念格映射过程如图 11-4 所示。

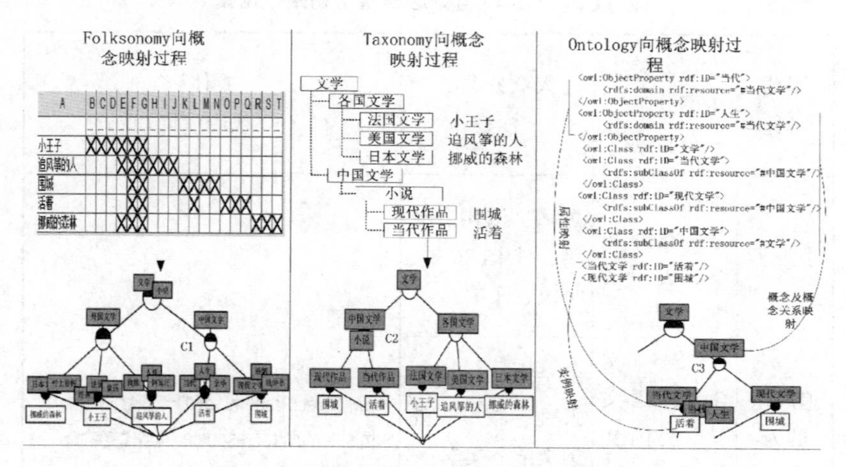

图 11-4 T-F-O 与概念格映射的一个例证

如图 11-4 所示，分别建立 Taxonomy、Folksonomy 和 Ontology 向概念格的映射后，即可发现三个概念格具有非常高的相似性，这种相似性具体体现在概念节点、概念节点的内涵和外延上。以图中节点 C1、C2、C3 为例，三者的形式概念结构分别为 C1{{文学，小说，中国文学}，{活着，围城}}，C2{{文学，中国文学，小说}，{围城，活着}}，C3{{文学，中国文学}，{围城，活着}}，依据形式概念理论可判定三个概念是相似概念，而这种相似概念正是本研究所谓的枢纽，也正是开展 T-F-O 语义互通互操作的基础。

11.3.2 基于概念格的 T-F-O 语义互通互操作模型

为了更加清晰明了地阐释 Taxonomy、Folksonomy 和 Ontology 的语义互通互操作，本研究构建了基于概念格的 T-F-O 语义互通互操作模型。模型包括以下六个模块，数据准备模块、概念格构建模

块、T-F-O 映射模块、T-F-O 语义互通模块、结果输出模块、评价反馈模块，如图 11-5 所示。

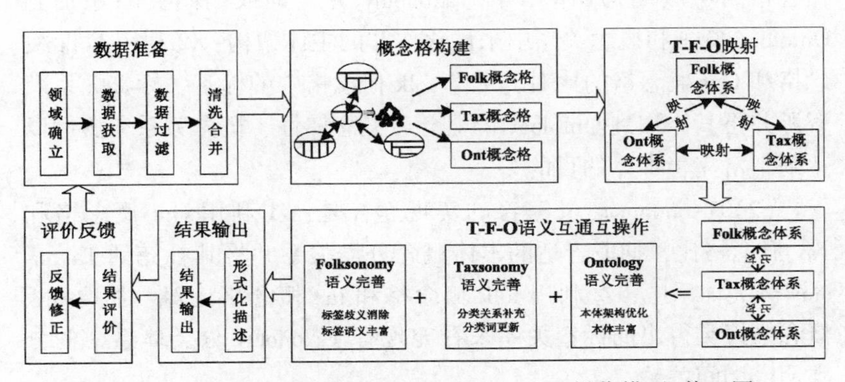

图 11-5　基于概念格的 T-F-OF-O-T 语义互通互操作模型(修正图)

上述六个模块分别对应着 T-F-O 语义互通互操作的六个阶段。数据准备模块旨在获取同领域的 Taxonomy、Folksonomy 和 Ontology，并着重对 Folksonomy 的标签集进行过滤、清洗和合并；概念格构建模块旨在根据不同数据源分别构建 Folk 概念格、Tax 概念格和 Ont 概念格；F-O-T 映射模块的任务是根据相似概念节点映射原理建立上述三个概念格之间的映射关系；F-O-T 语义互通互操作模块的任务是根据需求进行 folk 概念格、tax 概念格和 Ont 概念格之间的语义互通互操作。结果输出模块的任务是对 F-O-T 语义互通互操作结果根据需要或进行形式化描述，或用可视化工具展示。评价反馈模块的任务是对 F-O-T 语义互通互操作的结果及其应用的效果进行评价，做出反馈修正。

11.3.3　基于 T-F-O 映射的语义互通互操作的主要方向

基于 T-F-O 映射的语义互通互操作，其思想是在相似概念体系比对的基础上对源知识组织方法进行补充、修改和完善，其方向包括 Ontology 语义完善、Taxonomy 语义完善、Folksonomy 语义完善三种，不同的语义完善在实现途径上略有差异。

(1) Ontology 语义完善的实现途径是：①利用 Tax 概念格和 Ont 概念格的层级结构比对，将 Taxonomy 分类词或词间关系添加到 Ontology 概念和概念关系中来优化本体的主体架构；②利用 Folk 概念格和 Ont 概念格的比对，遴选 folk 概念格中的标签、标签关系及资源并将其添加到 Ontology 的概念、概念属性、概念关系和实例以达到丰富完善本体的目的。

(2) Taxonomy 语义完善的实现途径是：①利用 Ont 概念格和 Tax 概念格比，抽取合适的本体概念分类关系并将其补充到 Taxonomy 分类体系中；②利用 folk 概念格和 tax 概念格比对，抽取 folk 概念格聚类得出的标签关系来补充现有 Taxonomy 分类体系中的分类词或词间关系。

(3) Folksonomy 语义完善的实现途径是：①利用 Ont 概念格和 Folk 概念格的映射，用本体丰富的语义关系来明晰和丰富 Folksonomy 标签语义，控制和消除标签歧义；②利用 Tax 概念格和 Folk 概念格映射，用 Taxonomy 语义体系来明晰和丰富 Folksonomy 标签语义。

11.4　探索：社会化标注系统语义互通互操作的一种尝试

社会化标注系统语义互通互操作所呈现的理想状态，应该是参与社会化标注系统资源组织的多种 KOS 能同时并存，按照自身的特征对社会标注系统资源同时展开组织，且各种 KOS 直接能够有共同的语义枢纽，实现 KOS 术语之间的语义映射的状态。本节将尝试依托《中分表》与标签融合视角来提出一种新的领域本体构建方法，进而借助所得领域本体实现对社会化标注系统资源的再组织，达成同时利用专家分类法、主题词表、大众分类法与语义本体四种 KOS 对相同社会化标注系统资源的组织，以此作为对专家分类法、主题词表、大众分类法与语义本体之间语义互通互操作具体

应用情形的一种探索。

11.4.1 利用《中分表》与大众分类法融合构建本体的基础

目前以《中分表》为基础构建本体的研究尚少，研究的视角有“高度复用型”和“语义辅助型”两大类。前一类研究都以《中分表》中专家选定的分类词和主题词作为本体构建的术语集，且将《中分表》作为标识本体概念架构的主要参照标准，例如薛云①等按照斯坦福大学七步法原理，在复用《中分表》中的概念分类体系及主题词的基础上构建了中国民族音乐本体，采用相同方法构建的本体还有旅游本体②③和图书情报领域本体④等。后一类研究中，用于构建本体的术语集并不局限在分类词或主题词中，还包括关键词、标签词等非受控词汇，利用《中分表》的目的在于辅助确立术语集中的各词汇间的语义关系，钟金伟通过对共现词网改造构建本体的研究⑤和李艳⑥利用中分表建构轻型标签本体即属于此类研究中的典型。总体而言，“高度复用型”类的研究虽仍占主流，但不断吸纳《中分表》之外的术语成为网络环境下基于《中分表》构建本体的一种趋势，“语义辅助型”类的研究就是这种趋势的一种体现。

另外，《中分表》是《中图法》和《汉表》的有机合体，故而利用

---

① 薛云，叶东毅，张文德．基于《中国分类主题词表》的领域本体构建研究[J]．情报杂志，2007(3)：15-18.

② 王宇星．基于《中国分类主题词表》的旅游本体知识库研究与实现[D]．成都：电子科技大学，2012.

③ 韩洁．基于OWL的《中国分类主题词表》本体建模设计分析[J]．图书馆建设，2013(7)：62-65.

④ 陈欢欢．图书情报学领域本体的构建研究[J]．图书馆学研究，2011(21)：11-16，26.

⑤ 钟伟金．基于共现词网改造的领域本体自动构建模型研究[J]．情报理论与实践，2014(1)：131-135.

⑥ 李艳，贾君枝．轻型标签本体与受控词表的结合研究[J]．数字图书馆论坛，2014(08)：14-20.

《中图法》或《汉表》等相关受控词表构建本体的研究也应纳考量。利用《中图法》构建本体的相关研究偏少，其核心在于将分类词间的等级、并列和同一关系转换为本体概念关系，例如白华①给出的利用 owl 本体语言描述上述关系的解决方案；相应地，利用《主题词表》构建本体的研究较多，自贾君枝②拟定主题词表转换为本体的思路之后，先后出现了政务领域③、海事领域④、林业领域⑤和出版领域⑥、医学领域⑦的领域本体；在构建算法方面也形成了利用自动处理工具实现批量叙词表数据的本体构建⑧和将主题词快速转换为本体的算法⑨等代表性成果。本研究认为，应用《中图法》构建本体和应用《主题词表》构建本体的成果及热度相差悬殊，其差异化形成的可能原因一方面在于主题词表"用代属分参"的语义揭示方式较之分类法"层级"的语义揭示方式更全面，另一方面在于分类词的语义颗粒度较高，对于领域中概念语义揭示的精细化程度较之主题词略有欠缺。

---

① 白华. 基于 OWL 方法的分类法本体语义描述探索[J]. 情报杂志，2012(2)：124-129.

② 贾君枝《汉语主题词表》转换为本体的思考[J]. 中国图书馆学报，2007(4)：41-44.

③ 赵东霞，赵新力. 基于政务主题词表的本体构建研究[J]. 现代图书情报技术，2008(3)：73-77.

④ 孙利. 基于主题词表和 FCA 的海事本体构建研究[D]. 大连：大连海事大学，2010.

⑤ 贾雪峰. 基于林业主题词表构建林业领域本体的研究[D]. 北京：北京林业大学，2010.

⑥ 司莉，陈雨雪，庄晓喆. 基于主题词表的数字出版领域本体构建[J]. 出版科学，2015(6)：80-84.

⑦ 李晓瑛，李军莲，冀玉静，邓盼盼，李丹亚. 基于叙词表及其语义关系的本体构建研究[J]. 情报科学，2018，36(11)：83-87.

⑧ 李晓瑛，李军莲，冀玉静，邓盼盼，李丹亚. 基于叙词表及其语义关系的本体构建研究[J]. 情报科学，2018，36(11)：83-87.

⑨ 何伟，李波，李霜. 一种由叙词表向本体 OWL(Ontology Web Language)快速转换的转换算法[J]. 南华大学学报(自然科学版)，2016，30(4)：88-93.

在利用标签构建本体的相关研究方面，前文已有叙述，在此不再叙述。综合来看，利用《中分表》构建本体和利用大众分类法构建本体分别代表了依托专家词表和用户词表构建本体的两大类别，且不同类别间形成了风格鲜明、各具特色的本体构建方法和效果，孰优孰劣难分伯仲。本研究关注到目前学界尚未有研究从融合的视角下兼取多方之优势，真正意义上将专家分类法、主题词表、大众分类法与本体之间语义映射纳入统一的框架下，正是基于此思路，本研究探索性提出了融合《中分表》和大众分类法构建本体的命题。

11.4.2　利用《中分表》与大众分类法构建本体的融合机理

《中分表》往往由各领域专家协作编制而成，代表了专家的权威认知，用词标准、明确、清晰、规范、概括性强，其词间关系通过分类号、层级关系、代属分参关系等方式体现。因此，利用《中分表》构建本体时本体概念可以直接复用《中分表》中的选词，本体概念关系也可以通过直接提取《中分表》中各类关系获得，概念属性的确立可以直接参照《中分表》中的参照关系、分类号以及限义词。但是，《中分表》进行本体构建时也存在一定的缺陷：利用《中分表》构建的本体概念的语义粒度通常较粗，难以对网络资源进行深入的揭示；受《中分表》自身修订周期较长的影响，本体构建后更新速度也势必缓慢。

利用大众分类法构建本体时，往往需要对大量的标签进行清洗、遴选，选取其中的概念标签作为本体概念。由于大众分类法结构扁平，需要对标签进行聚类等方式处理后，概念间关系才可以呈现出来。此外，本体概念属性的确立也较为复杂，其中数据属性多选自属性标签，本体概念和概念属性的关系需根据标签的实际情况进行分析和挖掘。最关键的是，利用大众分类法构建的本体，由于术语选择局限于社会化标注系统标签，因而其性质多为资源本体，适用范围有限。但是，大众分类法构建的本体所用本体概念粒度较细，可以对网络资源进行深入的揭示。另外，标签也可以较为及时地反映网络信息资源的发展和变化，从而确保本体构建所用术语集的新颖性。

通过上述对比分析可以发现，利用《中分表》与大众分类法构建本体的过程可以取长补短、相互融合。本体是由本体概念、概念关系、概念属性(含对象属性和数据属性)、实例和公理五元组组成，基于《中分表》与大众分类法融合的本体构建，本质上是建立《中分表》与大众分类法向本体五元组的映射关系。

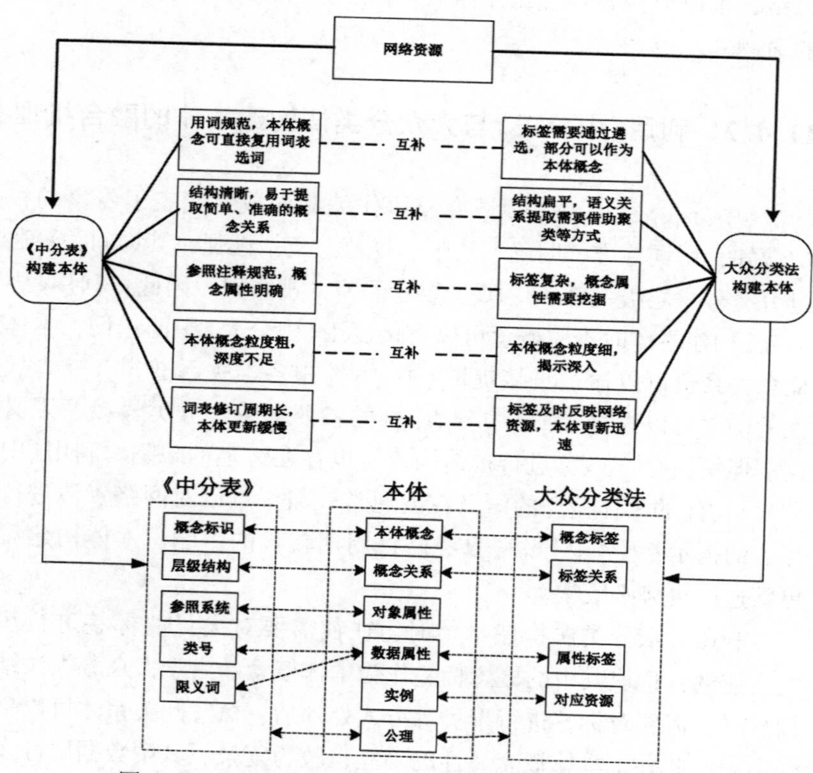

图 11-6 《中分表》与大众分类法融合的本体构建机理

在进行本体五元组构建时，粒度较粗、描述较为宽泛的本体概念可选用《中分表》中的类名及主题词，《中分表》中未涉及的、网络更新迅速、颗粒度较细的概念则由大众分类法的概念标签来补

充。概念关系主要依据《中分表》中概念间的层级结构设立，并由标签聚类获取的概念标签间的关系补充。本体的概念属性分为对象属性和数据属性，传统的利用《中分表》或者大众分类法构建本体的研究中缺乏对概念属性的重视，本研究将《中分表》中的关"用""代""参"设置为对象属性，将《中分表》中的分类号、限义词及大众分类法中的属性标签设置为数据属性。此外，以往利用《中分表》构建本体的研究中对实例的重视不足，本研究中将大众分类法中的资源作为实例，弥补了上述不足。最后，本体公理及推理规则可结合所建本体概念及概念关系、属性、实例的具体情形提取。

11.4.3　《中分表》与大众分类法融合的本体构建流程

以《中分表》和大众分类法融合的本体构建机理为基础，本研究提出了基于《中分表》和大众分类法融合的本体构建模型，该模型共包括六大部分：数据准备、标签语义关系获取、依据《中分表》获取本体概念框架、映射融合、本体完善以及本体输出，如图11-7所示。

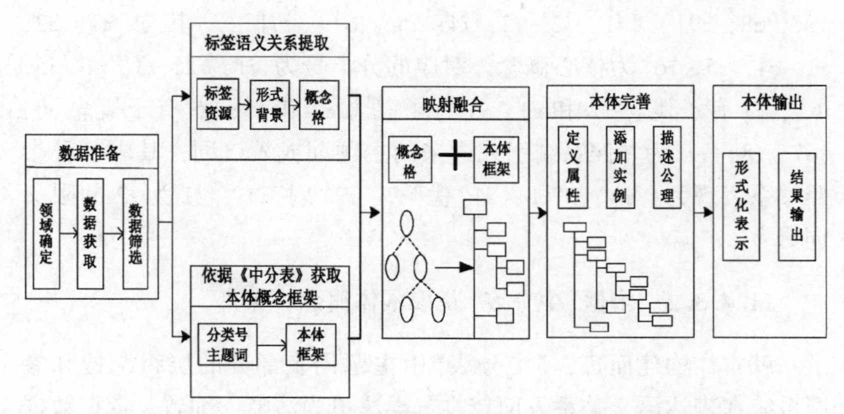

图11-7　《中分表》和大众分类法融合的本体构建模型

11.4.3.1 数据准备

数据准备阶段是进行本体构建的开始和基础，该阶段的主要任务是选定本体构建的领域，进而获取《中分表》和大众分类法的数据集并对其进行处理。本体的构建一般是围绕特定的应用或者领域进行，因此需要先在《中分表》中选定拟建本体的学科门类或相应主题，并选取与拟建本体相关的社会化标注系统。数据的获取阶段，从《中分表》获取的数据主要包括分类号、类名、主题词、层级关系、参照系统、限义词等，从大众分类法获取的数据主要包括在社会化标注系统中的高频标签及其所描述的资源。数据筛选阶段是对获取的数据进行清洗、合并、遴选等操作。本体具有规范性，因而对于不同语言、简繁体、大小写等不规范标签需进行规范化处理；本体还具有明确性，对于表达意思相同用词不同的标签要进行同义词合并，此外，本体还强调共享性，对与本体构建相关度底或者使用频率太低的标签要进行剔除。《中分表》作为专家编制的分类法，数据较为规范，因而不需要过多处理。为后文阐述方便，现假定经过数据准备阶段后，大众分类法的标签集为 $T=\{t1, t2, t3, t4, t5, t6, t7, t8\}$，资源集为 $R=\{r1, r2, r3, r4, r5, r6, r7, r8, r9\}$；《中分表》数据集为 $Z=\{\{z1, z2, z3, z4, z5, z6\}, \{z7, z8, z9\}, \{i1, i2, i3, i4, i5, i6\}, \{l1\}\}$，其中 $\{z1, z2, z3, z4, z5, z6\}$ 为核心概念，对应的分类号为 $\{i1, i2, i3, i4, i5, i6\}$，$z1$ 有子概念 $z2$ 和 $z3$，$z3$ 有子概念 $z4$ 和 $z5$，$z5$ 有子概念 $z6$，$\{z7, z8, z9\}$ 为参照系统引入进来的主题词或入口词，其中各种参照关系表现为：$z3$“参”$z8$，$z4$“代”$z7$，$z7$“用”$z4$,，$l1$ 为 $z2$ 的限义词。

11.4.3.2 依据《中分表》获取本体概念框架

就本体构建而言，《中分表》中主题词表部分的层级结构和参照系统在表达语义关系方面较之分类法更为清晰、细致。依据数据准备阶段获得的《中分表》相关数据，本研究选择主题词和分类词为核心概念术语集，以主题词间的层级结构为主要依据，分类法中

的分类号所体现的类目关系为参考构建概念关系。参照系统中“属”“分”“族”关系体现在本体概念的层级结构中；“用”“代”“参”作为对象属性，其中关系“用”用“hasPreferredTerm”表示、关系“代”用“hasnonPreferredTerm”表示，此二属性之间具有互逆性，关系“参”用“hasRelativeTerm”表示，此属性具有对称性。分类词拥有的分类号作为数据属性，用“ClassCode”表示，分类号为属性值。限义词表示对概念的限定也作为数据属性。此外，参照注释后引入进来的主题词或入口词，在“参照补充”类目下单独列出。由11.4.3.1节中《中分表》数据集获取的本体概念体系如图11-8所示，{$z1$，$z2$，$z3$，$z4$，$z5$，$z6$}为本体主要概念，依据层级关系为其构建概念关系，{$z7$，$z8$，$z9$}在“参照补充”类下单独列出，$z3$与$z8$之间用“hasRelativeTerm”连接，$z4$ hasnonPreferredTerm $z7$，$z7$ hasPreferredTerm $z4$，分类号与限义词作为数据属性。

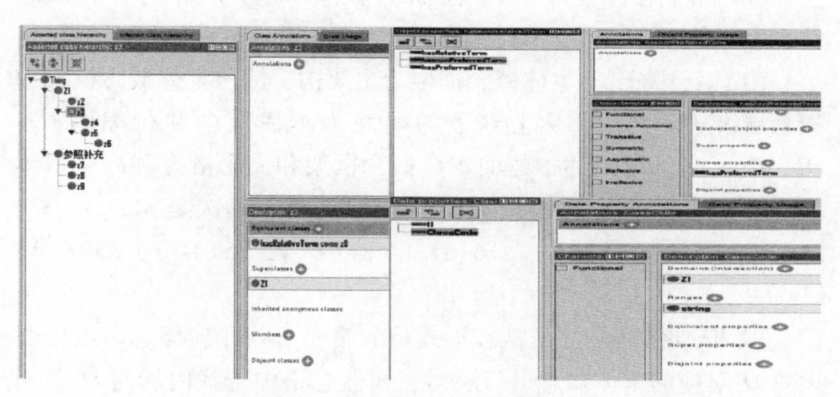

图11-8　《中分表》本体概念体系

11.4.3.3　Folksonomy概念体系中的语义关系提取

该阶段主要是从数据准备处理后的大众分类法的标签集-资源集中提取语义关系，从而建构Folksonomy概念体系，过程本书前文中多有论述，其结果如图11-9所示：

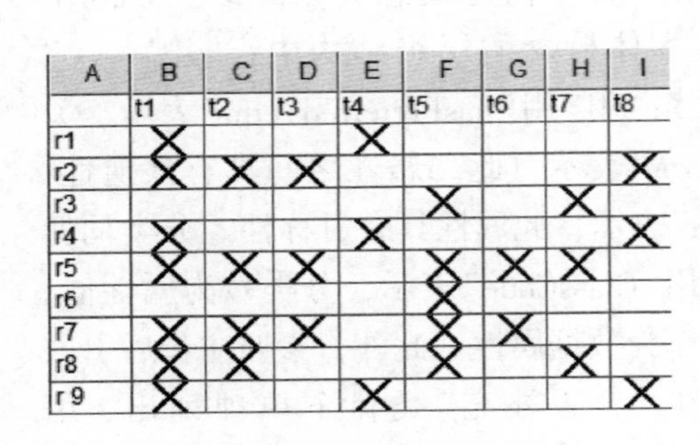

A	B	C	D	E	F	G	H	I
	t1	t2	t3	t4	t5	t6	t7	t8
r1	X			X				
r2	X	X	X					X
r3					X		X	
r4	X			X				X
r5	X	X	X		X	X	X	
r6					X			
r7	X	X	X		X	X		
r8	X	X			X		X	
r 9	X			X				X

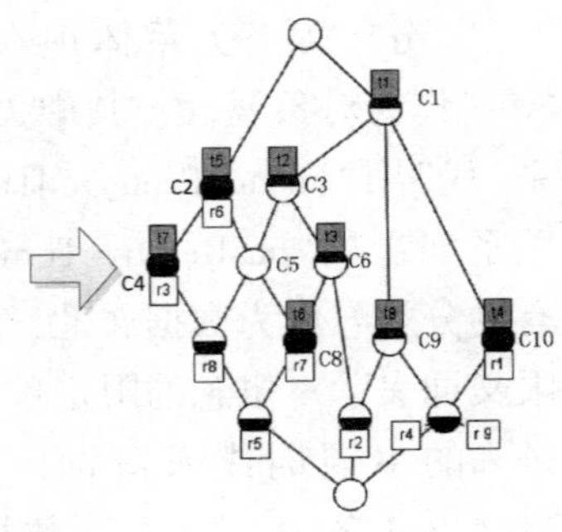

图 11-9 语义关系提取图

11.4.3.4 Folksonomy 概念体系与《中分表》本体概念体系的映射

本环节的任务是建立 Folksonomy 概念体系《中分表》本体概念体系之间的语义映射，具体步骤如下：

(1)以《中分表》本体概念框架为主架构，按照本体概念框架中概念层级从深到浅、从上到下的顺序为本体概念并行编码 O_1，O_2，$O_3 \cdots O_n$。以上述构建的本体概念框架和概念格为例，在本体概念框架中，$z6$ 为层级最深最靠前的类目，其次是 $z4$，$z5$，$z2$，$z3$，$z1$，概念编码顺序为 $z6(O_1)$，$z4(O_2)$，$z5(O_3)$，$z2(O_4)$，$z3(O_5)$，$z1(O_6)$。

(2)依照编码顺序依次在形式概念格中查找相应概念节点，假设对 O_n 对应的本体概念进行映射，在概念格中查找内涵与 O_n 名相同(或相近)的概念节点。此处假设对 O_1 对应的概念 $z6$ 进行查找：

①若无对应概念节点，则不进行映射；

②若对应概念节点下没有拥有内涵的概念节点，则不进行映射；例如对应概念节点为 $C10$，则不进行映射。

③若对应概念节点的子代或者更多代节点有概念内涵，为了提高映射的合理性，则仅分析子概念节点的内涵，将未出现在本体概念框架中的概念内涵映射到本体概念框架 O_n 类下，作为 O_n 的子类。例如对应概念节点为 $C2$，则分析 $C2$ 的子节点 $C4$ 以及隐含概

念的 $C5$，将未出现在本体类中的子节点的内涵映射到本体 $z6$ 类目下；若对应概念节点为 $C1$，也只分析该节点的子节点 $C3$、$C9$、$C10$。

(3)依次遍历本体概念框架主类中的所有 O_n，完成主体概念的映射后，用同样的方法遍历“参照补充”类下的概念，完成所有概念的映射。

(4)特别注意的是，当形式背景中数据集量级较大时，也可使用第7章中所使用的“迭代映射机制”完成映射过程。

11.4.3.5　本体完善与输出

本体完善的主要任务主要包括两方面，一是在领域专家的参与和协助下对前文所得的本体概念框架进行合理性判别，删除不合理的标签映射；二是为本体概念框架补充和完善属性、实例及公理推理规则。属性的完善是为了进一步补充本体内部类及类之间的关系，丰富类的功能、加强不同类之间的关联。除了《中分表》中主题词间的参照关系体现在对象属性中，《中分表》中的分类号、限义词与大众分类法中的属性标签作为数据属性外，是否设置其他属性需要根据标签的实际内容以及本体建构的实际情况具体分析。实例的添加是指本体概念对应的标签(包括《中分表》中原有概念对应的标签以及映射到本体中的标签)所描述的资源，即标签在概念格中对应节点的外延作为实例，添加到本体中。对于公理的总结归纳来自上文所述的概念间关系和本体构建的实际情况。完整的本体构建完成后，本研究将采用 Protégé 本体构建软件使其形式化，并将其转换为相应的形式化编码，这就是本体输出。

11.4.4　实验：以《中分表》散文领域与豆瓣网资源融合构建本体

(1)数据准备

本研究选择散文领域为实证研究对象，原始数据获取源于两方面：一方面获取《中分表》中关于散文主题下所涉及的词条内容，具体词条参见《中国分类主题词表》(第 5 版)第 373、2259 页；另一方面获取关于散文主题的大众分类数据集，可以将豆瓣读书网作为数据获取源，从“TOP250”书单中随机选择 80 条标签中含有与散文主题相关标签的资源，获取其资源名称与高频标签作为原始数据。

为确保使用标签构建本体的科学性，获取标签集及其对应资源集后还应集合数据清洗和合并过程对其进行筛选。筛选标签的主要任务包括对繁体字与英文标签进行简体化和汉化，对同义标签进行合并，对资源名称、年份、自我参考和任务管理类语句、出版社等与领域本体构建无关的标签进行删除。作者名与国家名(或地区名)标签本研究选择单独列出以供本体完善时使用。经过数据清洗、合并等处理后，最终得到用于构建形式概念格的标签 110 条。部分数据内容如图 11-10 所示，区域一为《中分表》中获取的散文领域数据，区域二为标签数据的筛选，区域三为筛选后的资源与

散文	
·抒情散文	
· ·散文诗	
·叙事散文	C传记文学
· ·报告文学	C纪实文学 C新闻特写
· · ·速写	C特写 C通讯
· · ·特写	C速写 C通讯 C新闻特写
· · ·通讯	D文艺通讯 C速写 C速写
· ·笔记	
· ·回忆录	
· · ·革命回忆录	
· ·日记	
· ·书信	D书简
· ·游记	
·议论散文	
· ·随笔	D札记
· ·小品文	
· ·杂文	D杂感 D杂谈

区域一：《中分表》散文主题数据（部分）

区域二：标签筛选表（部分）

标签合并前	标签合并后
小品类文章、小品文	小品文
诗词涵咏、诗词	诗词
诗、诗歌、诗歌集	诗歌
标签改正前	**标签改正后**
雜文	杂文
Wilde	王尔德
舍弃的标签	
豆瓣偶遇、2015、想读，一定很精彩！、需PDF试读、游.行.走、三联	

资源	标签
梅子青时	回忆录 文学 历史 生活 中国文学
菊次郎与佐纪	随笔 传记 电影 外国文学 回忆录 亲情
张学良口述历史	历史传记 口述 历史 回忆录 民国
别闹了，费曼先生	传记 科普 人物传记 幽默 人物
百岁忆往	回忆录 传记 随笔 文化 中国文学
查令十字街84号	外国文学 书信集 小说 书信 文学 爱情
朱生豪情书全集	情书 书信 爱情 民国 中国文学 随笔 文学
山居杂忆	回忆录 散文 口述史 随笔 历史
世界很大，幸好有你	女性 正能量 散文 眼界 励志 成长
永恒的时光之旅	摄影 旅行 随笔 外国文学 文化 散文
退步集	随笔 艺术 杂文 文化 人文 评论 散文
…	…

区域三：大众分类法数据（部分）

图 11-10　数据准备阶段的对象数据(部分)

标签。

(2)实验过程

按照前述依据《中分表》获取本体概念框架方法，实现对《中分表》散文主题的本体概念框架构建。“散文”相关术语在主题词表中体现了清晰的层次结构，类目间注释与参照关系标示明确，因此本研究选择以“散文”领域主题词作为核心概念，主题词表中的层级结构作为本体概念关系的主体。“用”“代”“参”关系表现在对象属性中。“属”“分”“族”关系体现在本体概念的层级结构中。分类号与限义词作为数据属性。参照系统引入进来的主题词或入口词在进行本体概念框架构建时单独列入“参照补充”类名下。《中分表》散文主题本体概念体系如图 11-11 所示。

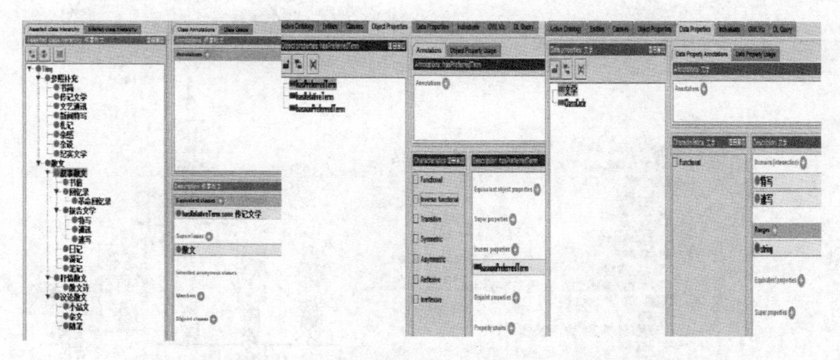

图 11-11 《中分表》散文主题本体概念体系

按照前述标签语义关系提取的方法，以标签集作为内涵以资源集作为外延，对处理后的大众分类法数据构建形式背景，使用 conexp1.3 将上述形式背景转化为相应的概念格。完成本体概念框架构建与概念格构建后，依次按照概念格分析、概念格映射及迭代求解等环节对概念格进行处理。如图 11-12，以“回忆录”概念为例，找到“回忆录”在概念格中对应的节点，发现与“回忆录”概念节点相关联的节点中包含了大量的隐含概念，需要先采用迭代求解的方法清晰概念间的结构，进而才能完成标签向本体的映射。以

“回忆录”为界提取概念节点，构建新的形式背景并转化为概念格，新的概念格中“回忆录”概念节点与其子节点的关系清晰可见，因此可以将“回忆录”节点子节点中的概念全部映射到本体概念框架“回忆录”概念下。

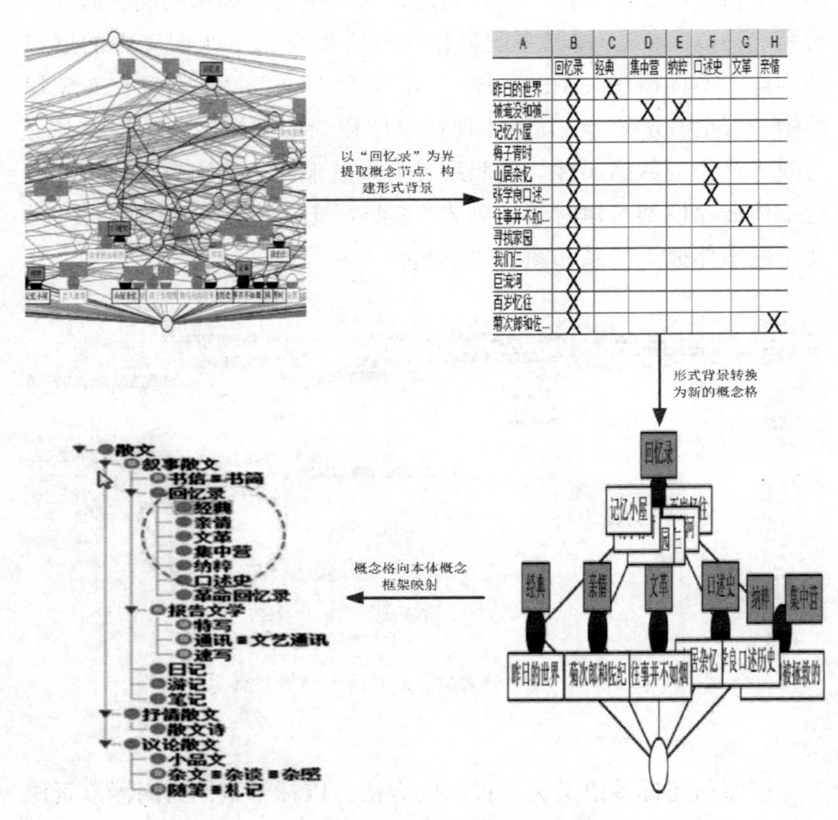

图 11-12 “回忆录”子概念节点映射

本体完善阶段，首先是在领域专家的协助下对映射而来的本体概念进行合理性判别，进而删除不合理的概念，保留合理的映射标签。如上述“回忆录”子概念节点的映射完成后，删除具有泛泛意义的“经典”概念，保留“亲情”“纳粹”“集中营”“文革”“口述史”。

其次，该阶段需补充完善本体概念、属性和实例：

①本体概念补充。上述分析标签资源时发现，标签中含有大量的作者和国家(或地区)标签，这些标签虽不适合用于构建概念格并映射到散文本体框架中，但这两类标签对于资源检索有重要的意义。因此，本研究选择在本体中创建作者类和国别类，将作者标签和国别标签作为实例分别添加在各自的类目下。

②概念属性完善。在添加本体对象属性时，除前述参照关系外，补充“wasWritenBy”“hasNationality”“wasDescribedAbout”三种对象属性。“wasWritenBy”表示资源与作者的关系。由于国家(或地区)标签表示的情况较为复杂，用户添加该类标签时有时表示的是作者的国别，有时表示的是资源所描写的内容，因此本研究用“hasNationality”表示作者与国家(或地区)的关系，用“wasDescribedAbout”表示资源与国家(或地区)的关系。关于数据属性，由于在豆瓣读书中获取的标签资源中除了书名、作者名、国家名(或地区名)外其他基本为概念标签，几乎不含有属性标签，因此在本体完善时无法根据属性标签的情况设置数据属性。

③本体实例完善。实例的添加主要包括三种类型的实例，一是标签所描述的资源，即图书的书名，二是资源对应的作者，三是资源所涉及的国家和地区。在数据准备阶段本研究已将作者和国家(或地区)标签单独提取出。在添加资源实例时，由标签映射而来的本体概念的实例为该标签在概念格中对应概念节点的外延，由《中分表》而来概念的实例即为《中分表》主题词在概念格中相对应的标签所描述的资源。

(3)实验结果

经过数据准备、依据《中分表》获取本体概念框架、标签语义关系提取、形式概念格与本体概念框架映射融合、本体完善等环节，依据《中分表》与大众分类法的散文领域本体已基本完成，在本体开发平台 Protégé4.0 中逐次添加上述过程中形成的本体概念及概念层级结构、属性(包括对象属性和数据属性)、实例，最终将本体进行形式化表示，如图 11-13 所示。

本体构建完成后，使用 SPARQL 语言对所构建的本体进行查

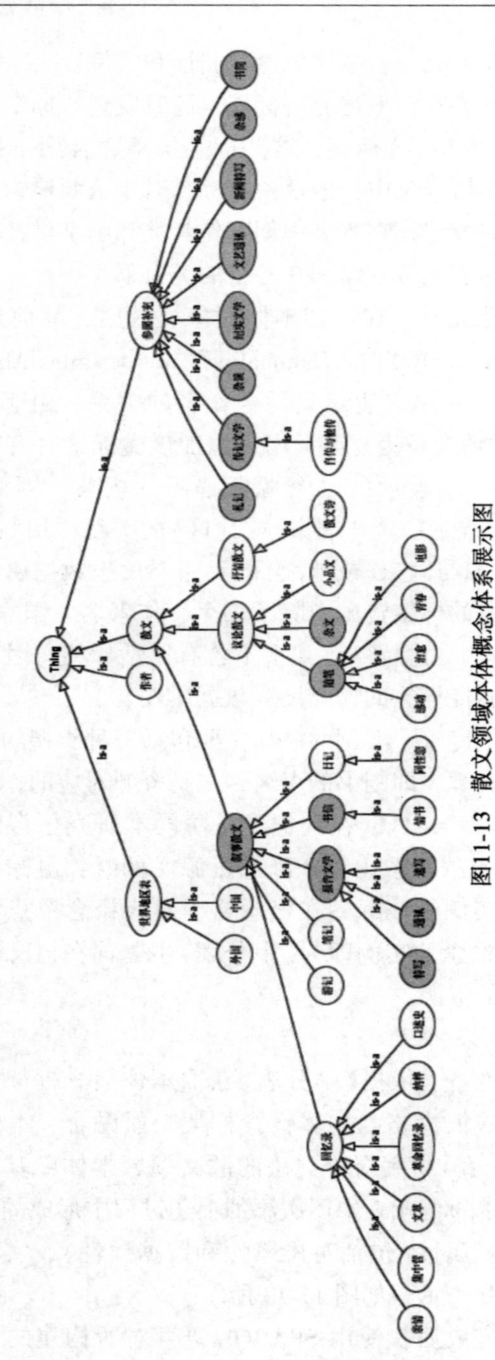

图11-13 散文领域本体概念体系展示图

询。SPARQL 语言的查询规范是 W3C 推荐的标准，能够适应各种本体描述语言的查询，并且对 OWL 和 RDF 可以进行很好的查询支持，目前已经广泛应用于本体的查询中本研究对上述构建的散文领域本体的查询主要使用 SELECT 查询。SELECT 查询包括三个组成部分：SELECT 用于指定查询返回的内容；FROM 指向使用的数据集或者本体文件；WHERE 子句引导查询的条件。对比本研究所建的散文领域本体与豆瓣读书现有的社会化标注系统，如图 11-14 所示，在豆瓣读书网中标签呈现出一种扁平无结构的状态，标签间的关系也十分模糊。在标签检索框中输入“随笔”，检索结果仅为使用“随笔”标签标注过的资源，“随笔”的上位概念、子概念以及它们所标注的资源均无法体现。在本研究所构建的散文本体中，选择“SPARQLquery”模块，查询“随笔”概念，查询结果中显示出了“随笔”概念的上位概念、子概念、概念对应实例、实例出版日期、实例的作者、以及实例所描述的国家地区信息。查询语句如下。

再如，在豆瓣网标签检索中检索“议论散文”，由于暂时没有人使用“议论散文”进行标注，所以无法检索出与议论散文有关的相关资源。而在本体中查询“议论散文”，则可以推理出“议论散文”的上位概念以及“议论散文”有参照注释关系的子概念，以及这些子概念对应的资源，如图 11-15 所示。通过使用本研究提出的本体构建方法构建的简单的散文领域本体，不仅可以完成对“议论散文”本身的实例查询，还可以推理出其上下位概念、对应的资源等信息。

由此可见，单纯使用大众分类法的社会化标注系统仅能对资源进行标签标注或使用标签单一的检索相应的资源，标签之间组织结构松散也难以体现其间的概念关系。相比较而言，使用《中分表》与大众分类法融合的方法构建的本体不仅能够使用用户易于理解的标签概念进行查询，还能够对标签进行结构化规范，体现其层级结构，同时具有一定的推理功能，提高了查询结果的准确性。

从社会化标注系统语义互通互操作的角度来看，完成本体构建后，可以看出，针对同一个散文资源，同时存在分类词、主题词、标签、散文领域本体四种典型的 KOS 对其展开资源组织。以散文

```
PREFIX rdf: <http://www.w3.org/1999/02/22-rdf-syntax-ns#>
PREFIX owl: <http://www.w3.org/2002/07/owl#>
PREFIX xsd: <http://www.w3.org/2001/XMLSchema#>
PREFIX rdfs: <http://www.w3.org/2000/01/rdf-schema#>
PREFIX onto: <http://www.semanticweb.org/ontologies/2017/1/untitled-ontology-8#>
  SELECT distinct (<http://www.semanticweb.org/ontologies/2017/1/untitled-ontology-8#随笔> as ?type) ?up_class ?sub_class ?subject ?pub_date ?author ?desc
      WHERE {<http://www.semanticweb.org/ontologies/2017/1/untitled-ontology-8#随笔> rdfs:subClassOf?up_class.?sub_classrdfs:subClassOf <http://www.semanticweb.org/ontologies/2017/1/untitled-ontology-8#随笔>.
              ?subject rdf:type ?sub_class;
          onto:出版年份 ?pub_date;
          onto:wasWritenBy ?author;
          onto:wasDescribedAbout ?desc
}
```

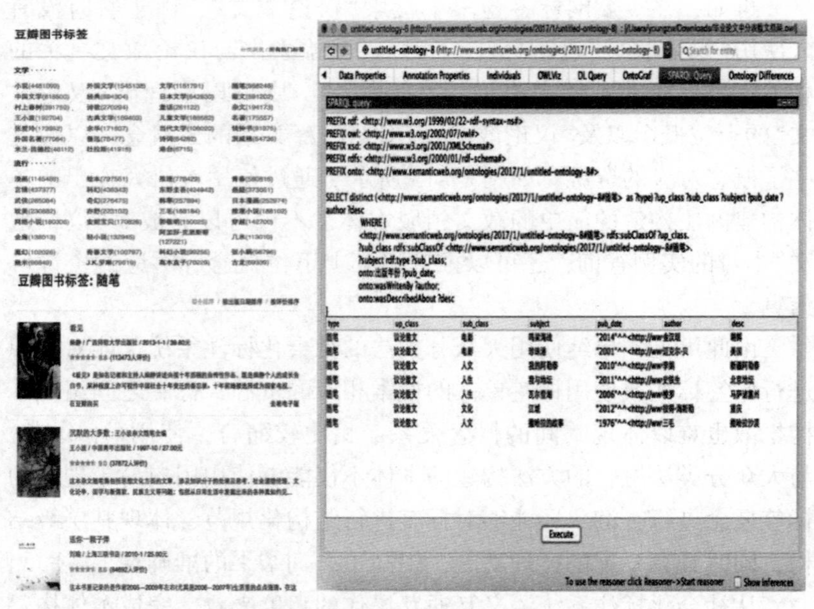

图 11-14 “随笔”概念查询结果对比

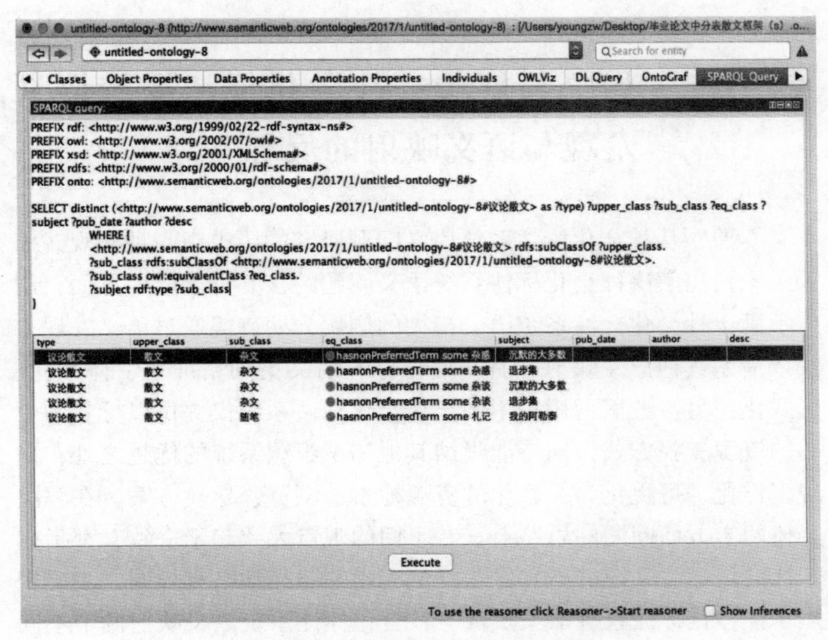

图 11-15 “议论散文”概念查询对比

资源《山居杂忆》为例，其分类词是“文学、中国文学、散文”；其主题词是“散文、叙事散文、回忆录”；其社会化标签是“散文、回忆录、口述史”；其本体概念是“散文、叙事散文、回忆录、口述史”；各种 KOS 所涉及的关键术语，都可以通过以概念格为枢纽的语义体系建立术语之间的映射关系，从而实现 KOS 之间的语义互通与互操作。

当然，本研究这里给出的探索案例，是一种较为特殊的理想的存在，距离在社会化标注系统中广泛推广仍然还有一定的差距和不足，但其贡献和值得肯定的地方在于，其建立的 KOS 之间的语义映射，不是简单意义上术语的匹配，也不是术语之间的简单映射，而是将所有术语都置身于相似和相近的概念体系之下，完成概念体系之间的映射。不仅仅实现了不同 KOS 元素层的语义映射，而且从结构层的视角上完成了 KOS 之间的映射，这较之既往研究，具有进步意义。

11.5 局限与展望：社会化标注系统语义发现与语义映射的反思

本课题从社会化标注系统语义问题研究的历史观与现实观碰撞入手，指出解决社会化标注系统语义问题的核心诉求：一方面，用户不满于社会化标注系统语义模糊的痼疾，期待能通过语义发现方法或借助其他语义映射工具，使得标签语义更加精准化、体系化、形式化；另一方面，用户不满于社会化标注系统仅提供以标签为中心的资源查找方式，期待能吸纳其他知识组织系统的优越之处，呈现多样化、可视化、关联化的资源检索、浏览、导航方案。在解决上述两个方面问题的思路上，专家们的观点大致趋于一致，都指向于社会化标注系统的语义优化，但实现的路径却略有异同，主要聚焦于社会化标注系统语义发现与社会化标注系统语义映射两个不同角度。前者侧重于利用聚类模型和聚类方法从扁平化的标签集合的聚类结果中发现标签之间的语义关联；后者倾向于建立社会化标签与已有资源组织方法间的语义映射进而析取标签之间的语义关联。本研究尝试从形式概念入手，尝试将社会化标注系统语义发现与语义映射的关系辩证统一，旨在提出一套利用形式概念分析解决社会化标注系统语义发现与语义映射问题的理论框架和操作方法，进而弥补当前主流研究方案存在的局限。课题形成的研究成果的核心内容如下：

(1)社会化标注系统语义发现之枷锁与来自形式概念分析的新钥匙。打破社会化标注系统中语义分析的枷锁，引入形式概念分析作为开锁的新钥匙，剖析了形式概念分析理论五大优势对解决社会化标注系统语义问题，完成语义发现与语义映射的助推作用与机理。

(2)搭建形式概念分析视角下社会化标注系统语义发现与语义映射的架构。在分析语义发现与语义映射过程所涉及的组成要素、角色要素、功能要素和要素间关系的基础上，总结出利用形式概念分析实现社会化标注系统语义发现与语义映射的架构并构建相应模型，形成社会化标注系统语义发现与映射一脉相承的理论体系。

(3)基于概念格的社会化标注系统语义发现。在探析社会化标注系统标签语义析出机制的基础上，指明从“语义零落的标签”到“语义关联的标签”是社会化标注系统语义发现的根本任务。依托一般概念体系与 folksonomy 概念体系的对照关系，构建了基于概念格的社会化标注系统语义发现模型，给出了基于概念格的社会化标注系统语义发现过程。同时，指明标签语义发现的产物缺少规范化、形式化表达，亟须与其他概念体系映射对接。

(4)典型知识组织方法与社会化标注系统间的语义映射。从一维、二维、多维的知识组织系统中选取代表性方法并建立其与社会化标注系统的语义映射：以同义词环为代表探讨了社会化标注系统与词单之间的语义映射；以《中图法》为例探讨了社会化标注系统与专家分类法间的语义映射；以电影资源本体为例探讨了社会化标注系统与形式化本体之间的语义映射；以 NARA 数字档案标注系统为例探讨了社会化标注系统与主题图之间的语义映射；以电子音乐标注系统为例探讨了社会化标注系统与关联数据之间的语义映射。

(5)探索概念驱动的社会化标注系统语义体系。指出孤军奋战不是社会化标注系统发展的出路，而以概念为枢纽，建立概念驱动的社会化标注系统语义映射体系，实现其与知识组织系统之间的语义互通互操作，才是从根本上解决社会化标注系统语义问题的可取思路之一。

当然，不容回避，本研究还存在诸多的不足，亟须反思，以求进一步开展后续研究：

(1)研究框架侧重理论研究却疏于实践应用。从研究的性质而言，本研究属于理论研究，而非应用研究。因而本研究框架着重强调的是理论研究，研究目标也是在拟定了诸多理论假设的理想状态之下达成的，这相当于削弱了理论的适用性，限定了理论与实践的匹配性。尽管本研究在阐明理论时，都尝试举例说明并验证，并且实验结论真实有效，但研究的成果距离付之于实践，转化成社会化标注系统中可以利用的技术成果，仍有很远的距离。这正如实验室中的成果与市场中产品的关系，因而，后续研究中，如何放宽理论研究时设立的苛刻条件，使得研究成果与现实实践无限接近，是进一步亟须深入关注的问题。

(2)社会化标注系统中标签质量对研究结果影响至深。本研究在开展实证研究的过程中，所采纳的样本数据均来源于目前具有一定影响力的社会化标注平台。研究过程中发现，即使是这些主流平台，其标签质量也仍有巨大的提升空间。标签质量越高，所表达语义越规范，基于此建构的 folksonomy 概念空间就越完善，越符合作为映射枢纽的标准。因而社会化标注系统中的标签，应当在深入调研用户标注动机的基础上，借助标签引导、标签推荐等手段，尽可能在保证自由灵活的前提下，提高标签标注的质量，规范标签语义，从而从整体上确保高质量的精炼数据集。本研究的成果，需要在高质量的标签集合上进一步验证。

(3)有待开发和建构社会化标注系统语义发现与语义映射平台。本研究仅仅搭建了一个社会化标注系统语义发现与语义映射的架构，从系统建模的角度阐释了社会化标注系统语义发现与语义映射的系统架构，但这仅仅限于概念模型层级。对于系统功能的实现，本研究的第五到十章，也仅仅从概念模型和一般流程的角度展开研究，囿于团队经费、精力、技术等多项因素，并没有深入到开发信息系统的程度，这也是本研究的一大缺憾。后续的研究将克服困难，以前期成果为基础，开发和建构社会化标注系统语义发现与语义映射平台，并将平台集成到社会化标注系统中，使得研究的结果能够应用于实践中去，服务用户。从研究结果评价的角度而言，开发平台也能更直观地校验研究的科学性、易用性和可靠性。

参考文献

网络资源

[1] Camelis [EB/OL]. [2018-12-20]. http://www.irisa.fr/LIS/ferre/camelis.

[2] Cleaning the skies: from tag clouds to topicmaps[EB/OL].[2018-04-29].http://www.topicmaps.com/tm2007/lavik.pdf.

[3] Conexp-clj [EB/OL].[2018-12-20].http://daniel.kxpq.de/math/conexp-clj.

[4] FCA algorithms [EB/OL]. [2018-12-20]. http://fcalgs.sourceforge.net.

[5] Formal Concept Analysis Homepage [EB/OL]. [2018-12-20]. http://www.upriss.org.uk/fca/fcasoftware.html

[6] Galicia Lattice Builder Home Page [EB/OL]. [2018-12-20]. http://www.iro.umontreal.ca/galicia/

[7] Lattice Miner [EB/OL]. [2018-12-20]. http://lattice-miner.sourceforge.net.

[8] Lattice Navigator[EB/OL].[2018-12-20].http://www.fca.radvansky.net/news.php.

[9] LEMIEUX S.Hybrid approaches to taxonomy and folksonomy[EB/OL].[2018-05-06].http://www.earley.com/presentations/hybrid-

approaches-to-taxonomy-and-folksonomy.

[10] Networked Knowledge Organization Systems/Services/Structures (NKOS)[EB/OL].[2018-8-15].http://nkos.slis.kent.edu/.

[11] MusicBrainz. MusicBrainz 标签云界面[EB/OL](2019-04-18) https://musicbrainz.org/tags.

[12] Omnigator: the topic map browser [EB/OL]. [2017-05-05]. http://www.ontopia.net.

[13] OpenFCA[EB/OL].[2018-12-20].http://code.google.com/p/openfca.

[14] Overview on ConExp [EB/OL].[2018-12-20].http://conexp.sourceforge.net/users/index.html.

[15] Synonym ring[EB/OL].[2018-10-12].https://en.wikipedia.org/wiki/Synonym_ring.

[16] ToscanaJ [EB/OL].[2018-12-20].http://toscanaj.sourceforge.net.

[17] 百度百科.语义三角[EB/OL](2018-04-29).https://baike.baidu.com

[18] 豆瓣读书.五万至十万人读过.[EB/OL][2018-8-7] http://book.douban.com/.

[19] 豆瓣网.豆瓣音乐标签[EB/OL](2019-04-18)https://music.douban.com/tag/? view=type.

[20] 互动百科.语义三角的含义[EB/OL](2018-04-29).http://www. 360doc.com

[21] 中国国家图书馆联机公共目录查询系统.[EB/OL][2018-8-7] http://opac.nlc.gov.cn.

中文文献

[22] 白华.基于 OWL 方法的分类法本体语义描述探索[J].情报杂志,2012(2):124-129.

[23] 白华.利用标签-概念映射方法构建多元集成知识本体研究[J].

图书情报工作,2015,59(17):127-133.
[24] 白华.利用标签-概念映射方法构建多元集成知识本体研究[J].图书情报工作,2015,59(17):127-133.
[25] 毕强,尹长余,滕广青,王传清.数字资源聚合的理论基础及其方法体系建构[J].情报科学,2015,33(1):9-14.
[26] 蔡丽宏.SOM 聚类算法的改进及其在文本挖掘中的应用研究[D].南京:南京航空航天大学,2011.
[27] 曾佳雯.基于主题图的台湾文化旅游信息资源组织研究——以妈祖文化为例[J].图书馆研究与工作,2018(6):25-29.
[28] 曾蕾.超越时空的思想智慧和理念——有感于张琪玉教授创建情报语言学学科领域之巨大意义[J].图书馆杂志,2014,33(9):8-13.
[29] 陈欢欢.图书情报学领域本体的构建研究[J].图书馆学研究,2011(21):11-16,26.
[30] 陈开慧.本体与分众分类的融合模型研究[J].图书馆学研究,2013(5):73-77+19.
[31] 陈丽娜.基于混合本体的文献分类研究——以计算机学科为例[J].图书馆理论与实践,2016(3):52-56.
[32] 陈珊珊.基于 LDA 模型的文本聚类研究[D].苏州:苏州大学,2017.
[33] 陈婷,胡改丽,陈福集,等.社会标注环境下的数字图书馆知识组织模型研究——基于标签主题图视角[J].情报理论与实践,2015,38(3):63-70.
[34] 陈渊,林磊,孙承杰,等.一种面向微博用户的标签推荐方法[J].智能计算机与应用,2011,1(5):21-26.
[35] 邓敏.基于主题图的标签语义挖掘研究[D].武汉:华中师范大学,2014.
[36] 窦永香,何继媛,刘东苏.大众标注系统中基于本体的语义检索模型研究[J].情报学报,2012,31(4):381-389.
[37] 杜智涛,付宏,李辉.基于扩展主题图的网络“微信息”知识化实现路径与技术框架[J].情报理论与实践,2017,40(12):75-80.

[38] 段荣婷.基于简约知识组织系统的主题词表语义网络化研究——以《中国档案主题词表》为例[J].中国图书馆学报,2011,37(3):54-65.

[39] 范能能.图像社会化标签预处理与聚类方法研究[D].武汉:华中科技大学,2012.

[40] 高明,金澈清,钱卫宁,等.面向微博系统的实时个性化推荐[J].计算机学报,2014,37(4):963-975.

[41] 高小龙,朱信忠,赵建民,等.电影本体的构建与一致性分析[J].计算机应用,2014,34(8):2192-2196.

[42] 葛美玲.社交媒体下的图像标签优化研究[D].合肥:安徽大学,2017.

[43] 顾晓雪,章成志. 中文博客标签的聚类及可视化研究[J]. 情报理论与实践,2014(7):116-122.

[44] 郭猛,胡秀香,邵国金.混合语义相似度计算优化模糊查询的智能信息检索算法[J].科学技术与工程,2014,14(23):97-102.

[45] 郭晓然,王维兰.唐卡图像关键区域对象概念的语义相似度计算[J].自动化与仪器仪表,2014(9):132-134.

[46] 韩洁.基于 OWL 的《中国分类主题词表》本体建模设计分析[J].图书馆建设,2013(7):62-65.

[47] 何继媛,窦永香,刘东苏.大众标注系统中基于本体的语义检索研究综述[J].现代图书情报技术,2011(3):51-56.

[48] 何继媛.大众标注系统中基于本体的语义检索模型研究[D].西安:西安电子科技大学,2012.

[49] 何伟,李波,李霜.一种由叙词表向本体 OWL(Ontology Web Language)快速转换的转换算法[J].南华大学学报(自然科学版),2016,30(4):88-93.

[50] 胡娟,程秀峰,叶光辉.基于主题图的学术博客知识组织模型研究[J].图书情报工作,2012,56(24):127-132.

[51] 黄艳,任苗苗,魏玲.区间值决策形式背景的属性值向量约简[J].计算机科学学,2012,39(1):193-197.

[52] 贾君枝.分众分类法与受控词表的结合研究进展[J].中国图书

馆学报,2010(5):96-101.
[53] 贾君枝.《汉语主题词表》转换为本体的思考[J].中国图书馆学报,2007(4):41-44.
[54] 贾雪峰.基于林业主题词表构建林业领域本体的研究[D].北京:北京林业大学,2010.
[55] 姜丽华,张宏斌,杨晓蓉.基于领域本体的文本挖掘研究[J].情报科学,2014,32(12):129-132+137.
[56] 蒋银,常娥.基于淘宝网分类体系的数码产品本体构建研究[J].图书馆理论与实践,2017(3):44-48.
[57] 景璟.语义学视角下的知识组织[J].情报理论与实践,2013,36(6):5-9+20.
[58] 李超.一种基于主题和分众分类的信息检索优化方法[J].情报理论与实践,2009 (10):108-110.
[59] 李慧宗,胡学钢,何伟等. 社会化标注环境下的标签共现谱聚类方法[J].图书情报工作,2014,23:129-135.
[60] 李晓瑛,李军莲,冀玉静,邓盼盼,李丹亚.基于叙词表及其语义关系的本体构建研究[J].情报科学,2018,36(11):83-87.
[61] 李旭晖,李媛媛,马费成.我国图情领域社会化标签研究主要问题分析[J].图书情报工作,2018,62(16):120-131.
[62] 李艳,贾君枝.轻型标签本体与受控词表的结合研究[J].数字图书馆论坛,2014(8):14-20.
[63] 李玉芬.自由分类法与传统分类法在网络信息资源组织中的比较研究[J].农业图书情报学刊,2014,26(4):138-140.
[64] 林培金.基于领域本体的语义合成研究及应用[D].南京:南京邮电大学,2013.
[65] 刘超男,李赛美,洪文学.基于形式概念分析数学理论研究《伤寒论》方药整体知识[J].中医杂志,2014,55(5):365-368.
[66] 刘磊,郭诗云,何琳.简单知识组织系统(SKOS)模型及其应用研究进展[J].图书情报工作,2015,59(4):137-145.
[67] 刘磊.基于 k-means 的自适应聚类算法研究[D].北京:北京邮电大学,2009.

[68] 刘亚希,秦春秀,马续补等.在线社区知识资源的分类体系进展分析[J].情报理论与实践,2018,41(10):47-53.

[69] 罗双玲,王涛,匡海波.层级标注系统及基于层级标签的分众分类生成算法研究[J].系统工程理论与实践,2018,38(7):1862-1869.

[70] 马鸿佳,李洁,沈涌.数字资源聚合方法融合趋势研究[J].情报资料工作,2015(5):24-29.

[71] 潘淑如.社会化标签系统中基于本体的个性化信息推荐模型探究[J].图书馆学研究,2014(21):77-80.

[72] 裴梧延,张琳.基于属性相似度在概念格的概念相似度计算方法[J].现代计算机(专业版),2015(17):10-13.

[73] 邱璇,李端明,张智慧.基于 FCA 和异构资源融合的本体构建研究[J].图书情报工作,2015,59(2):112-117.

[74] 施旖,熊回香,陆颖颖.基于主题图的非物质文化遗产数字资源整合实证分析[J].图书情报工作,2018,62(7):104-110.

[75] 石豪,李红娟,赖雯,等.基于 folksonomy 标签的用户分类研究[J].图书情报工作,2011,55(2):117-120.

[76] 司莉,陈雨雪,庄晓喆.基于主题词表的数字出版领域本体构建[J].出版科学,2015(6):80-84.

[77] 司莉.知识组织系统的互操作及其实现[J].现代图书情报技术,2007(3):29-34.

[78] 苏杨,石豪,赖雯,赵英.利用同义词环改进基于 folksonomy 的用户分类[J].图书情报工作,2011,55(8):58-61.

[79] 孙利.基于主题词表和 FCA 的海事本体构建研究[D].大连:大连海事大学,2010.

[80] 郜杨芳,贾君枝,贺培风.基于受控词表的 Folksonomy 优化系统分析与设计[J].情报科学,2014,32(2):112-117.

[81] 唐晓波,钟林霞,王中勤.基于本体和标签的个性化推荐[J].情报理论与实践,2016,39(12):114-119.

[82] 滕广青,毕强,高娅.基于概念格的 Folksonomy 知识组织研究——关联标签的结构特征分析[J].现代图书情报技术,

2012,(6):22-28.

[83] 滕广青,毕强,牟冬梅.知识组织体系的柔性化趋势[J].情报理论与实践,2014,37(1):22-26.

[84] 滕广青,田依林,董立丽,张凡.知识组织体系的解构与重构[J].情报理论与实践,2011,34(9):15-18.

[85] 王军,卜书庆.网络环境下知识组织规范研究与设计[J].中国图书馆学报,2012(4):39-45.

[86] 王军,张丽.网络知识组织系统的研究现状和发展趋势[J].中国图书馆学报,2008(1):65-69.

[87] 王军. 基于分类法和主题词表的数字图书馆知识组织[J].中国图书馆学报,2004,30(3):41-44.

[88] 王伟,许鑫.融合关联数据和分众分类的徽州文化数字资源多维度聚合研究[J].图书情报工作,2015(14):31-36+58.

[89] 王雯霞,魏来.语义 Folksonomy 实现方法研究[J].图书馆学研究,2013(11):53-57+12.

[90] 王永芳,郜杨芳.UMLS 语义网社会化络在标注系统中的应用研究[J].图书情报工作,2017,61(1):89-99.

[91] 王宇星.基于《中国分类主题词表》的旅游本体知识库研究与实现[D].成都:电子科技大学,2012.

[92] 王知津,赵梦菊.论知识组织系统中的语义关系[J].图书馆工作与研究,2014(9):67-71.

[93] 魏来.基于概念空间模型的 folksonomy 标签聚类方法研究[J].情报杂志,2011(4):137-142.

[94] 吴琼,袁曦临.基于 Folksonomy 的网络文学书目资源本体构建[J].图书馆杂志,2013(7):27-31.

[95] 夏立新,张玉涛.基于主题图构建知识专家学术社区研究[J].图书情报工作,2009,53(22):103-107.

[96] 向菲,彭昱欣,郜杨芳.一种基于协同过滤的图书资源标签推荐方法研究[J].图书馆学研究,2018(15):46-52.

[97] 项兴彬.建筑企业知识标签主题图构建研究[J].信息系统工程,2016(4):96-97.

[98] 熊回香,邓敏,郭思源.标签主题图的构建与实现研究[J].图书情报工作,2014,58(7):107-112.

[99] 熊回香,邓敏,郭思源.国外社会化标注系统中标签与本体结合研究综述[J].情报杂志,2013,32(8):136-141.

[100] 熊回香,廖作芳,蔡青.典型标签本体模型的比较分析研究[J].情报学报,2011,30(5):479-486.

[101] 熊回香,王学东.大众分类体系中标签与本体的映射研究[J].情报科学,2014,32(3):121-126.

[102] 熊回香,王学东.社会化标注系统中基于关联规则的Tag资源聚类研究[J].情报科学,2013,09:73-77.

[103] 熊回香,杨雪萍,高连花.基于用户兴趣主题模型的个性化推荐研究[J].情报学报,2017,36(9):916-929.

[104] 许鑫,霍佳婧.面向文化旅游开发的非遗信息资源组织——以昆曲为例[J].图书馆论坛,2019,39(1):33-39.

[105] 宣云干,朱庆华.基于LSA的社会化标注系统标签语义检索研究[J].图书情报工作,2011,04:11-14.

[106] 薛云,叶东毅,张文德.基于《中国分类主题词表》的领域本体构建研究[J].情报杂志,2007(3):15-18.

[107] 杨春龙,顾春华.基于概念语义相似度计算模型的信息检索研究[J].计算机应用与软件,2013,30(6):88-92.

[108] 杨萌,张云中,徐宝祥.社会化标注系统资源多维度聚合机理研究[J].图书情报工作,2013,57(15):126-131.

[109] 杨萌. 基于Taxonomy-folkonomy混合模型的社会化标注系统资源聚合研究[D].吉林大学,2014.

[110] 岳爱华,孙艳妹.Taxonomy,Folksonomy和Ontology的分类理论及相互关系[J].图书馆杂志,2008(11):21-24.

[111] 翟羽佳,王芳.基于文本挖掘的中文领域本体构建方法研究[J].情报科学,2015,33(6):3-10.

[112] 张云中,杨萌.Tax-folk混合导航:社会化标注系统资源聚合的新模型[J].中国图书馆学报,2014,40(3):78-89.

[113] 张云中,张丛昱.专家分类法、大众分类法和本体的融合架构

与演进策略[J].图书情报工作,2015(23):99-105.

[114] 张云中. 基于形式概念分析的 Folksonomy 知识发现研究[D]. 吉林大学,2012.

[115] 张云中.一种基于 FCA 和 Folksonomy 的本体构建方法[J].现代图书情报技术,2011(12):15-23.

[116] 张震宇.基于语义距离的图像检索多样化研究[D].武汉:武汉大学,2017.

[117] 赵东霞,赵新力.基于政务主题词表的本体构建研究[J].现代图书情报技术,2008(3):73-77.

[118] 钟伟金.基于共现词网改造的领域本体自动构建模型研究[J].情报理论与实践,2014(1):131-135.

[119] 周利娟.基于情感语义相似度的音乐检索模型研究[D].大连:大连理工大学,2011.

[120] 周诗源,王英林.基于抽取规则和本体映射的语义搜索算法[J].吉林大学学报(理学版),2018,56(2):329-334.

[121] 周书锋,陈杰.基于本体的概念语义相似度计算[J].情报杂志,2011,30(S1):131-134.

英文文献

[122] Alqadah F, Bhatnagar R. Similarity measures in formal concept analysis[J]. Annals of Mathematics and Artificial Intelligence, 2011,61(3):245-256.

[123] Alruqim M, Aknin N, Bridging the Gap between the Social and Semantic Web: Extractindomain-specific ontology from folksonomy [J]. King Saud University-Computer and Information Science, 2019, 31(1):15-21.

[124] Alves H, Santanch A. Folksonomized Ontology and the 3E steps technique to support ontology evolvement[J]. Web semantics: science, services and agents on the World Wide Web, 2012, 18(1):1-12.

[125] Batch Y, Yusof M-M. Organizing information in medical blogs using a hybrid taxonomy-folksonomy approach [J] Journal of Web Engineering, 2015, 14(3-4): 181-195.

[126] Batch Y, Yusof M-M, NOAH SA. ICDTag: a prototype for a web-based system for organizing physician-written blog postsusing a hybrid taxonomy-folksonomy approach [J]. Journal of Medical Internet Research, 2012, 15(2): 1-23.

[127] Bruhn C, Syn SY. Pragmatic thought as a philosophical foundation for collaborative tagging and the Semantic Web [J]. Journal of Documentation, 2018, 74(3): 575-587.

[128] Cantador I, Konstas I, Jose, J. Categorising social tags to improve folksonomy-based recommendations [J]. Journal of Web Semantics. 2011, 9(1): 1-15

[129] Chen W, Cai Y, Leung H, et al. Generating ontologies with basic level concepts from folksonomies [J]. Procedia Computer Science, 2010, 1(1): 573-581.

[130] Choi Y. Supporting better treatments for meeting health consumers' needs: extracting semantics in social data for representing a consumer health ontology [J]. Information Research An International Electronic Journal, 2016, 21.

[131] Codocedo V, Napoli A. Formal Concept Analysis and Information Retrieval-ASurvey [J]. Lecture Notes in Artificial Intelligence, 2015, 9113: 61-77.

[132] Comito C, Falcone D, Talia D, et al. Mining Popular Travel Routes from Social Network Geo-Tagged Data [J]. Intelligent Interactive Multimedia Systems and Services, 2015(40): 81-95.

[133] Deng Z H, Yu H L, Yang Y L. Image Tagging via Cross-Modal Semantic Mapping [C]. ACM International Conference on Multimedia(MM), 2015.

[134] Dou Y, He J, Liu D. A method for ontology construction derived from folksonomy [J]. International journal of services technology

and management,2012,18(1):88-101.

[135] Eric T, Wang W M, Cheung C F. et al. A concept-relationship acquisition and inference approach for hierarchical taxonomy construction from tags [J]. Information Processing & Management,2010,46(1):44-57

[136] FangQ ,Xu C ,Sang J ,et al. Folksonomy-Based Visual Ontology Construction and Its Applications[J]. IEEE Transactions on Multimedia,2016,18(4):1-1.

[137] Friedich M, Kaye R. Musicbrainz metadata initiative2. 1[DB/OL].[2018-10-04].http://musiebrainz.org/MM.

[138] Fujimura K, Iwata T, Hoshide T, et al. Geo topic model: joint modeling of user ' s activity area and interests for location recommendation [C]//ACM international conference on web search & data mining.New York:ACM,2013:375-384.

[139] Garcia S A,Garcia C L J,Garcia A,et al.Social tags and Linked Data for ontology development: A Case Study in the Financial Domain[C]//Proceedings of the 4th International Conference on Web Intelligence,Mining and Semantics(WIMS14).ACM,2014: 32.

[140] García-Silva A,García-Castro LJ,García A.et.al.Building Domain Ontologies out of Folksonomies and Linked Data [J]. International Journal on Artificial Intelligence Tools, 2015, 24 (2):561-583.

[141] Glassey O. When taxonomy meets folksonomy: towards hybrid classification of knowledge? [C]//Proceedings of the ESSHRA International Conference ' Towards a Knowledge Society: Is Knowledge a Public Good. 2007.

[142] Golder S, Huberman B. Usage patterns of collaborative tagging sys-tems[J].Journal of Information Science,2006,32(2):198-208.

[143] Golub K, Lykke M, TudhopeD. Enhancing social tagging with

automated keywords from the Dewey Decimal Classification[J]. Journal of Documentation,2014,70(5):801-828.

[144] Gruber T. Ontology of folksonomy: A mash-up of apples andoranges[J]. International Journal on Semantic Web and InformationSystems(IJSWIS),2007,3(1):1-11.

[145] Gruninger M, Bodenreider O, Olken F. Ontology Summit 2007-ontology, taxonomy, folksonomy: understanding the distinctions[J].Applied Ontology,2008(3):191-200.

[146] Hayman S, Lothian N. Taxonomy directed folksonomies: integrating user tagging and controlled vocabularies for Australian education networks[J].Africa,2007,(8):1-27.

[147] Hendel D, Kuzhabekova A, Chapman W. Mapping global research on international higher education [J]. Research in higher education,2015,56(8):861-882.

[148] Hodge G. Systems of Knowledge Organization for Digital Libraries: Beyond Traditional Authority Files [M]. Digital Library Federation, Council on Library and Information Resources, 1755 Massachusetts Ave, NW, Suite 500, Washington, DC 20036,2000.

[149] Hony Y, Zhou B, Deng M Y, et al. Tag recommendation method in folksonomy based on user tagging status [J] JOURNAL OF INTELLIGENT INFORMATION SYSTEMS, 2018, 50(3): 479-500.

[150] Jia BX, Huang X, Jiao S. Application of Semantic Similarity Calculation Based on Knowledge Graph for Personalized Study Recommendation Service [J]. EDUCATIONAL SCIENCES-THEORY & PRACTICE,2018,18(6):2958-2966.

[151] Jose-Antonio M-G, Carmen B-M: Folksonomy Indexing From the Assignment of Free Tags to Setup Subject: A Search Analysis into the Domain of Legal History [J].Knowledge Organization, 2018,45(7): 574-585.

[152] Kang Y K, Hwang S H, Yang K M. FCA-based conceptual knowledge discovery in Folksonomy [J]. World Academy of Science, Engineering and Technology. 2009, 53: 842-846.

[153] Katsurai M, OgawaT. A cross-modal approach for extracting semantic relationships between concepts using tagged images[J]. IEEE Transactions on Multimedia, 2014, 16: 1059-1072.

[154] Kim HL, Passant A, Breslin JG, et al. Review and alignment of tag ontologies for semantically-linked data in collaborative tagging spaces [C]//Semantic Computing, 2008 IEEE International Conference on. IEEE, 2008: 315-322.

[155] Kim H L, Scerri S, Breslin J G, et al. The state of the art in tag ontologies: a semantic model for tagging and folksonomies[C]// International Conference on Dublin Core and Metadata Applications. 2008: 128-137.

[156] Kim H N, Rawashdedh M, Alghamdi A, et al. Folksonomy-based personalized search and ranking in social media services [J]. Information Systems, 2012, 37(1): 61-76.

[157] Kiu C C, Tsui E. TaxoFolk: a hybrid taxonomy-folksonomy structure for knowledge classification and navigation[J]. Expert Systems with Applications, 2011, 38(5): 6049-6058.

[158] Kumar C A. Fuzzy clustering-based formal concept analysis for association rules mining [J]. Applied Artificial Intelligence, 2012, 26(3): 274-301.

[159] Lawson, K G. Mining Social Tagging Data for Enhanced Subject Access for Readers and Researchers [J]. Journal of Academic Librarianship, 2009, 35(6): 574-582.

[160] LI J, HALE A. Output distributions and topic maps of safety related journals[J]. Safety Science, 2016, 82: 236-244.

[161] LIN D. Automatic retrieval and clustering of similar words. In: COLING-ACL [C]. in Meeting of the Association for

Computational Linguistics & International Conference on Computational Linguistics, 1998.

[162] Linda Hill, Olha Buchel MLS, Greg Janée MS, 曾蕾. 在数字图书馆结构中融入知识组织系统[J]. 现代图书情报技术, 2004(1):4-8.

[163] LIU JT, FANG RM. Research on the Visualization of Nanyin Characteristic Resources Based on Topic Maps [C]//ACSR-Advances in Comptuer Science Research, 2018:358-362.

[164] Lorenzo S, Petra R, Nadia C. Tagsonomy: easy access to Web sites through a combination of taxonomy and folksonomy[C]//7th Atlantic Web Intelligence Conference. Berlin: Springer-Verlag, 2011, (86):61-71.

[165] LU W, et al. Selecting a semantic similarity measure for concepts in two different CAD model data ontologies [J]. Advanced Engineering Informatics, 2016, 30(3):449-466.

[166] Morshed A, et al. Bridging end users' terms and AGROVOC concept server vocabularies [J]. Agricultural Information & Knowledge Management Papers, 2010, 55(9-10):1313-1319.

[167] Mortimer N. E. Using a Pearl Harvested Synonym Ring for the Creation of a Digital Index on Giftedness[J]. 2015:186-189.

[168] Nethravathi N P, Rao P G, Desai V J, et al. SWCTE: Semantic Weighted Context Tagging Engine for Privacy Preserving Data Mining[C]. Cochin Univ Sci & Technol, Kochi, INDIA: 3rd International Conference on Data Science and Engineering (ICDSE), 2016.

[169] Passant A, Laublet P, Breslin J G, et al. A uri is worth a thousand tags: From tagging to linked data with moat [J]. Semantic Services, Interoperability and Web Applications: Emerging Concepts, 2011:279.

[170] Passant A, Laublet P. Meaning of A Tag: A collaborative approach to bridge the gap between tagging and Linked Data[J]. LDOW,

2008,369.

[171] Praveenkumar V, Harinarayana. The role of social tags in web resource discovery: an evaluation of user-generated keywords: ANNALS OF LIBRARY AND INFORMATION STUDIES [J], 2016,63(4): 289-297

[172] Qassimi S, Hafidi M, Lamrani R. Enrichment of ontology by exploiting collaborative tagging systems: a contextual semantic approach[C]//2016 Third International Conference on Systems of Collaboration (SysCo). IEEE,2016: 1-6.

[173] QI GJ, Aggarwal C, Tian Q, et al. Exploring Context and Content Links in Social Media: A Latent Space Method [J]. IEEE Transactions on Pattern Analysis and Machine Intelligence, 2012,34(5):850-862.

[174] Rath H.Topic maps:templates,topology,and type hierarchies[J]. Acoustics speech & signal processing newsletter IEEE, 2000 (2):45-64.

[175] Sandieson R W, Mcisaac S M.Searching the information maze for giftedness using the pearl harvesting information retrieval methodological framework [J]. Talent Development & Excellence,2013,5(2):101-112.

[176] Santos. The taxonomy and folksonomy in the representation of photographs information[J] Perspectives in Information Science, 2018,23(1):89-103.

[177] Saravana B B, Karthikeyan N K, Rajkumar R S. Fuzzy service conceptual ontology system for cloud service recommendation [J]. COMPUTERS & ELECTRICAL ENGINEERING,2018(69):435-446.

[178] Shao M W, Li KW. Attribute reduction in generalized one-sided formal contexts[J].Information Sciences,2017,378:317-327.

[179] Shao M W, Yang H Z, et al. Knowledge reduction in formal fuzzy contexts[J].Information Sciences,2015,73:265-275.

[180] ShiriA. Digital library research: current developments and trends[J]. Library Review,2003,52(5):198-202(5).

[181] Sommaruga L, Rota P, Catenazzi N. Tagsonomy: easy access to web sites through a combination of taxonomy and folksonomy[J]. Advances in Intelligent and Soft Computing,2011,86:61-71.

[182] Tsui E, Wang W M, Cheung C F, et al. A concept-relationship acquisition and inference approach for hierarchical taxonomy construction from tags [J] Information Processing & Management,2010,46(1):44-57.

[183] Tuan J, Shuang W, IEEE. Query Assistant System Based on Academic Synonym Ring[C]. in 10th International Conference on Computer Science & Education,2015:961-964.

[184] Wang HC, Chiang YH, Huang YT. Consider social information in construction research topic maps[J]. ELECTRONIC LIBRARY, 2018,36(2):220-236.

[185] Wang M, Yang KY, Hua XS, et al. Towards a Relevant and Diverse Search of Social Images[J]. IEEE TRANSACTIONS ON MULTIMEDIA,2010,12(8):829-842.

[186] Wang S, Wang W, Zhuang Y. An ontology evolution method based on folksonomy[J]. Journal of applied research and technology, 2015,13(2):177-187.

[187] Wright S E. Typology for KRRs[C/OL]. Power, 2008[2019-04-18] http://nkos. slis. kent. edu/2008workshop/SueEllenWright. pdf.

[188] Xia LX, Wang ZY, Chen C, Zhai SS. Research on future-based opinion mining using topic maps[J]. Electronic Library, 2016, 34 (3):435-456.

[189] Kang Y K, Hwang S H, et al. Development of a FCA Tool for Building Conceptual Hierarchy of Clinical Data[J]. Journal of the Korean Society of Medical Informatics. 2005, 11(2):71-76.

[190] Yadav U, Kaur J, Duhan N. Semantically related tag

recommendation using folksonomized ontology [C]//2016 3rd International Conference on Computing for Sustainable Global Development (INDIACom). IEEE,2016: 3419-3423.

[191] Yi K, Chan L-M. Linking folksonomy to Library of Congress subject headings: An exploratory study [J]. Journal of Documentation,2009,65(6): 872-900.

[192] YIN J, LI Y, et al. Multi-relational sequential pattern mining based on iceberg concept lattice [C]. Applied Mechanics and Materials,2012,109:729-733.

[194] ZENG ML. Knowledge organization systems (KOS) [J]. Knowledge organization,2008,35(2-3):160-182.

附录1　同义词环数据检索系统源程序代码

```
1.  <! DOCTYPE html>
2  .<html lang="en">
3.
4.  <head>
5.          <meta charset="UTF- 8">
6.          < meta name = " viewport"  content = " width = device - width,
              initial- scale=1.0">
7.          <meta http- equiv="X- UA- Compatible" content="ie=edge">
8.          <title>数据检索系统</title>
9.          <script src="http://code.jquery.com/jquery- 1.11.0.min.js">
             </script>
10.         <script type="text/javascript">
11.             $ (document).ready(function() {
12.                 $ ("#synonymrings").hide();
13.                 $ ("#synonymringslableIDdiv").hide();
14.                 $ ("#lableIDdiv").hide();
15.                 $ ("#tijiao").click(function() {
16.
17.                         $ ("#csvInput").csv2arr();
18.                 });
```

```
19.         $ .fn.csv2arr = function() {
20.         var files =  $ (this)[0].files;
21.         if (typeof(FileReader) ! == 'undefined') { //H5
22.             var reader = new FileReader();
23.             reader.readAsText(files[0]); //以文本格式读取
24.             reader.onload = function(evt) {
25.                 var data = evt.target.result.split("\r\n"); //读到的
                    数据
26.                 var teams =  $ ("#content").val().trim().replace(/[^
                    \u4e00- \u9fa5a- zA- Z\d]+/g, ","); //除了汉字,
                    字母,数字以外的字符都替换成,
27.                 var teamText = '';
28.                 if (teams.indexOf(",") > 0) {
29.                     $ ("#lableID").html("");
30.
31.                     var teamsteamsstr = teams.split(",");
32.                     for (var i = 0; i < teamsstr.length; i++) {
33.                         for (var j = 0; j < data.length; j++) {
34.                             var team = data[j].split(",")[0];
35.                             if (team == teamsstr[i]) {
36.                                 if (data[j].split(",")[1].trim() == "" ||
                                    data[j].split(",")[1].trim() == null ||
                                    data[j].split(",")[1].trim() == " ") {
37.                                     if (teamText ! = null && teamText.
                                        substring(0, teamText.length - 1) =
                                        = ',') {
38.                 teamTextteamText = teamText + data[j]. split
                    (",")[0].trim() + ",";
39.                                 } else if (teamText ! = null &&
                                    teamText. substring (0, teamText.
                                    length - 1) ! = ',') {
```

```
40.                 teamTextteamText = teamText +
                    "," + data[j].split(",")[0].trim
                    ();
41.             } else {
42.                 teamTextteamText = teamText +
                    "," + data[j].split(",")[0].trim
                    ();
43.             }
44.
45.         } else {
46.             console.info(data[j].split(",")[1].trim
                ());
47.           teamTextteamText = teamText + data[j].
              split(",")[1].trim();
48.         }
49.
50.       }
51.     }
52.   }
53.
54.   var s = new Set(teamText.split(","));
55.   var synonymrings = Array.from(s); //同义词环
56.   var synonymringsStr = "";
57.   for (var i = 0; i < synonymrings.length; i++) {
58.     for (var j = 0; j < data.length; j++) {
59.       var team = data[j].split(",")[0];
60.       if (team == synonymrings[i]) {
61.         if (data[j].split(",")[2].trim() == "" ||
          data[j].split(",")[2].trim() == null ||
          data[j].split(",")[2].trim() == " ") {
62.
```

```
63.                    } else {
64.                        console.info(data[j].split(",")[2].trim
                           ());
65.                        synonymringsStrsynonymringsStr =
                           synonymringsStr + data[j]. split
                           (",")[2].trim();
66.                    }
67.
68.                }
69.            }
70.        }
71.        var syn = new Set(synonymringsStr.split("; "));
72.         $ ("#lableID").html(Array.from(syn).join(";"));
73.    } else {
74.        var synonymrings = '';
75.        for (var i = 0; i < data.length; i++) {
76.            var team = data[i].split(",")[0];
77.            if (team == teams) {
78.                synonymrings = data[i].split(",")[1]; //获
                   取同义词环
79.                    //if (synonymrings == null ||
                       synonymrings == '') {
80.                 $ ("#lableIDdiv").show();
81.                 $ ("#lableID").html("");
82.                 $ ("#lableID").html(data[i].split(",")[2]);
83.                //}
84.
85.            }
86.        }
87.        $ ("#synonymringsLabel").html(synonymrings);
88.        //有同义词环时
```

```
89.                 if (synonymrings ! = null && synonymrings !
                    = '') {
90.                     $ ("#synonymrings").show();
91.                     $ ("#synonymringslableIDdiv").show();
92.                   var teamsstr = synonymrings.split(",");
93.                   for (var i = 0; i < teamsstr.length; i++) {
94.                     for (var j = 0; j < data.length; j++) {
95.                       var team = data[j].split(",")[0];
96.                       if (team == teamsstr[i]) {
97.                         if (data[j].split(",")[2].trim() == ""
                            || data[j].split(",")[2].trim() ==
                            null || data[j].split(",")[2].trim() =
                            = " ") {
98.
99.                         } else {
100.                        console.info(data[j].split(",")[2].trim
                            ());
101.                  teamTextteamText = teamText + data[j].split
                      (",")[2].trim();
102.                      }
103.
104.                  }
105.                }
106.              }
107.              var s = new Set(teamText.split(";"));
108.                $ ("#synonymringslableID").html(Array.from
                  (s).join(";"));
109.            } else {
110.                $ ("#synonymrings").hide();
111.                $ ("#synonymringslableIDdiv").hide();
112.            }
```

```
113.                 }
114.
115.             }
116.         } else {
117.     alert("IE9 及以下浏览器不支持,请使用 Chrome 或 Firefox
     浏览器");
118.         }
119.     }
120. });
121. </script>
122.</head>
123.
124.
125.<body>
126.
127. <style>
128.     .inputText {
129.         text- align: left;
130.         padding: 5px;
131.         width: 500px;
132.         height: 40px;
133.         margin- top: 20px;
134.     }
135.
136.     .ouputText {
137.         text- align: left;
138.         padding: 5px;
139.         width: 500px;
140.         height: 50px;
141.         margin- top: - 45px;
142.         margin- left: 520px;
```

```
143.     }
144.
145.     .synonymrings {
146.         text- align: left;
147.         padding: 5px;
148.         width: 500px;
149.         height: 100px;
150.         margin- top: 20px;
151.     }
152.
153.     .synonymrings2 {
154.         text- align: left;
155.         padding: 5px;
156.         width: 500px;
157.         height: 100px;
158.         margin- top: - 110px;
159.         margin- left: 520px;
160.     }
161.
162.     .commitbutton {
163.         margin- left: 320px;
164.         margin- top: - 60px;
165.     }
166. </style>
167. <input type="file" id="csvInput" />
168. <div>
169.     <div class=' inputText' >
170.         <div style="float: left;margin- top: 10px;">输入内容:</div>
171.         <input type = "text" id = "content" value = "" style = "width:
             200px;height: 40px; margin- left: 10px;" />
172.         <div class=' commitbutton' >
```

```
173.            <input type="submit" id="tijiao" value="提交" style="
                width: 80px;height: 40px;margin- left: 0px;margin- top:
                18px;font- size: 25px;" />
174.         </div>
175.      </div>
176.      <div class="ouputText" id="lableIDdiv">
177.         <div style="float: left;width: 80px;height: 50px;">查询结
             果:</div>
178.         <label id="lableID" style="width: 340px"></label>
179.      </div>
180.   </div>
181.   <div class="synonymrings" id="synonymrings">
182.      <div style="float: left;width: 80px;height: 100px;">同义词环:
          </div>
183.      <label id="synonymringsLabel" style="width: 340px"></label>
184.   </div>
185.
186.   <div class="synonymrings2" id="synonymringslableIDdiv">
187.      <div style="float: left;width: 110px;height: 100px;">同义词环
          结果:</div>
188.      <label id="synonymringslableID" style="width: 340px"></
          label>
189.   </div>
190.
191.</body>
192.
193.</html>
```

附录 2　电子音乐资源数据要素列表

一、类(Class)

电子音乐资源内容特征

音乐构成要素

人声

女声

男声

器乐

音乐风格流派

Electronic

Ambient

Dance

Disco

Dance-Punk

Downtempo

House

Deep-House

Chill-Out

Lounge

- Indie
  - Dream-Pop
  - Electro-Punk
  - Indie-Pop
  - Indie-Rock
    - Alternative
  - J-Rock
- Jazz
- Pop
  - Hip-Hop
  - J-Pop
- Post-Rock
- Psychedelic
- Punk
- Rap
- Rock
  - Kraunt-Rock
- Synth-Pop
  - New-Wave
- Trance
  - Psy-Trance
- Trip-Hop
- 迷幻音乐

电子音乐资源外部特征

- 专辑
- 人员
- 制作人
- 表演者

二、实例(Individual)

表 1　电子音乐资源本体实例列表

实例	所属类	实例	所属类
Maybe I'm Dreaming	专辑	Electronic	Electronic
The Fame Monster	专辑	Pop	Pop
Poker Face	专辑	Dance	Dance
Sweep Of Days	专辑	Trip-Hop	Trip-Hop
Portishead	专辑	Dance-punk	Dance-punk
This Is Happening	专辑	Kraut rock	Kraut rock
The Man-Machine	专辑	神曲	神曲
Bionic	专辑	Rap	Rap
我的滑板鞋	专辑	indie	indie
Kids	专辑	Indie-pop	Indie-pop
The Only Thing I Ever Wanted	专辑	Lounge	Lounge
New Eyes	专辑	Chillout	Chillout
Beautiful Tomorrow	专辑	Deep house	Deep house
Awake	专辑	Chill-out	Chill-out
Twilight	专辑	Downtempo	Downtempo
Nova Heart	专辑	迷幻音乐	迷幻音乐
Good Morning	专辑	Rock	Rock
Baby I'm Yours	专辑	Disco	Disco
Nightmare	专辑	Ambient	Ambient
The Fame Monster [Deluxe Edition]	专辑	New-Wave	New-Wave
Memories: Do Not Open	专辑	J-Pop	J-Pop
It's on Everything	专辑	Dream-Pop	Dream-Pop
Beacon	专辑	House	House

续表

实例	所属类	实例	所属类
Ultimate	专辑	OST	OST
Ultra	专辑	Jazz	Jazz
JPN(通常盘)	专辑	Hip-Hop	Hip-Hop
Roses	专辑	Alternative	Alternative
Head First	专辑	Indie-rock	Indie-rock
Starships	专辑	Punk	Punk
The Road	专辑	Electro-punk	Electro-punk
Bloom	专辑	Synth-Pop	Synth-Pop
Remedy	专辑	Psychedelic	Psychedelic
Playground Love	专辑	Post-rock	Post-rock
#willpower	专辑	Electronic	Electronic
Discography: The Complete Singles Collection	专辑	Psy-Trance	Psy-Trance
This Is All Yours	专辑	Trance	Trance
The Teaches of Peaches	专辑	J-Rock	J-Rock
墨蚀	专辑	纯音乐	器乐
Every Open Eye	专辑	人声演唱	人声
Lightbulbs	专辑	男声演唱	男声
Liminal	专辑	女声演唱	女声
In a Safe Place	专辑	Foster the People	表演者
Helena Beat	专辑	蔡依林	表演者
We Are One	专辑	Hardwell	制作人
Army Of Mushrooms	专辑	Infected Mushroom	表演者
VOICE(通常盘)	专辑	Perfume	表演者
Y & Y	专辑	Years & Years	表演者
The Big Shapes	专辑	Naomi	表演者

续表

实例	所属类	实例	所属类
Rebel Heart	专辑	Madonna	表演者
Futurama	专辑	Supercar	表演者
Owl City	表演者	Two Door Cinema Club	表演者
Lady GaGa	表演者	Pet Shop Boys	表演者
Blue Foundation	表演者	Depeche Mode	表演者
Portishead	表演者	Perfume	表演者
LCD Soundsystem	表演者	The Chainsmokers	表演者
Kraftwerk	表演者	Goldfrapp	表演者
Christina Aguilera	表演者	Nicki Minaj	表演者
MGMT	表演者	Hurts	表演者
Kids	表演者	Beach House	表演者
Psapp	表演者	Basement Jaxx	表演者
Clean Bandit	表演者	Air	表演者
Pop	表演者	Will I Am	表演者
Tycho	表演者	Pet Shop Boys	表演者
尚雯婕	表演者	Alt-J	表演者
Haruka Nakamura	表演者	Peaches	表演者
Nova Heart	表演者	超级市场	表演者
No. 9	表演者	Chvrches	表演者
Breakbot	表演者	Fujiya & Miyagi	表演者
Lady GaGa	表演者	The Acid	表演者
The Chainsmokers	表演者	The Album Leaf	表演者
Akira Kosemura	表演者		

三、对象属性(ObjectProperty)

表 2　电子音乐资源本体对象属性列表

对象属性	定义域	值域	语义描述
风格	专辑	音乐风格流派	音乐作品的风格
流派	人员	音乐风格流派	艺术家所属音乐流派
合作	人员	人员	艺术家之间共同完成音乐作品的行为
代表作品	音乐风格流派	专辑	音乐映月风格的代表作品
借鉴	音乐风格流派	音乐风格流派	某音乐风格流派使用另一风格流派音乐的内容要素进行创作的行为
创作	人员	专辑	艺术家创作作品的行为
制作	制作人	专辑	音乐作品的完善过程,包括录音、编曲、混音及母带处理等
影响	音乐风格流派	音乐风格流派	某音乐风格流派的内容要素被用于另一风格流派音乐创作中
艺术家	音乐风格流派	人员	音乐作品的创作者
表演形式	专辑人员	音乐构成要素	表演者演绎音乐作品的行为

四、数据属性(DataProperty)

表 3　电子音乐资源本体数据属性列表

数据属性	数据类型	定义域	语义描述
发行商	rdfs：Literal	专辑	发行专辑的商业机构或个人
语言	rdfs：Literal	专辑	专辑中歌曲及其他部分所使用的主要语言

续表

数据属性	数据类型	定义域	语义描述
专辑类型	rdfs:Literal	专辑	专辑按包含音乐作品数量可分为Single、EP、Album等,按作品类型可分为Re-Edit、Collection等。
发行地	rdfs:Literal	专辑	专辑发行的地区,通常以首发地为准
发行时间	rdfs:Literal	专辑	专辑发行时间,分为原版发行时间与再版发行时间。

五、命名空间(NameSpace)

F2L http://www.semanticweb.org/zym/ontologies/F2Ltest#

owlhttp://www.w3.org/2002/07/owl#

rdfhttp://www.w3.org/1999/02/22-rdf-syntax-ns#

rdfshttp://www.w3.org/2000/01/rdf-schema#

xmlhttp://www.w3.org/XML/1998/namespace

xsdhttp://www.w3.org/2001/XMLSchema#

后　记

历时五年，我的第二部学术专著终于完稿了。用键盘敲下“后记”两个字的时候，一时间心中还是五味杂陈，感慨良多。这一部专著是我国家社科基金青年项目“基于形式概念分析的社会化标注系统语义发现与语义映射研究”（项目号：16CTQ023）结项成果，也是我进入上海大学图书情报档案系开展关于社会化标注系统研究的所有心血。

申报国家社科基金项目的过程本就是曲折的，从 2013 年起，博士毕业初出茅庐的我就加入了科研项目申报的大军，虽然在小幸运的光环下先后获批了教育部人文社科青年项目、上海市哲社青年项目、上海市教委科研创新项目，但国家社科基金的申报一直是我跨越不过的大山。2015 年起，我将研究的视角聚焦在“社会化标注系统语义发现与语义映射”，终于在 2016 年国家社科基金缓缓向屡败屡战的我走来了，我迄今还能清晰记得在那个清晨获知消息后难掩的喜悦和激动的泪花，酝酿、讨论、申报、获批，那些场景、那些人，那一刻眼前闪过的画面至今仍然历历在目。我要特别感谢我敬爱的师长和同仁们，金波教授、吕斌教授、潘玉民教授、丁华东教授、连志英教授、于英香教授、刘宇教授、丁敬达教授……他们在我申报项目过程中给予了我莫大的帮助、支持和鼓励，大至论点思辨，小至版式标点，毫不保留的给我提出许多真知灼见，我深切地知道，没有他们的帮助，可能我拿到国家社科基金项目的征程还会走很远的路，是他们成就了我，更成就了上海大学图书情报档案系国家社科基金申报的“上大现象”。

项目开展的过程同样艰辛，所幸团队中凝聚了一批志趣相投、不畏艰难、勇于探索的伙伴：研究生柳迪协助我完成了第 6 章的研究，杨萌博士协助我完成了第 7 章的研究，研究生李佳佳协助我完成了第 8 章的研究，研究生冯双双协助我完成了第 9 章的研究，研究生张原铭协助我完成了第 10 章的研究，我们一起反复在组会中汇报、讨论、质疑、思辨，经历了无数次的肯定、否定、提升，克服了研究中的诸多困难，最终携手完成了研究工作的目标。在此也特别感谢李国秋教授、吕斌教授、张海涛教授、许鑫教授、周军教授、金晓明研究馆员、吉久明研究馆员、丁敬达教授、王丽华副教授、卫军朝副教授等在项目开展和研究生培养过程中给予的指导和宝贵意见。感谢我的研究生们在书稿校对中的默默辛勤付出。

感谢上海大学图书情报档案系的金波主任和丁华东书记，两位领导虽不是我求学生涯上的导师，但绝对是我的人生导师，他们的大气谦和、务实奋进的人格魅力时刻感染着我踏实向前。感谢图情档系大家庭中的每一位同仁，我自 2012 年以来一直沐浴在大家庭温暖的阳光下，这里见证了我从博士到副教授，从教师到双肩挑，从青涩少年到中年大叔的蜕变和成长，没有大家庭每位成员的包容、指导、鼓励和支持，就没有我的今天。

感谢图书情报档案系为本书的出版提供的经费支持！感谢詹蜜编辑、陈柏彤博士和武汉大学出版社在本书出版中给予的支持和帮助！我的学识有限，成稿中时刻感觉到研究还存在诸多不足，敬请读者不吝批评指正！

谨以此书献给我的父母、妻子和孩子，他们给予了我最无私的爱。父母放弃了清闲生活成为“沪漂”帮我照看幼子，妻子在事业和持家的平衡中作出莫大牺牲，孩子用淘气和爱带给我无限的欢乐，无论是顺境还是逆境，他们都无条件地支持我，他们的爱是我前进路上最大的动力！

张云中

2020 年 11 月于上海